北京山区非点源污染过程和污染物环境行为研究

焦剑　张磊　王友胜　温州　著

中国水利水电出版社
www.waterpub.com.cn
·北京·

内 容 提 要

本书通过在北京山区坡面、不同尺度流域和不同规模的水库采集大量的径流水样和土壤底泥样品，以充足的原始资料作为依据，主要进行坡面尺度非点源污染特征分析及径流泥沙中污染物负荷模拟、流域非点源污染过程分析、水库水体非点源污染过程刻画及污染物运移模拟，系统分析研究了北京山区不同时间和空间尺度的非点源污染过程及污染物环境行为，并提出了防治非点源污染的进一步措施。

本书可供水环境及水土保持等相关领域的科研工作者、工程技术人员和大专院校师生参考。

图书在版编目（CIP）数据

北京山区非点源污染过程和污染物环境行为研究 /
焦剑等著. —— 北京：中国水利水电出版社，2019.12
ISBN 978-7-5170-8366-5

Ⅰ. ①北… Ⅱ. ①焦… Ⅲ. ①山区－非点污染源－环境污染－研究－北京 Ⅳ. ①X508.21

中国版本图书馆CIP数据核字(2019)第299817号

书　　名	**北京山区非点源污染过程和污染物环境行为研究** BEIJING SHANQU FEIDIANYUAN WURAN GUOCHENG HE WURANWU HUANJING XINGWEI YANJIU	
作　　者	焦剑　张磊　王友胜　温州　著	
出版发行	中国水利水电出版社 （北京市海淀区玉渊潭南路1号D座　100038） 网址：www.waterpub.com.cn E-mail：sales@waterpub.com.cn 电话：(010) 68367658（营销中心）	
经　　售	北京科水图书销售中心（零售） 电话：(010) 88383994、63202643、68545874 全国各地新华书店和相关出版物销售网点	
排　　版	中国水利水电出版社微机排版中心	
印　　刷	北京九州迅驰传媒文化有限公司	
规　　格	170mm×240mm　16开本　16.25印张　283千字	
版　　次	2019年12月第1版　2019年12月第1次印刷	
定　　价	**90.00元**	

凡购买我社图书，如有缺页、倒页、脱页的，本社营销中心负责调换

前　言

北京市位于华北平原西北端，所辖面积 1.64 万 km²，常住人口约 2100 万人，是我国政治文化中心和经济发达的地区。然而，北京水资源状况不容乐观，社会经济发展对水资源的需求已远远超出城市水资源的承载能力。根据北京市水资源公报数据，全市人均水资源量为 159m³，为全国平均水平的 7.6%，远低于国际公认的人均 1000m³ 缺水标准和 500m³ 的极度紧缺标准。北京地表径流中，69.91% 产自山区，30.09% 产自平原区。可见，北京山区不仅是首都的天然生态屏障，也是重要的水源涵养地和供给地。

自 20 世纪 70 年代以来，在城市化快速发展和工农业生产规模不断扩大的同时，水污染问题日益严重，加剧了北京市的水资源短缺。以蓄水量最大的官厅水库和密云水库为例。由于长期的水污染问题，官厅水库已于 1997 年退出了地表饮用水水源地；21 世纪初以来，其水质虽有所改善，但至今尚不能满足饮用水水源地要求。2002 年密云水库首次暴发大面积蓝藻水华，使供水区内的饮用水出现异味，给城市供水带来很大问题。可见，作为北京市最主要地表饮用水水源地的密云水库，其水体存在自中营养化向富营养化发展的风险。因此，保护河流和水库水质、维护生态安全已成为一项迫在眉睫的任务，关乎人民群众饮水用水安全和经济社会的可持续发展。

近 20 年来，有关北京山区的非点源污染研究逐步开展，学者们做了大量的研究工作，取得一定进展。但现阶段有关本区非点源污染观测数据较为缺乏，对污染物在流域尺度内的迁移转化规律尚缺乏认识，对复合条件下各因素的综合作用及不同空间尺度下污染物迁移转化规律尚缺乏深入研究，在流域尺度污染物来源、输移机制和风险预警方面仍有大量工作要做。过去 10 年来，本书研究团队在国家自然科学基金（41401560 和 51609264）、国家重点基础研究发展规划项目（2007CB407203）等课题的资助下，在北京山区坡面、不同尺度流域和不同规模的水库采集了大量的径流水样和土壤底泥样品，以充足的原始资料作为依据，系统分析研究了本区不同时间和空间尺度的非点源污染过程及污染物环境行为。

本书共分 7 章。第 1 章介绍了目前国内外水体非点源污染研究进展；第 2 章分析了北京山区自然地理状况、水环境现状和主要的水污染问题；第 3～第 5 章是对本区水体非点源污染过程的刻画，其中，第 3 章为坡面尺度非点源污染特征及径流和泥沙中污染物负荷模拟；第 4 章为不同空间尺度流域非点源污染过程分析；第 5 章为水库水体非点源污染特征和污染物运移模拟；第 6 章对不同时空尺度污染物环境行为进行概括总结；第 7 章是在之前各章节分析非点源污染过程及污染物迁移特征的基础上，梳理已有的非点源污染防治措施，提出了进一步治理措施。

受作者水平所限，书中不足之处在所难免，恳请读者批评指正。

作者

2019 年 8 月于北京

目　录

前言

第1章　水体非点源污染研究进展 ·········· 1

1.1　非点源污染现状和危害 ·········· 1

1.2　非点源污染模型 ·········· 2

1.3　污染物迁移过程研究 ·········· 10

1.4　我国研究现状 ·········· 11

第2章　北京山区自然地理概况和水环境现状 ·········· 14

2.1　北京山区的重要生态功能 ·········· 14

2.2　北京山区自然地理概况 ·········· 19

2.3　北京山区水环境问题 ·········· 29

第3章　坡面尺度非点源污染特征和模拟 ·········· 33

3.1　坡面非点源污染监测 ·········· 33

3.2　坡面非点源污染特征 ·········· 36

3.3　坡面非点源污染模拟 ·········· 46

第4章　流域尺度非点源污染特征和主要过程分析 ·········· 83

4.1　流域非点源污染监测 ·········· 83

4.2　流域非点源污染时空变化 ·········· 91

4.3　污染物来源分析 ·········· 119

4.4　流域尺度污染物运移主要过程 ·········· 131

第5章　水库非点源污染特征和污染物运移模拟 ·········· 140

5.1　水库非点源污染监测 ·········· 140

5.2　水库水体污染物特征 ·········· 145

5.3　水库水体富营养化分析 ·········· 163

5.4　表观沉降速率 ·········· 172

第6章　非点源污染过程的尺度效应 ·· 192

　6.1　地球科学中的尺度问题 ·· 192

　6.2　产流产沙尺度效应 ·· 193

　6.3　水体污染物尺度效应 ·· 198

第7章　非点源污染防治措施 ·· 209

　7.1　已有水体非点源污染治理措施 ·· 209

　7.2　今后应采取或强化的治理措施 ·· 226

参考文献 ·· 236

第1章　水体非点源污染研究进展

1.1　非点源污染现状和危害

水是人类赖以生存和发展的物质基础，也是形成和支持生态系统的重要因素。随着人类经济社会的发展，干预自然的能力逐渐增强，水体污染问题日益严重，不但破坏了水生生态系统，也制约着水资源的利用，威胁公众健康。自20世纪30年代开始，工业发达国家的水污染问题逐步凸显，甚至发生了震惊全球的水污染公害事件，由此引起了对水污染问题的广泛关注。

就污染物来源而言，点源污染和非点源污染一直是影响水环境质量的两大问题。点源污染主要包括工业污水和城市生活污水，通常在排污口集中排放；而非点源污染则不同，它没有固定的排放点。美国的《清洁水法》修正案（1977年）对非点源污染的定义为：污染物以广域的、分散的、微量的形式进入地表及地下水体。60年代以前，人们一直认为点源是造成水污染的主要原因，由暴雨径流等所造成的非点源污染，一直未被重视。后来随着人们对点源污染控制的重视，点源污染已经得到较好的控制和管理，但是监测结果仍表明，水质并未发生明显的改善。经调查发现：广泛存在的非点源污染是造成水污染的主要原因，也是水体中氮（N）、磷（P）等营养元素的重要来源。美国60%的水体污染起源于非点源（贺缠生，1998）；丹麦270条河流94%的氮负荷、52%的磷负荷由非点源污染引起（杨爱玲和朱颜明，1999）；荷兰农业非点源提供的总氮、总磷分别占环境污染总量的60%和40%～50%（Boers，1996）；日本的稻田是Biswa湖的最大污染源。

就水污染的类型而言，水体富营养化是较为常见的形式之一，通常是指湖泊、水库和海湾等封闭性或半封闭性水体，以及某些河流水体内氮（N）、磷（P）等营养物质富集，水体生产力提高，某些特征性藻类异常增殖，水质恶化的过程（Agarwal，1988；Klausmeier et al.，2004；

Smol，2008）。在引起特征性藻类异常增值的营养元素中，氮和磷是其中的限制因子（Gunnel，1988；Hosub et al.，2007）。在水生生态系统中，氮磷作为关键因子，代表营养盐对藻类生长的限制水平（Dojlid et al.，1993；Wang et al.，2017）。在进入水体的氮元素和磷元素中，硝酸盐氮（$NO_3^- - N$）和可溶磷（DP）由于易溶于水，较易被细菌和藻类所吸收（Carpenter et al.，1998；Ellison et al.，2006；Yang et al.，2019），对富营养化过程有重要影响。

1.2　非点源污染模型

1.2.1　发展历程

非点源污染研究最早开展于美国等发达国家。鉴于非点源污染的日益严重，美国于 1972 年制定了《联邦水污染控制法》法案。这项法律明确规定，在制定水污染防治规划时，必须同时包括点源和非点源规划（Virginia Water Resources Research Center，1975），该法案极大地促进了美国非点源污染研究的开展。利用非点源污染模型模拟水体营养物质产生和运移的工作也逐步开展起来。

20 世纪 60—70 年代，在早期非点源污染定量研究中，一些学者在研究中依据因果分析和统计分析的方法建立模型，在非点源污染特征、影响因素、单场暴雨和长期平均污染负荷方面有了初步认识，并以此构建污染负荷与流域土地利用或径流量之间的统计关系（Whipple，1977）。这类统计模型对数据的需求比较低，能够简便计算出流域出口处的污染负荷，表现了较强的实用性，因而得到了一定的应用，但它们难以描述污染物迁移的途径和机理，使得模型的进一步应用受到了较大的限制。然而，同一时期流域水文模型和侵蚀产沙预报的发展，为日后非点源污染迁移机理的研究奠定了坚实的基础。

这一时期，水文模型的突破和发展为流域产流的模拟提供了巨大的支持。计算机技术的引入，使完整流域的复杂水文过程可以被模拟（吕允刚等，2008）。第一个真正意义上的流域水文模型是 1960 年 Linsley Crawford 开发的斯坦福流域水文模型（Stanford Watershed Model，SWM），并经过改进和扩展，于 1966 年发展了 SWM - Ⅳ（Crawford et al.，1966）。同时期出现的主要模型有萨克拉门托模型（Sacramento）

(Burnash et al.，1995)、SCS 模型（USDA Soil Conservation Service，1972）、暴雨洪水管理模型 SWMM（Storm Water Manage Model）（Rossman et al.，1988）等。其中，美国土壤保持局提出 SCS 模型的应用较为广泛，它提出了一种利用曲线数 CN（Curve Number）计算径流量的方法，为计算不同土地利用和土壤类型径流量提供了统一的基础。该方法日后为很多流域土壤侵蚀模型所采用。

在侵蚀产沙预报方面，通用土壤流失方程 USLE（Universal Soil Loss Equation）（Wischmeier et al.，1965）分别在 20 世纪 70 年代（Wischmeier et al.，1978）和 90 年代（Renard et al.，1997）进行了两次修订，在水土保持规划和土地资源管理方面取得了广泛的应用。Wiliams（1975）采用修正的通用土壤流失方程 MUSLE（Modified Universal Soil Loss Equation）计算河道产沙量，其中 USLE 中的降雨侵蚀力因子被径流因子所替代，以通过径流因素表征分离和输移泥沙的能量，从而在不需要泥沙输移比的情况下，模拟流域产沙量，该方法也为日后的 EPIC（Erosion/Productivity Impact Calculator）（Williams et al.，1983）和 SWAT（Soil and Water Assessment Tool）（Arnold et al.，1995）模型所采用。ANSWERS（Areal Non – point Source Watershed Environment Response Simulation）（Beasley et al.，1980）在土壤侵蚀预报方面以 USLE 为基础，用网格法对研究流域进行处理，再分别对各个地貌单元进行侵蚀产沙的数理描述，主要包括以下方面：雨滴入渗、表面截流、地表流、股流和击溅、泥沙的输移运动，最终通过网格间逐步演算的方法推算流域出口产沙量。

20 世纪 80 年代，随着对污染物富集和迁移的物理化学过程的深入认识以及大量观测资料的获得，非点源污染模拟与土壤侵蚀模型结合，取得了一系列重要进展。这一时期，非点源污染研究在营养元素和农药在地表和土壤中迁移机理的研究方面取得的进展尤为突出，基于物理过程的模型开始出现，其模拟尺度主要为坡面和中小流域。1980 年，美国农业部推出了 CREAMS 模型（A field scale model for Chemical，Runoff，and Erosion from Agricultural Management System）（Kisnel，1980），以用于模拟坡面尺度的非点源污染过程。它对径流和侵蚀过程的模拟更加细化，采用 SCS 水文模型和 Green – Ampt 入渗模型模拟径流，并预报不同粒级泥沙的产沙量及泥沙中细颗粒的富集率，为吸附性化学物质的计算提供了条件；同时模型实现了对农药和氮、磷等营养元素多个过程的模拟，包括氮的矿化、硝化、反硝化和硝酸盐的淋溶，氮、磷随地表径流和泥沙的流失过程，并模拟了农药的挥发、降解和在水、沙间的吸附和解吸。此后的GLEAMS 模型（Groundwater Loading Effects of Agricultural Management Systems）（Leonard，1987）是对 CREAMS 模型的修正和补充，添加了农药在作物根层及以下部分的运移过程，以模拟农业活动对地下水的影响。Williams 等（1983）研制的 EPIC 模型在进行土壤侵蚀影响土地生产力的同时，也对氮、磷和农药在地表的迁移富集过程进行了模拟，该模型的评价单元一般是面积不超过 $1hm^2$ 的小流域。同一时期的 ANSWERS（Beasley et al.，1980）和 AGNPS（Young et al.，1987）模型则用于流域尺度的模拟。

20 世纪 90 年代，美国环境保护署提出了水体日最大总负荷（Total Daily Maximum Loads）的概念，即在水质不超标的前提下，某种污染物的最大允许排放量（USEPA，1991）。并将这一标准应用于联邦水污染控制法案中（USEPA，1997）。该标准的实施推动了非点源污染机理研究的进一步深入，同时非点源污染模型的应用尺度进一步扩展，并实现与水质模型的初步对接，以模拟大尺度流域和大型湖泊、水库水质的动态变化，从而促进了非点源污染机理模型的发展。其中，SWAT（Soil and Water Assessment Tool）在吸收了 CREAMS 和 GLEAMS 模拟营养物和农药负荷模块的基础上，添加了污染物传播损失计算，并引入了水质模型 QUAL2E（Enhanced Stream Water Quality Model）（Brown et al.，1987）模拟河道内营养物的循环，以用于流域尺度的水质模拟。SWAT 在通过修正和改进坡面侵蚀模型以应用于流域产沙预报的同时，将汇流汇沙模拟与已有的流域水文模型相结合，通过同时模拟多个子流域产水产沙状况（Arnold et al.，1995），实现模型应用尺度的扩展。AGNPS 和 ANSWERS 则分别对模型作了修改（Binger et al.，2001；Bouraoui et al.，1996），使其可用于非点源污染的长期连续模拟。20 世纪 80—90 年代，非点源污染模型在拓展模拟尺度和丰富模拟内容的同时，在建模的手段和方法方面也发生着显著的变化，逐步从对区域空间特征实行平均化模拟的集总模型，发展为通过模拟多个细化的小单元特征，以描述流域自然过程的分布式模型；逐步从基于统计方法的经验模型向基于物理过程的机理模型转变。由于上述模型多采用曲线数法模拟流域产流，多采用通用土壤流失方程或其修订形式模拟流域侵蚀产沙，或多或少包含了经验模型的模块，因此其对极端事件的模拟一直不甚理想（Gassman et al.，2007；Qi et al.，

2017)。

20世纪90年代后期开始，土壤侵蚀机理模型研究取得了较大进展，以 WEPP（Water Erosion Prediction Project）（Flagan et al.，1995）为代表的坡面土壤侵蚀模型和以 EUROSEM（European Soil Erosion Model）（Morgan et al.，1998）和 LISEM（Limburg Soil Erosion Model）（DeRoo，1996）为代表的流域土壤侵蚀模型已开始得到实际应用（Hafzullah et al.，2005），从而推动基于物理过程的非点源污染机理模型的发展。其中，APEX（Agriculture Policy/Environment Extender）（Williams et al.，2000）是在 EPIC 基础上开发的，应用于坡面尺度的模型。它可将土地利用类型相同的地块进一步细分为子地块，模拟不同管理措施下的污染物产生与输移（Gassman et al.，2002）。相对于 EPIC 而言，其在空间上模拟尺度更为细化，考虑地表物质在坡面上下不同位置之间的迁移；模拟物质在土壤中输移时，将土层由10层细分至30层，其深度可达地下30m。DWSM（Dynamic Watershed Simulation Model）（Borah et al.，2002）用于模拟次降雨事件造成的非点源污染，充分考虑了降雨的空间差异和不同土地利用类型下地表泥沙和污染物迁移过程的差异，以及人工渠道和管道对泥沙和污染物传播的影响（Shoemaker et al.，2005），较适宜模拟以农用地为主的小流域的次降雨非点源污染。HSPF 则为一个机理相对较为复杂的模型（Bicknell et al.，2001），可应用于中小尺度的流域（Wang et al.，2015），模拟对象包括氮、磷、COD、BOD 和农药等。其对地表过程的模拟更为细化，可以小时为模拟步长。虽然上述模型进一步深入揭示了非点源污染机理，也开始得到一些应用，但由于其结构较为复杂，对模型的输入数据要求非常高，因此在现阶段真正意义上的非点源机理模型尚难以得到广泛应用。

进入21世纪以来，学者们对已有模型模拟与流域管理提出新见解，对模型优化改进后开展非点源污染流失负荷关键源区识别（Heathwaite et al.，2005；Ding et al.，2010）；基于 GIS 空间分析的成熟的非点源污染模型逐步成为运用广泛的工具，实现了对非点源污染输出特征的分析，并逐步开展气候变化带来的非点源输出效应研究（欧阳威 等，2018）。随着计算机、网络通信和自动化等应用技术的进步，运用地理信息系统实现评价模型查询和运算的自动化、智能化以及评价结果的直观可视化，是流域非点源污染模型的发展趋势。

总之，现有应用较为广泛的非点源污染模型均包含水文模型、侵蚀产沙模型和污染物迁移模型等三个子模块。其结构就像一个三层金字塔：最底层为水文模型，是整个模型的基础，只有准确描述径流过程，才可能模拟泥沙和污染物的传输；第二层为侵蚀产沙模型，泥沙是吸附性污染物的传输载体，准确计算坡面侵蚀量和流域产沙量是模拟污染物在泥沙中富集的关键；最顶层为污染物迁移模型，在不同的作用机理下，污染物随径流和泥沙两大载体进入水体。在模拟较大尺度流域非点源污染时，由于汇流时间较长，污染物在水体中停留时间明显增加，因此大尺度流域非点源污染模型还包含水质模型（Migliaccio，2007；孙丽凤 等，2016）。

非点源污染模型至今已经历了40余年的发展历程，随着观测数据的不断积累和对污染物迁移转化机理认识的逐步深入，现有的主要非点源污染模型能较为详细地模拟坡面尺度下污染物迁移转化的过程（郝改瑞 等，2014）。目前，非点源污染模型参数形式多为集总式和分布式，很少考虑尺度对参数有效性的影响，没有明确指出在不同空间尺度上如何确定参数。对于污染物在离开坡面或地块，进入河流、湖库等水体后的迁移转化过程尚缺乏深入认识，从而难以准确描述流域出口处污染物的来源及其在运移过程中发生的理化性质变化；且综合分析模型各种输出变量和状态变量的不确定性研究少，对模型的中间过程诊断不够，这使得现有的非点源污染模型在流域管理和环境保护规划方面的应用受到了一定限制。

1.2.2 在环境治理中的应用

以美国为例，在农业发展过程中，环境保护是一个逐渐被认识和发展的过程，由维持土地生产力之类的单一目标发展为保护土地资源、水资源和生物多样性等多重目标。自各类农业保护性措施实施以来，其效益一直为人们所关注。但到目前为止，上述评价尚存在两个主要不足（Mausbach et al.，2004）：一是现有评价尚不能定量分析保护性措施环境效益，特别是其对生态的影响；二是现有研究大多在坡面尺度定量评价，而在更大尺度上，缺乏对各种措施配置的整体效益研究。

由于存在上述问题，美国农业部决定定量评估保护性措施的环境效益。2004 年，美国农业部启动了保护性措施效益评价项目 CEAP（Conservation Effects Assessment Project），由其下属的三个部门执行：自然资源保护署（National Resource Conservation Service）、农业研究署（Agriculture Research Service）和州际研究、教育和推广署（Cooperative State Research，Education，and Extension Service）。项目执行期为 2004—2020

年，分别评估保护性措施在流域和区域尺度上的效益，并通过确立评估方法和建立数据库，使评估工作能长期开展。

CEAP 拟进行评价的保护性措施有七类：①保护条带；②营养元素管理；③农药管理；④耕作管理；⑤灌溉、排水、放牧和牲畜粪便管理；⑥建立野生动物栖息地；⑦湿地保护和恢复。

鉴于水土保持措施在不同空间尺度上的差异及其保护目的不同，CEAP 评价从两个空间尺度上展开 (Duriancik et al., 2008)，即流域评价 (Watershed Assessment) 与全国评价 (National Assessment)，两者呈递进关系：前者基于长期观测率定流域评估模型，为全国评价提供工具；同时，研究流域保护性措施空间配置及其影响机理，为全国评价提供理论依据。最终，实现评价尺度自地块向流域拓展，进而在区域尺度内，按耕地、牧草地、湿地和野生动物栖息地四种不同土地利用类型，评价保护性措施的环境效益。下面，分别对流域和全国保护性措施效果评价作简要介绍。

1.2.2.1 流域保护性措施效果评价

1. 评价目标和流域选择

为完成上述评价工作，CEAP 在全国范围内总计布设了 38 个研究流域，通过规范化监测和数据采集，以解决不同的科学问题。按照评价目标的不同，上述流域可分为以下三类。

（1）标准流域 (Benchmark Watersheds)。共 14 个，是有长期监测历史的流域。其主要研究目标是收集基础数据，率定模型，进而结合不同地区特征，建立相应的流域评价模型。

（2）示范流域 (Competitive Grant Watersheds)。共 14 个，主要研究目的是评估在一个流域内，不同保护性措施相互配置的作用效果。分析各类措施的相互作用，是相互促进、独立作用还是相互矛盾。

（3）特色流域 (Special Emphasis Watersheds)。共 10 个，其研究目的在于其他具有地方特色的保护性措施对于水量和水质的影响，例如粪肥施用、排水、灌溉、节水工程等。以下是对各类流域的评价指标和数据采集的简要说明。

2. 评价指标和数据采集

在进行流域保护性措施效益评价时，所涉及的主要评价指标分为以下五大类。

（1）保水效益。主要评价指标为河道流量、地下水、排水和灌溉用水。

（2）水质。主要评价指标为河道和湖库中的泥沙、营养元素、农药、溶解氧、病菌含量。

（3）土壤质量。主要评价指标为团聚体稳定度、饱和含水量、土壤容重、有机碳、土壤电导率、有效磷含量等。

（4）生态系统。主要评价指标为与保护性措施相关物种的密度和丰度，栖息地水量、水质和土壤质量，天然植被覆盖度。

（5）经济影响。主要评价指标为利润、实施效益、最佳替代方案。所需资料通过实地调查获得。

1.2.2.2　全国保护性措施效果评价

区域和全国评价工作是将保护性措施评价尺度自流域向区域尺度拓展。在过去几十年中，美国在保护性措施规划、布设和投资时，是分不同的土地利用类型开展的。因此，全国保护性措施效果评价也是分不同的土地利用类型开展，其工作主要包括四个部分，即耕地、牧草地、湿地和野生动物栖息地，以评价保护性措施在区域尺度上的环境效益，进而评价针对不同土地利用类型所实施的项目的效果。

全国评价工作是在充分利用已有数据的基础上，利用模型计算，模拟保护性措施的环境效益。

表 1.2-1 是各部分主要评价指标和数据采集方式。CEAP 全国和区域评价利用了美国国土资源清查 NRI（National Resource Inventory）（Nusser et al.，1997）获得的数据和遥感数据。在此基础上，再通过实地调查补充模型运行所需的数据。而对于研究基础相对较弱的湿地和野生动物影响评估部分，则通过野外观测获得研究所需的部分资料，以建立评估模型。

表 1.2-1 是对各部分评价工作的进一步介绍。

表 1.2-1　全国和区域评价的主要评价指标和数据采集方式

评价模块	评价指标					数据采集方式					采用模型	
	土壤质量	水质	保水效益	植物群落特征	动物栖息状况	NRI数据	遥感数据	调查问卷	野外观测	实验模拟	已有模型	新开发模型
耕地	√	√	√		√	√	√	√			√	
牧草地	√	√	√	√	√	√	√			√	√	√
湿地		√	√	√	√	√	√		√			√
野生动物					√				√			

1. 耕地

为了评估耕地水土保持耕作和工程措施带来的环境效益，CEAP对非联邦用地中耕地的保护性措施效果进行了评估（Johnson et al.，2014），并寻求能实现相同环境效益且投资更少的保护性措施配置方案。评价工作主要分为以下三个步骤。

（1）从2003年美国国土资源清查的约300000个耕地取样点中随机选取20000个，作为评估样点。同时对这些点进行农户调查，主要包括作物生长情况、耕作方式、化肥和农药使用、保护性措施实施情况等，以进一步获得模型所需数据。

（2）利用所收集的数据，运用APEX（Agriculture Policy/Environment Extender）（Williams et al.，2000）模型模拟保护性措施在坡面尺度的效益。

（3）利用SWAT（Soil and Water Assessment Tool）（Neitsch et al.，2002）模拟流域内保护性措施相互配置对流域水量和水质的影响，以反映其异地影响。

2. 牧草地

为了进一步加强对草地生态的保护，美国在2002年的农业预算中，调拨一部分资金，启动了草地保护计划（GRP），以长期租用的方式获得草场，对其进行生态修复。为了解该计划可产生的环境效益，CEAP对非联邦用地中用于放牧的草地和林地的保护性措施效果进行了评估。其方法与耕地较为类似，主要分三步进行：

（1）从美国国土资源清查的牧草地取样点中选取17000个，作为评估取样点（Weltz et al.，2008）。在样点已有的NRI数据基础上，通过实地调查，补充模型所需数据。

（2）利用RHEM（Rangeland Hydrology and Erosion Model）模型和WISEMANS（Water Induced Soil Erosion，Management，and Natural Systems）模型模拟牧草地保护性措施在坡面尺度的效益（Weltz et al.，2008）。

（3）利用KINEROS模型（Kinematic and Runoff Erosion）（Woolhiser et al.，1990）和SWAT模拟保护性措施对流域水量和水质的影响。其中，KINEROS用于小尺度流域的模拟；SWAT用于大中尺度流域水沙和污染物汇集的模拟。

3. 湿地

自1990年开始，为了逐步恢复被认为破坏的湿地，美国实施了湿地保护计划（WRP），计划恢复因农业耕作等活动而破坏的湿地。为了评价上述措施对流域内湿地生态系统服务功能的影响，研究在全国选定了 11 个区域，评估保护性措施在不同区域的效益。评价工作主要分以下四个步骤（Duriancik et al.，2008）。

（1）收集湿地生物理化数据，以定量描述其生态服务功能。

（2）将流域上游实施保护性措施和未实施相应措施的湿地进行对比，确定保护性措施对其的影响。

（3）建立预报模型，描述保护性措施如何影响湿地生态服务功能。

（4）利用模型，确定不同时间和空间状况下，自然扰动（火灾和洪涝灾害）和人为扰动（保护性措施和土地利用方式变化）对湿地的影响。

4. 野生动物

自 2002 年起，美国开始实施野生动物栖息地推动计划（WHIP），依据与动物保护有关的法律或公约，逐步对野生动物栖息地实施保护。CEAP 计划定量描述上述措施对特定鱼类和野生动物的影响。研究将美国本土划为东北部、东南部、中西部和西部四个评估区，其评估方法主要包括以下三个步骤（USDA，2009）。

（1）确定重点评价问题，即对可能显著影响鱼类和野生动物的保护性措施率先进行评价。例如在东北部地区，水坝移除对鱼类的影响是一个重点评价问题。

（2）确定定量评价指标，主要分为三类：①指示生物，即受保护性措施影响较为显著的生物种类；②指示性生物种类或种群结构组成；③指示性生物数量。

（3）在利用美国国土资源清查和保护性措施计划（Conservation Reserve Program）（Allen，2004）关于野生动物调查数据的基础上，通过野外观测补充评价所需数据，分析保护性措施对上述三类指标的影响，定量评价其效益。

1.3　污染物迁移过程研究

入河系数是描述营养物自坡面进入河道过程的重要参数，该系数是指在流域坡面形成的污染物随坡面产流和流域汇流过程进入河道的比率（程红光 等，2006）。由于非点源污染形成过程具有随机性大、分布范围广、形成机理复杂等特点，且影响污染物迁移因素众多、现阶段各种因素的影响机理尚未探明，因此采用入河系数估算坡面污染物进入河道的量，是一种简易可行的估算方法（Behrend，1996；Johnes，1996），已被许多非点源污染模型所采用。

现阶段应用较为广泛的非点源污染经验模型对于子流域出口污染物的计算分为坡面输移和河道输移。降雨冲刷累积在地表的污染物开始产污过程后，污染物首先在坡面上随径流进行输移、汇合和衰减，尔后汇入河道内随径流迁移转化。经验模型将流域污染物从坡面产污直到亚流域出口整个过程看作是一个"黑箱"（即亚流域），对不同的"黑箱"计算入河系数。但其对地下径流（包括壤中流）过程考虑不足（耿润哲 等，2019）。非点源污染机理模型则是通过对表征农业非点源污染物入河全过程的大量函数式进行高度集成，对污染物从产污单元到入河的时空运移过程进行较为清晰的刻画，结果也较为直观。但操作较复杂，同时对数据和人员专业素质要求较高、耗时较长（Chahor et al.，2014；Mohamoud et al.，2010）。

上游河道的水体进入水库后，流速明显减缓，因而水体中泥沙和胶体颗粒等物质，及其携带吸附的污染物极易沉积在水库底部，易使水体污染物浓度降低。在许多流域非点源污染模型中，描述这一过程的参数为表观沉降速率。假设水库水体深度均一，水土界面面积与水体表面积相等，且营养物质在水库中完全混合，则水库中污染物表观沉降速率可表示如下（Neitsch et al.，2002）：

$$\nu = \frac{M_{settling}}{c \cdot A_s \cdot dt} \qquad (1.3-1)$$

式中：ν 为表观沉淀速率，表示营养物输移进入泥沙的净效果，m/d；$M_{settling}$ 为沉淀损失的营养物质量，kg，由降雨和地表径流中的污染物总量减去水库水体中污染物总量获得；A_s 为水库水面面积，m²；c 为水体中初始营养物质浓度，kg/m³；dt 为时间步长，d。

一些入流和蓄水体性质会影响水体的表观沉淀速率。比较重要的影响因子有入流中营养物的溶解吸附形式（溶解态或颗粒态）(焦剑 等，2014)。在蓄水体中，平均深度、水温、泥沙中营养物质的释放也会影响表观沉淀速率（Panuska et al.，1999）。

1.4 我国研究现状

长期以来，我国在水污染防治中，十分重视工业生产排出的毒性物质对水体的影响，并长期致力于点源污染的防控和治理。但在一些流域，点源污染得到有效控制后，水体水质仍未得到显著改善（彭近新和陈慧君，1988；Zhang et al.，1996）。20 世纪 80 年代，我国湖泊、水库出现大范围的富营养化现象（金相灿 等，1990），由此引起对非点源污染的重视，关于水体营养物质的研究逐步开展（Liu et al.，2003；Domagalski et al.，2007；Lu et al.，2009）。近十几年来，我国学者在非点源污染研究方面不断取得进展，缩小了与国际的该研究方向的差距。目前我国非点源污染模拟研究以建立经验或半机理模型和借鉴国外模型进行验证和模拟应用为主。在坡面非点源污染研究方面，主要侧重于氮、磷等营养元素迁移转化影响因素研究，包括土地利用（Rong et al.，2018）、降雨特征（He et al.，2015）、土壤类型（张兴昌 等，2001）、管理措施（Fan et al.，2015）等，为非点源污染模拟提供了数据和方法支持。但目前对农药等污染物流失迁移的机理研究较少，而对径流和泥沙耦合作用下，污染物运移转化机理研究也有待深入开展。在流域尺度非点源污染研究工作主要集中在三个方面：①利用江河湖库水质观测资料，结合流域降水、地形、土地利用管理等状况，或结合同位素和水化学元素示踪技术（徐志伟 等，2014），分析非点源污染特征。②利用国外较为成熟的模型，模拟流域非点源污染负荷。常用的模型有 SWAT（Liu et al.，2016；Shi et al.，2017）、AGNPS（Li et al.，2015）、HSPF（Wang et al.，2015）等。③结合流域自然地理和人类活动特征，通过改进已有的非点源污染模型，或是增加模拟模块，以提高模型的模拟精度（Zhuang et al.，2016；Zhang et al.，2017）。

目前非点源模型在中国应用过程中主要存在以下问题：

（1）我国开始非点源污染研究时间相对发达国家晚，观测数据较为缺乏，针对无资料地区的非点源污染模型或估算方法较少。

（2）非点源污染具有随机性、动态性、不确定性，污染物质在水体污染的比重、迁移转化等机理研究尚未完全清楚；且对污染物在流域尺度内的迁移转化规律尚缺乏认识，对复合条件下各因素的综合作用及不同空间尺度下污染物迁移转化规律尚缺乏深入研究。

（3）我国多是应用发达国家开发的模型，自主模型较少；而我国流域因为自然地理条件差异大且受人为活动影响显著等因素，对应用的机理模型参数要求很高。

（4）目前非点源污染研究主要侧重地表过程，对于大气降水污染物沉降缺乏机理研究和过程模拟（Islam et al.，2018），对其在非点源污染过程中的影响作用尚缺乏细致的定量刻画。今后的研究工作中，需加强非点源污染监测，进一步积累基础数据，以评价现有农业生产活动在营养元素和农药运移流失方面的影响。保护性措施环境效益评价需在明确评估目标的基础上，确立评价指标及相应的数据采集方法，为监测工作能长期进行提供保障。

北京是一座严重缺水的特大型城市，其地表水源地主要分布在周边山区，其水质直接影响到首都人民的生活和城市的可持续发展。然而，随着人口的增加和经济的发展，水库水污染问题逐渐凸显。自 20 世纪 90 年代以来，密云水库、官厅水库等地表水源地水体呈自中营养化向富营养化发展趋势（杜桂森 等，2004；王庆锁 等，2009）。到目前为止，水体富营养化已成为北京山区水库最主要的水污染问题。研究表明，水土流失过程以及畜禽粪便、农村生活垃圾和污水等不合理排放所产生的大量营养物质（黄生斌 等，2008；焦剑 等，2013）是诱发水库水体藻类增殖的重要原因。自 20 世纪 90 年代以来，许多学者对水库水体营养物质的时间变化特征和空间分布状况做了详细分析（刘培斌和李其军，2010；Wang et al.，2014）；个别学者利用国外较为成熟的水质模型，模拟了水体营养元素对水库藻类增殖的影响（Wang et al.，2005）。在流域尺度上，学者主要侧重分析河流入库水体的污染物时空变化特征及主要影响因素（Jiao et al.，2014；车胜华 等，2017），并利用较为成熟的非点源污染模型，开始开展河流水体营养物质负荷模拟（王晓燕，2011）。到目前为止，有关本区入库水体营养物质来源的研究也尚处于初始阶段。由于对水库上游水体污染物变化过程和特征缺乏详细的了解，对入库水体污染物来源缺乏明确认识，使得在现阶段，上述研究成果尚不足以为北京山区水源地的水污染防治和流域综合治理提供有力的科学支持。因此，开展不同空间尺度流域非点源污染过程和污染物环境行为研究，可为非点源污染模拟提供充分的数据和方法支持，对于对保护水源地生态和环境，保障首都饮水安全具有重要意义。

第 2 章　北京山区自然地理概况和水环境现状

2.1　北京山区的重要生态功能

2.1.1　生态屏障作用

北京市早在"十一五"城市发展规划中就已指出,北京山区定位为首都生态屏障功能区,环境保护是其首要功能(李鹏 等,2009)。首都山区分布面积大,生态系统结构复杂,自然地理分异非常明显,生态环境问题在不同区域的表现形式与严重程度有很大差异。同时首都山区生态屏障建设又是改善首都生态环境现状、建设社会主义新农村和实现区域可持续发展的重要战略决策。

在 2016—2035 年的北京市总体规划中,将全市 16 个区划分为四大功能区。其中,生态涵养发展区全部位于北京山区范围内,包括门头沟、平谷、怀柔、密云、延庆 5 个区。2018 年 7 月,《北京市生态保护红线》正式印发。生态保护红线是生态范围内具有重要生态功能、必须强制性严格保护的区域。按照主导生态功能,全市生态保护红线分为四种类型:一是水源涵养类型,主要分布在北部军都山一带,即密云水库、怀柔水库和官厅水库的上游地区。二是水土保持类型,主要分布在西部西山一带。三是生物多样性维护类型,主要分布在西部的百花山、东灵山,西北部的松山、玉渡山、海坨山,北部的喇叭沟门等区域。四是重要河流湿地,即五条一级河道(永定河、潮白河、北运河、大清河、蓟运河)及"三库一渠"(密云水库、怀柔水库、官厅水库、京密引水渠)等重要河湖湿地。可见,作为生态屏障,北京山区承载了水源涵养、水土保持和生物多样性维护等重要作用。

(1)水源涵养功能区是指具有径流补给和保持、提高水源涵养与调节能力的区域。该功能区生态屏障建设的主要功能是涵养水源,同时还兼有保持水土、净化水质和旅游观光等功能。北京市地表水源涵养区位于北京市北部和西部，主要为山区，面积为 6322km²，占全市总面积的 39%，涉及 320 条小流域；分布有密云、官厅、怀柔、白河堡、十三陵、斋堂、北台上、遥桥峪、大水峪和半城子等水库的地表水源地，是保障北京市生态安全和涵养水源的重要区域。北京市地下水源涵养区位于北京市山前冲积扇和中心城外围平原区，面积为 3714km²，占全市总面积的 23%，涉及 307 条小流域，部分分布于怀柔、密云、昌平、平谷等区的丘陵台地一带。

（2）水土保持功能区是指水土流失可能对当地和下游经济、社会和环境造成严重影响的区域。根据第一次北京水务普查结果（北京市水务局，2013），北京市土壤侵蚀面积达 3201.86km²，其中，轻度侵蚀面积为 1746.08km²，中度侵蚀面积为 1031.46km²，强烈侵蚀面积为 340.64km²，极强烈侵蚀面积为 70.12km²，剧烈侵蚀面积为 13.56km²。土壤侵蚀分布的区域主要位于西部和北部山区。由表 2.1-1 知，山区所在各区县土壤侵蚀面积计 3066.42km²，占全市土壤侵蚀总面积的 95.77%。其中，轻度侵蚀面积占全市轻度侵蚀总面积的 95.42%，中度侵蚀面积占全市中度侵蚀总面积的 96.46%，强烈侵蚀面积占全市强烈侵蚀总面积的 95.89%，极强烈侵蚀面积占全市极强烈侵蚀总面积的 95.24%，剧烈侵蚀面积占全市剧烈侵蚀总面积的 88.35%。因此，北京市土壤侵蚀控制区主要分布在北京市西部及东北部山区（北京市水务局 等，2017），面积为 3529km²，占全市总面积的 21%，涉及 195 条小流域，地形以中山、低山和低山丘陵为主，是保障本市生态安全的重要区域。

表 2.1-1　北京山区各区土壤侵蚀情况（北京市水务局，2013）

行政区	土壤侵蚀面积/km²					
	轻度	中度	强烈	极强烈	剧烈	总计
门头沟	246.47	114.32	30.61	4.91	0.13	396.44
房山	187.49	313.65	111.61	20.90	1.42	635.07
昌平	128.37	44.94	5.14	0.94	0.66	180.05
怀柔	312.81	144.39	56.01	15.06	1.73	530.00
平谷	126.38	107.16	42.43	3.47	1.00	280.44
密云	402.71	207.45	66.85	19.91	6.72	703.64
延庆	261.88	63.01	13.98	1.59	0.32	340.78
合计	1666.11	994.92	326.63	66.78	11.98	3066.42

（3）北京山区生物多样性保护功能区主要分布在北京西部的房山、门头沟，北部的延庆、怀柔等区县内的深山区。区内植被覆盖率较高，既有天然森林、天然次生林等植被分布；又有鱼类、两栖类、鸟类等保护动物；还有溶洞群、木化石等地质遗迹。目前，北京市有国家级、市级、区级自然保护区共 21 个（表 2.1-2），绝大部分位于北京山区生物多样性保护功能区。

表 2.1-2　　　　　　　北京市自然保护区名录

序号	自然保护区名称	行政区域	生态系统类型	占地面积/hm²	批建时间（年-月）	主要保护对象	主管部门
1	松山国家级自然保护区	延庆区	森林生态系统	6213.0	1985-04	金雕等野生动物，天然油松林	林业
2	百花山国家级自然保护区	门头沟区	森林生态系统	21743.1	1985-04	褐马鸡，兰科植物、落叶松等温带次生林	林业
3	喇叭沟门市级自然保护区	怀柔	森林生态系统	18482.5	1999-12	天然次生林	林业
4	野鸭湖市级湿地自然保护区	延庆区	湿地	6873	1999-12	湿地、候鸟	林业
5	云蒙山市级自然保护区	密云区	森林生态系统	4388	1999-12	次生林	林业
6	云峰山市级自然保护区	密云区	森林生态系统	2233	2000-12	天然次生油松林	林业
7	雾灵山市级自然保护区	密云区	森林生态系统	4152.4	2000-12	珍稀动植物，天然次生林及典型森林生态系统	林业
8	四座楼市级自然保护区	平谷区	森林生态系统	19997	2002-12	天然次生林以及野大豆、黄檗、紫椴、刺五加等国家保护植物	林业
9	玉渡山区级自然保护区	延庆区	森林生态系统	9082.6	1999-12	森林与野生动植物	林业
10	莲花山区级自然保护区	延庆区	森林生态系统	1256.8	1999-12	野生动植物	林业
11	大滩区级自然保护区	延庆区	森林生态系统	15432	1999-12	天然次生林及野生动植物	林业
12	金牛湖区级自然保护区	延庆区	湿地	1243.5	1999-12	湿地	林业

序号	自然保护区名称	行政区域	生态系统类型	占地面积/hm²	批建时间(年-月)	主要保护对象	主管部门
13	白河堡区级自然保护区	延庆区	森林生态系统	7973.1	1999-12	水源涵养林	林业
14	太安山区级自然保护区	延庆区	森林生态系统	3682.1	1999-12	森林及野生动植物	林业
15	水头区级自然保护区	延庆区	森林生态系统	1362.5	2017-09	森林及野生动植物	林业
16	蒲洼市级自然保护区	房山区	森林生态系统	5396.5	2005-04	森林群落及其生境所形成的森林生态系统	林业
17	汉石桥市级湿地自然保护区	顺义区	湿地	1900	2005-04	湿地及候鸟	林业
18	拒马河市级水生野生动物自然保护区	房山区	湿地	1125	1996-11	大鲵等水生野生动物	农业
19	怀沙河怀九河市级水生野生动物自然保护区	怀柔区	湿地	111.2	1996-11	大鲵、中华九刺鱼、鸳鸯等水生野生动物	农业
20	石花洞市级自然保护区	房山区	地质遗迹	3650	2000-12	溶洞群	国土
21	朝阳寺市级木化石自然保护区	延庆区	地质遗迹	2050	2001-12	木化石	国土

2.1.2 地表水源地

北京市位于华北平原西北端，其水资源状况不容乐观，社会经济发展对水资源的需求已远远超出城市水资源的承载能力，供需严重失衡（王浩等，2013）。根据北京市水资源公报数据，到 2016 年，北京市人均水资源量为 159m³，为全国平均水平的 7.6%，远低于国际公认的人均 1000m³ 缺水标准和 500m³ 的极度紧缺标准。

北京市多年平均水资源量为 37.39 亿 m³，其中地表水资源量为 17.72 亿 m³，地下水资源量为 19.67 亿 m³。2016 年全市总供水量为 38.8 亿 m³，其中生活用水量为 17.8 亿 m³，环境用水量为 11.1 亿 m³，工业用水为 3.8 亿 m³，农业用水为 6.1 亿 m³。为了保障供水，有效利用地表水资源至关重要。进入 21 世纪以来，因北京年降水量呈递增趋势；且自 2014 年 12 月开始，南水北调中线一期工程通水进京，北京水资源总量有所增加，地表水资源总量也呈递增趋势（图 2.1-1）。年平均地表水资源总量已从 2001—2005 年的 6.97 亿 m^3 递增至 2012—2016 年的 11.43 亿 m^3。地表径流中，69.91% 产自山区，30.09% 产自平原区。可见，北京山区不仅是首都的天然生态屏障，也是重要的水源涵养地和供给地。

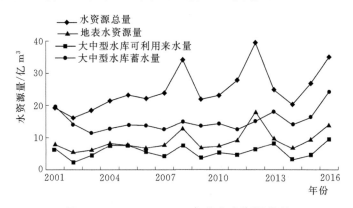

图 2.1-1　2001—2016 年北京水资源状况

受季风气候影响，本区汛期降水非常集中，占全年的 75%～85%。为了拦截利用雨季地表径流，根据北京市第一次水务普查统计结果（2013 年），至 2010 年，北京已修建了 88 座水库，其中 82 座水库位于山区。山区各水库总库容达 92.856 亿 m^3，兴利库容总计 42.858 亿 m^3，设计年供水量总计 43.613 亿 m^3。至 2018 年年底，大中型水库蓄水量之和达 34.192 亿 m^3。水库工程的兴建为北京供水提供了有力保障，也形成充分的水资源储备。

自 20 世纪 70 年代以来，在城市化快速发展和工农业生产规模不断扩大的同时，水污染问题日益严重，加剧了北京市水资源的短缺。以蓄水量最大的官厅水库和密云水库为例：官厅水库由于长期的水污染问题，进入 20 世纪 90 年代中期，枯水期水库水质甚至劣于地表水 V 类标准（梁涛等，2003），并于 1997 年退出了地表饮用水水源地。21 世纪初以来，其水质虽有所改善，但至今尚不能满足饮用水源地要求（车胜华，2017）。目前，作为北京市最主要地表饮用水源地的密云水库水体则呈自中营养化向富营养化的发展趋势。2002 年密云水库首次暴发大面积蓝藻水华（王蕾等，2006），使供水区内的饮用水出现异味，给城市供水带来很大问题（Wang et al.，2008）。因此，保护河流和水库水质、维护生态安全已成为一项迫在眉睫的任务，关乎人民群众饮水用水安全和经济社会的可持续发展。

2.2　北京山区自然地理概况

2.2.1　气候

北京山区属暖温带半湿润季风大陆性气候区。但由于地貌差异，海拔高度存在明显差异，造成明显的气候垂直地带性。大体以海拔 $700\sim800m$ 为界，此界以下到平原，为暖温带半湿润季风气候；此界以上中山区为温带半湿润—半干旱季风气候；约在海拔 $1600m$ 以上为寒温带半湿润—湿润季风气候。

北京山区高程影响年均温可相差 $10℃$。所以地貌对气候的影响显著。平原和山区交界地带等温线密集。以长城为界，长城以南年均温在 $10℃$ 以上，平原和浅山区年均温在 $10\sim11.5℃$。长城以北的山区年均温在 $10℃$ 以下（表 2.2 - 1）。

从年均降水量的空间分布来看，全区整体呈现西北山区和山间盆地降水偏少、东南部山前地带和平原地区降水偏多、高降水中心由西南向东北带状分布的格局。该分布格局形成的重要原因是受到了地形和盛行风的影响（陈志昆和张书余，2010；郑祚芳 等，2014）。地形的强迫抬升作用致使北京地区山前迎风坡更易形成降水，夏季盛行的低层东南风使地形的抬升作用进一步加强（Zhang et al.，2009；原韦华 等，2014）。此外，夏季大气中低层的西南风水汽输送通道（周晓霞 等，2008）对这一分布态势也有明显影响，该水汽输送通道致使山前平原地区的大气可降水量一般高于西北部山区和山间盆地，在有利的天气、气候条件下，更容易产生降水。

降水量除了受大气环流影响外，还受地形的影响。北京地区年平均降水量等值线走向大体与山脉走向相一致。全市多年平均降水量在 $470\sim660mm$（表 2.2 - 2）。多雨中心沿燕山、西山迎风坡分布。$700mm$ 以上的地区有怀柔县的八道河、房山区的漫水河、平谷县的将军关一带，其中八道河面积最大，量值也最大达 $820mm$、枣树林为 $770mm$。由弧形山脉向西北、东南降水量不断减少，延庆县康庄为 $416.9mm$，是全市降水量最少的地区，通县、大兴平原地区年降水量不足 $600mm$。在山区虽处同一区域，由于山脉的屏障作用，一山之隔降水量相差悬殊。如沿西山的百花山、老龙窝、青水尖到妙峰山一线，山南史家营年降水量在 700mm 以上，大安山接近 650mm，越过山岭处于背风坡的清水河流域的斋堂、杜家庄、燕家台，青白口和沿河城等地年降水量只有 500mm，为少雨区。

表 2.2-1　　　　北京山区典型气象站各月平均气温和年较差　　　单位：℃

| 站名 | 月　份 | | | | | | | | | | | | 年平均气温 | 年较差 |
	1	2	3	4	5	6	7	8	9	10	11	12		
延庆	−8.8	−5.8	1.7	10.6	17.6	21.4	23.1	21.6	16.2	9.4	0.7	−6.6	8.43	31.9
佛爷顶	−11.0	−8.7	−2.2	6.3	13.3	17.1	18.7	17.6	13.0	7.0	−2.1	−8.5	5.04	29.7
汤河口	−8.6	−4.6	2.9	11.9	18.3	22.2	23.9	22.4	17.2	10.6	1.1	−6.2	9.26	32.5
上甸子	−6.9	−4.0	3.5	12.3	19.1	23.0	24.5	23.2	18.0	11.5	2.5	−4.9	10.15	31.4
斋堂	−6.5	−3.4	3.7	12.6	19.0	22.7	23.9	22.7	17.1	11.1	2.3	−4.1	10.08	30.4
门头沟	−4.2	−1.8	5.2	13.8	20.1	24.2	25.7	24.3	19.4	12.7	4.3	−2.1	11.80	29.9
霞云岭	−5.1	−2.6	4.3	12.9	19.5	23.2	24.3	22.8	17.6	11.5	3.6	−3.0	10.75	29.4
马道梁	−9.8	−6.6	0.0	7.9	15.0	19.1	20.9	19.3	14.4	8.1	−0.8	−7.5	6.67	30.7
古北口	−6.9	−3.8	3.3	12.1	19.0	23.1	24.5	23.2	18.1	11.3	2.6	−4.7	10.18	31.7

表 2.2-2　　　　　　北京山区典型气象站各月平均降水量　　　单位：mm

| 站名 | 月　份 | | | | | | | | | | | | 年平均降水量 |
	1	2	3	4	5	6	7	8	9	10	11	12	
延庆	1.8	5.0	8.4	19.3	28.4	61.6	145.5	123.7	47.1	20.5	6.7	1.8	469.8
佛爷顶	2.1	9.5	10.4	25.2	37.2	74.5	159.8	126.2	58.7	11.9	8.5	2.4	526.4
汤河口	0.7	4.5	9.0	15.9	38.9	75.0	136.2	135.0	53.1	15.3	5.5	2.1	491.2
上甸子	1.7	4.7	9.2	20.8	38.2	78.8	203.2	176.2	65.4	24.1	7.5	1.8	631.6
斋堂	0.5	4.9	7.5	17.1	36.4	73.2	132.6	120.0	39.2	18.6	4.9	1.5	458.9
门头沟	2.3	5.3	9.4	24.2	36.0	74.7	206.8	177.1	51.5	21.7	5.9	1.8	616.5
霞云岭	1.9	5.0	10.1	26.4	35.4	73.4	203.2	200.9	54.2	23.3	7.9	2.4	644.1
马道梁	0.4	9.2	10.9	15.9	47.7	94.2	111.2	147.1	44.8	26.6	7.3	4.4	519.7
古北口	1.9	4.2	8.7	17.8	52.2	82.3	228.9	164.1	68.2	28.6	6.2	1.9	650.7

在全球气候变化的背景下，北京地区气温的变化特征与 20 世纪 80 年代以来全国大部分地区存在的变暖趋势相吻合（刘海涛 等，2016）。自 1951 年以来，北京平均气温总体呈上升趋势，气温季节变化趋势与年际变

化一致，都呈上升趋势。四季中，冬季升温趋势最明显，春季和秋季次之，夏季最弱（杨浩，2013）。北京年降水量则呈减少趋势，降水量季节变化存在差异，除春季呈现微弱的增加趋势外，夏季、秋季与冬季的变化趋势与年际变化趋势一致，呈减少趋势，夏季降水量减少趋势最明显。刘海涛和杨洁（2018）利用 WMO 推荐的极端降水指数，分析了 1951—2015 年北京地区的极端降水指数变化特征，发现北京极端降水指数总体上均呈显著减少趋势，都具有明显的年际和年代际变化。各极端降水指数均在 20 世纪 50 年代偏强，60—90 年代呈波动减少趋势，其在 2000—2009 年的平均远低于其他各年代的平均，2010 年之后有增多或增强趋势。极端降水指数的总体变化特征反映出北京存在极端降水事件减少和减弱的趋势。这一减少趋势将增大干旱灾害的风险，影响水资源供给。因此，保障水质安全，防止水质性缺水的发生，对于首都的可持续发展至关重要。

2.2.2 地貌

北京山区地貌按成因类型、形态成因类型两级划分，第一级为成因类型，第二级为形态成因类型（霍亚贞 等，1988）。共分为 3 个一级类型，6 个二级类型，其分类系统如下：

Ⅰ　侵蚀构造地貌——山地

Ⅰ$_1$ 中山带（绝对高度海拔大于 800m）

Ⅰ$_2$ 低山带（绝对高度海拔小于 800m）

Ⅰ$_3$ 山地沟谷河道

Ⅱ　剥蚀构造地貌——丘陵、台地

Ⅱ$_1$ 丘陵（相对高度小于 200m）

Ⅱ$_2$ 台地

Ⅲ　堆积构造地貌——平原

Ⅲ$_1$ 山间盆地

各类地貌类型基本特征分述如下：

（1）Ⅰ 侵蚀构造地貌——山地。

1）中山带 Ⅰ$_1$。划分中山和低山应以山地整体为对象，但实际上中山的下部与低山自然条件和自然资源近似。考虑到植被类型、土壤类型、水热分配、地貌特征等具体情况，在海拔 800m 附近均有明显差别，故以海拔 800m 作为中山带和低山带的形态示量指标值，反映了山地的垂直带变化。海拔大于 800m 的中山带，山高坡陡，植被类型多为落阔叶林及萌生

丛和中生灌丛，其下多发育山地棕壤。山地草甸面积较小，仅分布于海拔
1900m 以上的山顶面，是北京市许多河流发源地。本市中山带面积
2289.33km²，占北京山区总面积的 25.24％，地面坡度一般大于 25°。最
高山峰东灵山为北京市西界，西北界为海坨山，北界为猴顶山。地势西北
高，东南低，层状地貌明显。

2）低山带 I_2。海拔 800m 以下，面积 5704.14km²，占北京山区总面
积的 56.61％。自然特征是山场广阔，地势较低，坡度较陡，土层较薄，
水文状况较差，水土流失严重。植被类型主要是灌丛和灌草丛，其下主要
是山地淋溶褐土和山地粗骨性褐土。离河谷较近地区，局部土层较厚，水
源条件相对较好。低山带在平面上西山呈条状，北山呈环带状，展布于中
山带之间，在剖面上也具阶梯状特征。北部低山带风化壳较厚，质地偏
沙，谷地宽敞，坡度一般为 15°左右，地势和缓。延庆北部、东北部低山带
主要是火山碎屑岩和硅质灰岩及石英砂岩，山势较陡，林木覆盖较好。平谷
低山带主要由石英砂岩和白云质灰岩构成，多桌状山，沟窄谷深，坡度较
大，土层较薄。西山低山带主要由石灰岩组成，坡度较北山大，地面坡度
25°～35°，大石河和永定河低山带多为单面山地形，拒马河低山带多塔状峰
丛峰林。清水河谷低山带除石灰岩外，主要是喷出岩及火山碎屑岩。

3）山地沟谷河道 I_3。山地中沟谷河道是山区中线状负地形，是居住
和生产的重要场所，又是山区交通的必经之地。其面积 1153.44km²，占
北京山区总面积的 11.45％。北京市沟谷河道多与山地走向直交或斜交，
但断裂带附近河段的河谷河道沿构造线发育，西山多北东向平行状水系，
北山多近东西向水系，其次一级的沟谷河道呈羽状向两侧山地发展。河谷
中阶地一般 3～5 级，其中第一、第二级阶地发育较好，多为堆积阶地，
阶地宽平，复有次生黄土类堆积，其下多为磨圆程度不同的砾石组成，晚
更新世马兰期形成的河流阶地最为典型。高阶地一般为基座阶地，少数为
侵蚀阶地。由于后期流水切割，阶地面破碎，多呈丘岗状沿河断续分布。

（2）II 剥蚀构造地貌——丘陵、台地。

1）丘陵 II_1。相对高度小于 200m 的丘陵，面积为 279.76km²，占北
京山区总面积的 2.78％。主要分布于房山区山前，昌平县南口至小汤山山
前怀柔区庙城至密云区西智山前，以及延庆区刘斌堡一带。山地与平原交
接部位，丘陵与山体之间一般呈不连续的明显转折，亦有逐步过渡，表现
为馒头状山丘及垅丘。其一般海拔为 150～300m，坡度为 7°～15°，少数大
于 25°；一般丘体中其上部的土层较薄，坡麓的土层多为 50～80cm 或大

于 100cm。

2）台地 II_2。台地一般为隆升的基岩地块，上覆薄层红土和黄土等新生界堆积物，地表切割微弱，起伏和缓，岗顶齐平，其间有宽展坳沟，微向平原倾斜，外侧与平原接触转折清楚，常呈阶坎。台地地面坡降一般为 5‰～30‰，相对高度为 20～50m，海拔为 90～100m 以下，坡度为 3°～7°。主要分布在大灰厂、长辛店一带，南口东部地区，房山区南尚乐和平谷县韩庄附近。面积为 129.05km² ，占北京山区总面积的 1.28%，仅是丘陵面积的 1/2。

（3）III 堆积构造地貌——山间盆地。

北京山区堆积构造地貌为延庆山间盆地区。其位于延庆区境内，主要包括城关镇、延庆农场和城关、大观头、永宁、香营、大柏老、井庄、靳家堡、张山营、高庙屯、西拨子、康庄、下屯、沈家营等乡。面积 520km² ，占北京山区总面积的 5.16%。该盆地东西长约 40km，南北宽约 16km，盆地地势平坦，海拔高度为 480～600m，呈四周高，中间低的形态，主要河流为妫水河。

表 2.2-3　　　　　　北京山区地貌分类

一级类型	二级类型	面积/km²		占山区面积/%	
I 侵蚀构造地貌	I₁ 中山带	2289.33		22.72	
	I₂ 低山带	5704.14	9146.91	56.61	90.78
	I₃ 山间沟谷	1153.44		11.45	
II 剥蚀构造地貌	II₁ 丘陵	279.76		2.78	
	II₂ 台地	129.05	408.81	1.28	4.06
III 堆积构造地貌	III₁ 山间盆地	520.00	520.00	5.16	5.16
总计	各级类型	10075.72	10075.72	100.00	100.00

2.2.3　水文

2.2.3.1　地表水

北京山区河流主要为大清河、永定河、北运河、潮白河和蓟运河五大水系（表 2.2-4）。

（1）大清河水系。大清河水系的北支为拒马河，发源于河北省涞源县的涞山，向东北流经房山区西南部，出北京后，在河北省涿州市接纳了大石河和小清河。大石河和小清河是源于北京市境内的拒马河较大支流。大

表 2.2 - 4　　　　　　　　　北京市主要水系地表水状况

水系	流域面积/km²			径流量/亿 m³			流域面积所占比例/%		径流量所占比例/%	
	山区	平原	总计	山区	平原	总计	山区	平原	山区	平原
大清河	1615	604	2219	3.10	0.65	3.75	72.78	27.22	82.64	17.36
永定河	2491	677	3168	2.93	0.49	3.41	78.63	21.37	85.76	14.24
北运河	1000	3423	4423	1.52	4.78	6.30	22.61	77.39	24.14	75.86
潮白河	4605	1008	5613	9.01	1.22	10.23	82.04	17.96	88.10	11.90
蓟运河	689	688	1377	1.61	0.69	2.30	50.04	49.96	70.18	29.82
总计	10400	6400	16800	18.17	7.82	25.99	61.90	38.10	69.91	30.09

石河发源于百花山南麓，向东流至漫水河出山，折向南流入平原，沿途有丁家洼河、东沙河、周口店河等河流汇入。小清河发源于丰台区马鞍山东坡，向南流途中接纳了吴店河等河流。

大清河在北京市境内流域面积为 2219km²，在山区流域面积为 1615km²，占 72.78%；大清河在北京市境内多年平均径流量为 3.75 亿 m³，在山区多年平均径流量为 3.10 亿 m³，占 82.64%。

（2）永定河水系。永定河上游有两大支流，南为桑干河，发源于山西省宁武县管涔山；北为洋河，发源于内蒙古兴和县，汇合于河北省怀来县夹河村，开始称永定河。官厅水库以上为永定河上游，官厅水库还接纳了永定河重要支流妫水河，其发源并流经北京市延庆区。官厅至三家店之间为永定河中游，为中山峡谷区，永定河先后汇入三秋河、清水河、下马岭沟、清水涧、苇甸沟等，在三家店以下进入平原，为下游段；流经丰台、房山、大兴等区后进入河北省，于天津西郊与北运河相汇，一部分经海河入渤海，一部分经永定新河入渤海。

永定河从北京市门头沟区斋堂镇向阳口村入境，于大兴区榆垡镇崔指挥营村出境，主河道长 172.2km。永定河水系在北京市境内流域面积为 3168km²，在山区流域面积为 2491km²，占 78.63%；永定河水系在北京市境内多年平均径流量为 3.41 亿 m³，在山区多年平均径流量为 2.93 亿 m³，占 85.76%。

（3）北运河水系。北运河水系发源于北京市昌平区，现包含温榆河和北运河两个流域。温榆河河源为昌平区流村镇禾子涧村，其上游汇集了昌平区境内北山和西山的诸小水流，河口为通州区永顺地区新建村（北关拦河闸）；北运河河源为通州区永顺地区新建村（北关拦河闸），河口为通州区西集镇牛牧屯村（出境）。

北运河水系在北京市境内流域面积为 4423km²，在山区流域面积为 1000km²，占 22.61%；北运河水系在北京市境内多年平均径流量为 6.30 亿 m³，在山区多年平均径流量为 1.52 亿 m³，占 24.14%。

（4）潮白河水系。潮白河自北向南贯穿北京东部，其上源为潮河和白河。潮河发源于河北省丰宁县草碾沟南山，南流至古北口进入北京市密云区，在桑园以西纳入安达木河，在高岭以南入密云水库，在库东又纳入清水河，由碱厂附近出水库，在库南辛安庄附近纳入红门川河，向西南流与白河汇合。白河发源于河北省沽源县大马群山东南，经河北省下堡附近进入北京市延庆区，沿途接纳了黑河、天河、菜食河、汤河、琉璃河等，在张家坟以南入密云水库。白河在溪翁庄出水库，向南流与潮河汇合，汇合后称潮白河。潮白河流经平原地区，在顺义区纳入怀河、小东河、箭杆河，于通州区西集镇大沙务村出境。

潮白河在北京市境内主河道长 259.5km。潮白河水系在北京市境内流域面积为 5613km²，在山区流域面积为 4605km²，占 82.04%；潮白河水系在北京市境内多年平均径流量为 10.23 亿 m³，在山区多年平均径流量为 9.01 亿 m³，占 88.10%。

（5）蓟运河水系。蓟运河上源有两支：州河和泃河。泃河发源于河北省兴隆县青灰岭，从北京市平谷区金海湖地区罗汉石村入境，先后纳入将军关石河、黄松峪石河、夏各庄石河、泃河、金鸡河等，折向南于平谷区东高村镇南宅村出境，主河道长 54.2km。

蓟运河水系在北京市境内流域面积为 1377km²，在山区流域面积为 689km²，占 50.04%；潮白河水系在北京市境内多年平均径流量为 2.30 亿 m³，在山区多年平均径流量为 1.61 亿 m³，占 70.18%。

北京山区河流径流年内分配不均。汛期为 6—9 月，非汛期为 10 月至翌年 5 月。汛期径流量占全年径流量的 60%～75%；非汛期长达 8 个月，而径流量仅占全年径流量的 25%～40%。以密云水库上游流域为例，其河流来水主要集中在汛期，各河流 6—9 月径流量占全年总量的 57.9%～83.8%，平均为 69.5%（图 2.2-1）。相对径流量而言，输沙量在年内分配更为集中，几乎全部集中于 6—9 月，7 月、8 月两个月输沙量占全年总量的 83.2%～96.5%，平均为 88.7%。

2.2.3.2 地下水

北京山区主要是由沉积岩、变质岩及岩浆岩组成的中山和低山。绝大

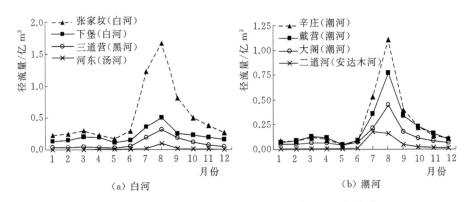

图 2.2-1　密云水库上游白河和潮河流域径流的年内分配

部分岩体和构造体系裸露地表，可直接呈受大气降水的补给。岩石的富水性和赋存条件受断裂、裂隙、溶隙、溶洞、节理等的控制，不同的岩性、裂隙、岩溶的发育条件和发育程度不同，地下水的富集程度也不同，就岩石的含水性分为几个含水岩组。

（1）碳酸盐岩类和夹有碎屑岩的碳酸盐岩类。这一类含水岩组主要包括：石灰岩、白云岩、板状灰岩、硅质灰岩夹砂岩、页岩。裂隙、溶隙、溶洞发育。一般在地势高的部位，地下水埋藏很深，往往是缺水区，在地势低的地段为富水区，经常有 $1000m^3/d$ 以上的大泉出露。此含水岩组主要分布在西山地区。

（2）碎屑岩类。主要是指砂页岩、砾岩、砂砾岩、泥岩等。裂隙，节理均不甚发育，往往是贫水区，泉水流量小于 $300m^3/d$。分布面积小，主要在西山山前，房山与丰台区交界一带。

（3）岩浆岩类。主要指花岗岩类，岩石表层风化裂隙发育，含水量不大，泉水流量小于 $200m^3/d$，主要分布在北部山区。

（4）变质岩类。主要指白云岩及片麻岩。白云岩岩溶发育，富水性强，有大泉出露。片麻岩裂隙不甚发育，富水性差，泉水流量小于 $200m^3/d$。主要分布在东北部山区。

北京山区地下水径流和排泄条件好，交替强烈，一般为矿化度小于 $0.5g/L$ 的淡水。水化学类型受岩性控制，在碳酸盐岩地区的地下水，主要为重碳酸钙镁型水；在花岗岩、花岗片麻岩、火山岩及煤系地层中的地下水，一般为重碳酸硫酸钙镁型水。

2.2.4　土壤

北京地区成土因素复杂，形成了多种多样的土壤类型。依据发生学、自然土壤与农业土壤相统一的分类原则，全市土壤可划分为 9 个土类，20个亚类（中国自然资源丛书编撰委员会，1995）。其中，北京山区土壤划分为 3 个土类，9 个亚类。北京山区土壤随海拔由高到低表现了明显的垂直分布规律，各土壤亚类之间反映了较明显的过渡性。其分布规律是：山地草甸土—山地棕壤（间有山地粗骨棕壤）—山地淋溶褐土（间有山地粗骨褐土）—山地普通褐土（间有山地粗骨褐土、山地碳酸盐褐土）—普通褐土、碳酸盐褐土—潮褐土。由于不同地区的成土因素的差异，土壤分布有明显的地域分布规律。

（1）北京市最高峰的海坨山、百花山、白草畔、东灵山等中山山地在海拔 1900m 以上的阳坡，海拔 1800m 以上的阴坡的山地平台、缓坡上，植被为杂草草甸，分布着山地草甸土，其下为山地棕壤。

（2）海拔 800～1900m 的中山山地主要分布的是山地棕壤。在阳坡或陡坡，植被差，水土流失严重地区分布有山地生草棕壤及粗骨棕壤。由于受降水量及岩性影响，北部、东部山地雨量较丰富，酸性岩类较多，在阴坡海拔 600m 处即可出现山地棕壤；西部、西北部山地，属半干旱区，钙质岩类较多，在海拔 900～1000m 以上开始出现山地棕壤。

（3）海拔 800m 以下的广大低山地区主要分布山地淋溶褐土及粗骨性淋溶褐土。上接山地棕壤，下接山地普通褐土。在阳坡可直接与粗骨性褐土相邻。但西部山区碳酸岩类及黄土性母质上发育的碳酸盐褐土及普通褐土，可随母岩分布到海拔 800m 以上，与山地淋溶褐土呈交错分布，河谷地带分布有洪冲积的褐土性土及少量人工堆垫的褐土性土；低河漫滩则有冲积物潮土分布；沟谷梯田主要为中厚层普通褐土，是山区的主要耕地。

（4）海拔 350～500m 以下的丘陵及山麓平原中的残丘，直至山前岗台地区主要分布有山地普通褐土、粗骨性褐土及碳酸盐褐土，少部分为山地淋溶褐土。东部丘陵降水量较多，山地普通褐土与山地淋溶褐土的分界线大体在海拔 300～350m；西部山地丘陵降水量偏少，且多硅质石灰岩类，山地普通褐土与山地淋溶褐土的分界线大体在海拔 400～500m 不等。

（5）山麓阶地及洪积冲积扇中上部沿山麓狭长地带，呈环状分布有普通褐土。其下紧接潮褐土。在广大平原的残余二级阶地上也零星分布有潮褐土，其陡坎下为潮土。太行山山前平原冲积扇发育较宽，普通褐土面积较大，黄土性母质较多，主要分布有复石灰性褐土，局部为洪积冲积物碳酸盐褐土，其东以狭长的潮褐土过渡带与潮土相连。燕山山麓平原延伸很窄，普通褐土分布面积小，潮褐土及褐潮土面积则相对较多，常交错分布于冲积扇的中下部。潮褐土比褐潮土分布在地势稍高，排水较好的部位。如地形平坦开阔，则潮褐土分布在排水较好的阶地外缘，以陡坎与冲积物潮土相接，而洪积冲积物褐潮土则分布在内部低平处，排水条件相对较差，其低洼处常有大面积砂姜潮土分布在冲积扇上的普通褐土与潮褐土常被近代河流切割。冲积扇上部常有残丘，分布着山地粗骨褐土和普通褐土。

2.2.5　植被

北京山区相对高差大，随着海拔高度的增加，气候、土壤有明显的垂直分异，故植被也表现一定的垂直分布规律。山地植被垂直分布可分为如下四个带：

（1）低山落叶阔叶灌丛和灌草丛带。阳坡从山麓到海拔 800～1000m，阴坡从山麓到海拔 600～800m。本带目前是以荆条灌丛、山杏灌丛、杂灌丛和灌草丛等次生落叶阔叶灌丛占优势。以栓皮栎、槲树、油松等占优势的原生植被大部分已遭破坏，仅在局部地区有零星残留。

（2）中山下部松栎林带。其下限为落叶阔叶灌丛带，上限到海拔 1600m（阴坡）和 1800m（阳坡），以辽东栎林、油松林为主，破坏后有次生山杨林，桦树林及二色胡枝子灌丛、榛灌丛和绣线菊灌丛。此带是森林分布的主要部分，多数分布在阴坡。

（3）中山上部桦树林带。此带下接松栎林带，上与山顶草甸相连，分布在海拔 1600m（阴坡）～1800m（阳坡）至海拔 1900～2000m。以桦属的几个种组成的次生林占优势；此外还可见到山柳灌丛、丁香灌丛。其原生植被应是山地寒温性针叶林。以华北落叶松、云杉为优势种。目前仅在局部地区有个别植株存在。

（4）山顶草甸带。只见于东灵山、海坨山、百花山和白草畔海拔 1900m 以上的山顶，其存在可能是由于山地针叶林受破坏，山顶寒冷风大森林不易恢复而形成的。

就植被垂直分布的现状而言，山地植被垂直分布可明显分为落叶阔叶林带和山地针叶林带，两带之间的针阔叶混交林带很不明显，很难划分出它的界限。山坡坡向的不同引起阴、阳坡水热条件的差异也是影响北京山区植被分布的重要因素。某些植物或群落只分布在阳坡，而另一些植物或群落仅出现在阴坡。某些群落虽在阳坡、阴坡都有分布，但其分布界限随坡向有一个上下移动的幅度，一般在阳坡垂直分布界限上移，阴坡分布界限下降。

北京山区主要植被类型可分为以下几类：

（1）针叶林。北京山区的针叶林，主要是暖温带温性针叶林——油松林和侧柏林，两者都有天然林和人工林，但以人工林为主。在海拔 800m以上还有少量人工的寒温性针叶林——落叶松林。

（2）落叶阔叶林。北京地区落叶阔叶林类型较多，有栎林、沟谷杂木林、椴树林、杨桦林等群系和群系组。

（3）落叶阔叶灌丛是各类森林群落在人类长期不合理的开发利用下群落消退而形成的次生植物群落。它广泛分布在北京中山、低山和丘陵，在分布范围内由于地形状况（海拔高度、坡度、坡向），土壤特性，人为破坏的程度、破坏的方式及群落发育时间长短等因素的不同，使其组成非常复杂。主要的灌丛类型有荆条、溲疏、绣线菊、北鹅耳栎、山杏灌、平榛灌等。

（4）灌草丛。灌草丛是指以中生或旱中生多年生草本植物为主要建群种，其中散生着灌木的植物群落，是北京山地植被中最旱生的一个类型，广泛分布在海拔 400m 以下的低山丘陵。灌草丛下的土壤为粗骨性褐土，土层薄，有机质含量低，水土流失严重，草群稀疏，种类贫乏。以白羊草、黄草占优势；在阴坡除上述两种外，苔草也占一定的优势。群落中散生一些灌木，以荆条、酸枣为主。

（5）草甸。主要分布在海拔 1800～1900m 以上平缓的山顶和海拔1000～1600m 的林间隙地。

（6）栽培植被。栽培植被又称人工植被。北京山区的栽培植被按作物的生活型，分为木本和草本两大类。木本类主要为经济林和果园，果园主要种植核桃、板栗、苹果、梨、柿子等；农田种植作物主要有小麦、玉米、谷子、杂粮、蔬菜等。

2.3 北京山区水环境问题

20 世纪 50 年代，北京市人口快速增长，其对生态和环境的影响逐步显现。随着 20 世纪 60 年代中期我国重工业进程重启，大量重化工业项目迅速建立，但技术水平落后、认识局限、规划不合理，导致 60 年代末中国部分地区出现了严重的污染现象。以北京为例，官厅水库也受到了工业污染的威胁。上游洋河沿线张家口市排放工业废水较多的冶金、化工、造纸、农药等工厂多半是在1969年后新建或扩建的，而且大部分没有污水处理措施。1971年，官厅水库出现死鱼现象；1972年3月，怀来、大兴一带群众因吃了官厅水库有异味的鱼，出现恶心、呕吐等症状（徐轶杰，2005）。经检测，水库盛产的小白鱼、胖头鱼，体内滴滴涕含量每公斤达2mg，超过当时苏联最高标准2倍。1972—1975年，官厅水库水源保护工作开展，这是新中国环保事业起步阶段的一项重要环境保护工程。

20世纪80年代开始，随着北京市经济的快速发展，郊区县农业也进入了快速发展的阶段。自20世纪80年代末开始，作为城市居民菜篮子工程之一的畜禽养殖业得到了迅速发展，在为居民提供丰富的产品同时，畜禽粪便也带来了严重污染。由于郊区农村畜禽粪便的无害化处理体系还未形成，大部分的养殖场还采取传统方式直接排污，造成规模养殖场周围地下水质的污染，个别养殖场周围农村机井地下水中氨氮含量已高出当地地下水水质上限浓度3.87倍（宋秀杰，2007）。除水环境污染外，恶臭污染和对环境卫生的影响也是不容忽视的。据统计，大约有12.2%规模化猪场的粪便堆放在无任何防淋滤、防渗漏措施的裸露场地上，雨季蚊蝇滋生，散发的异味是农村环境中恶臭污染物的主要来源。由于规模化养殖场密度高、分布不均、治污措施不到位、养殖业污染治理技术政策不配套、治污成本过高，使微利的养殖企业难以承受较高的治污成本，形成养殖业污染治理的"软肋"。因此，畜禽养殖污染是造成水体污染的主要原因之一。

在提高粮食和经济作物产量的过程中，农用化学品过量使用造成的非点源污染对于水环境的威胁日益严重。施用化肥导致的污染主要表现为化肥过量施用，施肥比例不科学，引发土壤结构破坏、肥力下降；过量氮磷通过渗漏和地表径流流失，引发水体富营养化和水质恶化；已有研究报导北京市化肥平均施用量超过33kg/亩，远高于国际公认的控制水体污染而确定的15kg/亩化肥使用安全上限（贾小红，2007）；其中，蔬菜氮肥投入量超过吸入量的3.1倍，磷肥投入量超过吸入量的6.9倍。化肥非点源污染治理工作形势十分严峻。北京农业集约化压力在不断加大，如果不采取措施控制不合理化肥投入，化肥非点源污染问题将会更加严重，控制化肥非点源污染成为农业可持续发展的关键问题之一。

农药不合理施用也可造成水体污染。造成农药非点源污染的原因主要有以下几方面：①病虫害防治仍以化学防治为主，生物防治比例低。盲目打药、随意增加施药量和次数等现象突出。②农药包装废弃物随意丢弃，污染严重。③施药设备落后，农药利用率低。据统计，因药械落后和农民用药方法不规范造成施用的农药量仅有 30％能沉积在作物上，其余 70％都扩散到了空气和土壤中，造成污染（岳瑾 等，2016）。④现有的绿色植保新产品（天敌等）品种少，且繁育、服务能力不足，无法满足部分替代化学农药的客观需要。近年来虽然加大了对高毒农药使用控制力度，使高毒农药用量明显下降，生物农药、生物肥料和有机肥料的使用量在逐年增加，但对产量及经济利益的过分追求，使农民仍未放弃对高毒农药的使用，不仅造成水体污染，也严重影响农业生态环境和农产品安全。

自 20 世纪 90 年代中期以来，北京山区乡村观光旅游业迅速发展。有些旅游点随着旅游者人数的增加，固体垃圾、污水对水源的污染也随之加重（鲁君悦和石媛，2013）。特别是在假期期间，超负荷的接待更加重了污染的程度。加之一些旅游者不注重环保，乱扔垃圾；旅游从业人员只注重经济效益，而忽略生态效益，使流域水体污染日益严重。

农村生活污水排放、垃圾倾倒是造成北京山区水体污染的主要生活源。21 世纪初，北京郊区仍有约 85％的村产生的垃圾仍以简易填埋为主，大部分乡村生活污水和生活垃圾直接排入或堆存在河道，露天堆放的垃圾不仅散发出臭气、滋生蚊蝇、传播疾病，而且在雨季淋滤下渗的垃圾渗漏液和污水横流，造成地下水及地表水的污染（李海莹，2008）。在此之后，北京市污水处理设施的建设随着新农村建设逐步开展。2007 年底，北京市村镇地区已建和在建村级污水处理设施约 400 处；截至 2013 年，北京市近 4000 个村庄中，农村污水处理站已达 1010 座，但监测表明，仍有 30％的污水处理设施未运行或间歇运行（黄鹏飞 等，2015），使得实际污水处理量明显减少。造成污水处理设施闲置的原因主要有：①工程成本高，缺乏运行维修资金；②技术复杂，缺乏训练有素的专业运行管理人员；③工程设施多，地点分散，管理难度大（李宪法和许京骐，2015）。2019 年 1月 7 日，北京市制订并发布《农村生活污水处理设施水污染物排放标准》（DB 11/1612—2019）。在此之前，北京山区污水设施污染物排放标准按照《城镇污水处理厂污染物排放标准》（GB 18918—2002）执行；但这些标准规定的污染物排放浓度限值均显著高于《地表水环境质量标准》 （GB 3838—2002）中规定的水体污染物浓度限制，为水质达标和水体营养物质总量削减带来了较大的压力。

除了农业源和生活源外，部分水源地上游矿产资源丰富，矿山活动频繁，矿石采选及冶炼所产生的废弃尾砂和矿山废水，也对区内土壤及水系造成了一定的污染风险。以密云水库为例，水库上游金铁矿区土壤中，多种金属元素含量明显高于北京市土壤重金属背景值，且金矿矿区土壤中重金属的含量普遍高于铁矿矿区（黄兴星 等，2012）。廖海军（2007）研究发现，密云水库上游牤牛河流域土壤汞的累积已经达到严重污染的程度。密云水库沉积物中，各重金属元素的平均含量都超过北京市土壤背景值。其中，Mn 处于中等风险甚至高风险等级；Pb、Zn、Cu 属从低风险到中等风险级。近年来为保护密云水库的水质，逐渐地关停了一批污染严重的金属矿区。但是现存的金属矿区依然会造成生态环境污染（高彦鑫 等，2012）。

　　北京山区地貌多为石质为主的山地丘陵区，土壤多属褐土和棕色森林土，往往在各种岩层上形成薄壳状土层，粗骨性比较突出。加之坡度陡峭，土层浅薄，当植被遭到破坏时，遇到暴雨易产生大量地表径流，引起土壤流失（Li et al.，2013）。分散于地表的污染物会随地表径流迁移至河流水库，以外源污染的形式影响水体水质；部分污染物则发生沉降，附着于底部沉积物中，在一定的水温或水流条件下，发生再悬浮，以内源污染物的形式扩散进入水体。因此，防控污染源，保护河流和水库水质、维护生态安全已成为一项迫在眉睫的任务。

第3章 坡面尺度非点源污染特征和模拟

3.1 坡面非点源污染监测

3.1.1 监测站点选择

研究收集了北京市密云区石匣水土保持试验站径流小区的观测资料，将其用于分析水土保持措施效果。试验站径流小区分布见图 3.1-1。

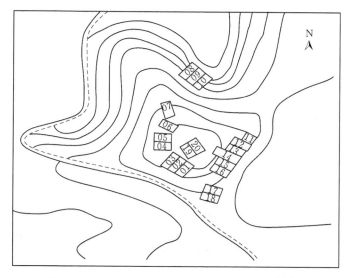

图 3.1-1 石匣水土保持试验站径流小区平面图

北京市密云区石匣水土保持试验位于密云区高岭镇石匣小流域，其处于密云水库东北部一级水源地保护区内，地理位置处于东经 117°01′～117°07′、北纬 40°32′～40°38′之间，流域面积 33km²，处于潮河流域下游。该流域地貌为土石浅山丘陵，海拔 160～353m。流域内岩石类型主要为片麻岩，主要土壤类型为褐土。气候类型为暖温带季风气候，多年平均降雨量 660mm，6—9 月为雨季，其降雨量占全年降雨总量约 75%。研究从该实验站的 22 个径流小区中选择 11 个径流小区（表 3.1-1），共收集 96 个小区·年（注：1 个小区观测 1 年，即为 1 小区·年）的径流泥沙观测资料，用于坡面产流产沙模拟。各小区土地利用和管理方式在资料所在年份中保持不变。在这 11 个径流小区中再选择 6 个土地利用和管理方式不同的小区，于 2016 年和 2017 年开展坡面非点源污染监测，分析水土保持措施削减污染物负荷的效果。

表 3.1-1　　　　　　　　　　密云石匣径流小区基本情况

小区号	坡度/(°)	坡长/m	坡宽/m	坡向	土地利用及措施	资料年限
1	16.8	10	5	阳	玉米（陡坡开荒）	1994—2000 年，2013—2015 年
2	16.8	10	5	阳	栗树（大水平条）	1994—2000 年，2013—2015 年
4	14.6	10	5	阳	标准小区（裸地）	1994—2000 年，2013—2015 年
5	14.6	10	5	半阳	灌木林（植被盖度 45%～60%）	1994—2000 年，2013—2015 年
6	11.6	10	5	半阴	玉米（陡坡开荒）	2003—2005 年，2013—2015 年
7	9.6	10	5	半阴	山楂（大水平条，土埂草）	1994—2000 年
8	27	10	5	阴	灌木林（植被盖度>75%）	1994—2000 年
10	27	10	5	阴	刺槐（鱼鳞坑）	1994—2000 年
13	18.9	10	5	半阴	灌木林（植被盖度 45%～60%）	2013—2015 年
16	19	10	5	半阴	草地（植被盖度<30%）	2003—2005 年，2013—2015 年
18	3.8	10	5	阳	玉米（坡耕地）	1994—2000 年，2013—2015 年

3.1.2　监测方法

研究于 2016 年和 2017 年雨季（6—9 月）在密云石匣小流域 6 个坡面径流小区开展非点源污染流失监测，各小区基本情况见表 3.1-2。监测内容包括降雨量、径流量、径流含沙量，以及土壤、降雨和径流中的污染物含量。污染物包括铁（Fe）、锰（Mn）、锌（Zn）、钡（Ba）、铬（Cr）、铅（Pb）和砷（As）等 7 种重金属，以及总氮（TN）和总磷（TP）两种营养物质。其中，降雨量通过自记雨量计监测获得；每个小区的坡底设置汇流沟连接9孔分水箱，分水箱再通过汇流管连接径流池。待每次降雨产流结束后，测量分水箱和径流池中的水位，计算径流量；并采集径流泥沙样品，测量径流含沙量。

表 3.1-2 密云石匣非点源污染监测径流小区基本情况

	小　区　号		1	2	3	13	16	18
小区基本情况	坡度/(°)		16.8	16.8	16.8	18.9	19.0	3.8
	坡长/m		10	10	10	10	10	10
	坡宽/m		5	5	5	5	5	5
	土地利用		耕地	乔木林	裸地	灌木林	草地	耕地
	土地管理措施		陡坡种植玉米	栗树（大水平条）	植被盖度<3%	植被盖度45%～60%	植被盖度30%～45%	缓坡种植玉米
土壤基本性质	pH值		6.05	6.48	6.73	6.22	6.59	6.10
	有机质		13.7	24.5	14.7	26.6	14.9	15.9
	土壤机械组成/%	2～0.25mm	51.21	59.90	59.17	56.85	64.21	30.23
		0.25～0.05mm	28.91	22.22	21.08	25.27	19.91	43.89
		0.05～0.02mm	4.00	6.00	5.00	6.00	6.00	8.00
		0.02～0.002mm	8.00	6.00	7.00	6.00	2.00	8.00
		<0.002mm	7.88	5.88	7.75	5.88	7.88	9.88

在雨季来临之前，采集各小区表层10mm土样，分析其中可交换态重金属含量、碱解氮和有效磷含量。在雨季期间，分析降雨、分水箱和径流池中重金属和TN、TP含量；以及侵蚀泥沙中可交换态重金属含量和有效磷含量。

对于土壤样品和侵蚀泥沙样品，根据Tessier（1979）定义的连续提取法对中离子交换态重金属进行分析：称取2.00g过60目筛风干的土壤样品，放置于50mL离心管中，加入20mL浓度为1mol/L的$MgCl_2$溶液，调pH值至7.0，在（25±5）℃下振荡2h，提取上清液。采用ICP-AES（国家环境保护总局，2002）法测定消解液中Fe、Mn、Zn、Ba、Cr、Pb等重金属含量，采用原子荧光法（国家环境保护总局，2002）测定As含量，以分析其中离子交换态重金属含量；土壤有效磷含量测定方法为碳酸氢钠浸提-钼酸铵分光光度法（中国土壤学会，2000）。

对于降雨和径流样品，采用 ICP - AES 法（国家环境保护总局，2002）测定其中 Fe、Mn、Zn、Ba、Cr、Pb 等重金属含量，采用原子荧光法测定 As 含量，采用过硫酸钾消解-紫外分光光度法（GB 11894—89）测定总氮（TN）含量，采用钼酸铵分光光度法（GB 11893—89）测定总磷（TP）含量。污染物含量单位用 mg/L 表示。

各小区土壤流失量为径流量和径流含沙量的乘积，污染物流失量为径流中污染物含量与径流量乘积，污染物流失负荷（L）为小区污染物流失量与小区面积之比。

3.2　坡面非点源污染特征

3.2.1　径流泥沙特征

3.2.1.1　坡面产流产沙机理分析

表 3.2 - 1 为不同降雨历时的产流事件中土壤表层 30cm 含水率变化范围。整体而言，随着降雨历时的增加，θ_{max} 与的 θ_0 的比值（θ_{max}/θ_0）逐步增加，对于降雨历时小于 4h 的产流事件，降雨过程中土壤含水率最高仅增加 29%，平均仅增加了 8%。可见短历时降雨引发的地表产流其产流方式以超渗产流为主，即径流产生速率大于入渗速率时，地表产流发生。以 2015 年 8 月 28 日降雨为例 [图 3.2 - 1 (a)]，其雨量为 27.8mm，降雨历时 1.63h，最大 5min 和 30min 雨强分别为 136.8mm/h 和 51.2mm/h，降雨过程中，仅乔木林地土壤表层含水率显著增加，其他土地利用方式的小区土壤表层含水率无显著增加。此次产流乔木林地径流系数仅 7.1%，而其他土地利用方式的径流系数变化为 23.4%～64.0%，平均达 48.6%，可见即使土壤表层含水率未达到饱和，地表产流仍可发生。当降雨历时超过 4h 时，降雨过程中土壤含水率增加幅度显著提高，平均为 49%，最大达 210%。可见较长历时的降雨引发的产流事件中，蓄满产流发生的可能性显著增加。以 2015 年 7 月 19 日降雨为例 [图 3.2 - 1 (b)]，其雨量达 108.2mm，降雨历时 10.62h，最大 5min 和 30min 雨强分别为 93.6mm/h 和 42.0mm/h；降雨过程中，各小区表层土壤含水率在累计雨量超过 20mm 后迅速增加，在小时雨强持续低于 5mm/h 后逐步降低。土壤水分补给量和入渗量的显著增加使得径流系数有所降低，不同土地利用方式的径流系数变化为 2.9%～26.5%，平均仅 16.3%，明显低于 8 月 28 日的产

流过程。

表 3.2-1 不同降雨历时的产流事件中土壤表层含水率变化范围

降雨历时 t/h	产流次数	径流系数平均值	降雨前含水率 θ_0	降雨过程中含水率最大值 θ_{max}	降雨结束后含水率 θ_t	θ_{max}/θ_0
$t<2$	25	0.355	0.057~0.106	0.059~0.110	0.052~0.110	1.00~1.09
$2\leqslant t<4$	25	0.249	0.107~0.182	0.121~0.195	0.122~0.190	1.01~1.29
$4\leqslant t<6$	22	0.228	0.087~0.117	0.088~0.176	0.079~0.170	1.01~1.56
$t\geqslant6$	32	0.152	0.048~0.172	0.059~0.369	0.049~0.267	1.02~3.10

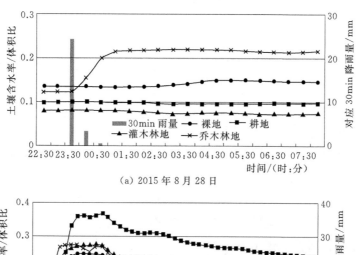

(a) 2015 年 8 月 28 日

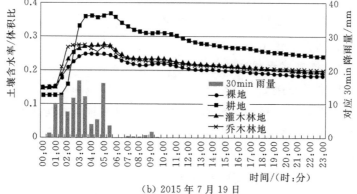

(b) 2015 年 7 月 19 日

图 3.2-1 典型降雨产流事件中土壤表层含水率变化

就产流方式而言，北京山区坡面产流方式以超渗产流为主，降雨强度是影响径流量多寡的重要因素。在分析次产流降雨过程特征与土壤流失量关系时，为了尽可能减少植被覆盖的影响，研究选取了裸地（4 号）、陡坡耕地（1 号）和草地（16 号）3 个植被覆盖度相对较低的小区，分析次降雨雨量、最大时段雨强等特征与土壤流失量的相关关系（表 3.2－2）。结果表明，在裸地和陡坡耕地小区，最大时段雨强与土壤流失量相关系数明显高于次雨量。可见，在达到侵蚀性降雨雨量标准（刘和平 等，2009）的情况下，短历时强降雨引发的超渗产流是造成土壤侵蚀量显著增加的重要潜在因素。在草地小区，最大时段雨强等特征与土壤流失量的相关关系并不十分显著，植被覆盖和地表结皮会在一定程度上减弱径流对表层土壤的冲刷。

表 3.2－2　　　　低植被覆盖度小区次产流土壤流失量
与降雨特征相关关系

小区号	次雨量	最大 X_{max} 雨强							
		$X=5$	$X=10$	$X=15$	$X=20$	$X=30$	$X=40$	$X=50$	$X=60$
1	0.615**	0.688**	0.770**	0.763**	0.783**	0.814**	0.788**	0.796**	0.807**
4	0.635**	0.822**	0.843**	0.822**	0.824**	0.830**	0.870**	0.876**	0.869**
16	0.756*	0.380	0.510	0.572	0.600	0.670*	0.643	0.681*	0.712*

注：＊表示在 $p=0.05$ 水平上显著相关；＊＊表示在 $p=0.01$ 水平上显著相关。

通过对坡面产流产沙方式分析可知，降低到达地表的降雨强度，是在北京山区降低降雨引发的土壤侵蚀的重要方法；而水土保持植物措施可以减弱到达地表的降雨强度，是降低短历时强降雨引发的土壤流失的重要手段。而在地表发生产流后，水土保持工程措施则可在减小流速，降低水流挟沙力方面起到重要作用。

3.2.1.2　植物措施减水减沙效果

研究利用密云石匣 2 号、5 号、8 号和 16 号径流小区降雨和产流泥沙的观测资料，以裸地为对照，分析了乔木林、灌木林和草地的减水减沙效益（图 3.2－2）。其中，16 号小区为草地，植被覆盖度最低；减水效益和减沙效益均低于其他 3 个小区。5 号小区和 8 号小区均为灌木林地，监测期内，8 号小区的植被覆盖度略高于 5 号小区，其减水效益和减沙效益也略高。2 号小区为乔木林地，种植板栗树，其观测期内平均植被盖度为67.1%，低于灌木林地，其减水减沙效益也低于灌木林地，但明显高于草地。

研究利用 2 号、5 号和 8 号小区的径流泥沙观测资料，建立林地植被盖度 $V(\%)$ 与次产流减沙效益 $R_s(\%)$ 之间的线性关系（图 3.2－3），其

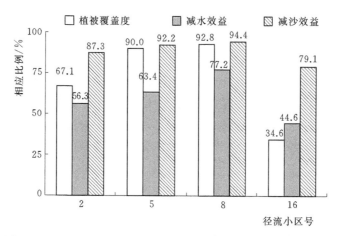

图 3.2-2 密云石匣小流域不同植被覆盖度小区减水减沙效益

公式为

$$R_S = 0.478V + 51.23, r^2 = 0.43 \qquad (3.2-1)$$

研究利用石匣天然草地小区（16 号）2003—2005 年的降雨和产流泥沙观测资料，建立次雨量 Pr (mm)、植被盖度 V (%) 与次产流减沙效益 R_S (%) 之间的线性关系（图 3.2-4），其公式为

$$R_S = -1469(Pr^{0.16}/V) + 154.9, r^2 = 0.53 \qquad (3.2-2)$$

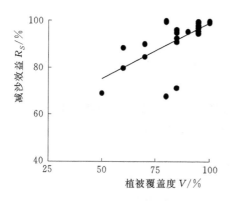

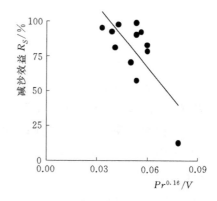

图 3.2-3 林地植被覆盖度
与减沙效益之间的关系

图 3.2-4 草地次雨量、植被覆盖度
与减沙效益之间的关系

以上分析所得出的植被覆盖度和减水减沙效益的关系主要针对林草地而言。对于耕地，即使有一定的植被覆盖度，其减水减沙效益仍不如林草地。以密云石匣种植玉米的坡耕地为例，其年平均植被覆盖度为 50%～

60%，且降水集中在 7 月和 8 月，其植被覆盖度在 60% 以上；但在坡度较陡的玉米地，其年平均径流量略高于裸地，其减水效益为负值；而对于坡度为 11.6°和 3.8°的玉米地，其减水效益也仅为 9.5% 和 24.0%（图 3.2-5）；对于坡度为 16.8°、11.6°和 3.8°的玉米地，其减沙效益为 32.5%、46.0% 和 67.1%；而植被覆盖度为 50% 的林草地，其减沙效益可超过 80%。种植玉米的小区由于耕作管理中采用除草措施，使得地表除玉米茎秆外，裸露面积较大，为细沟侵蚀的形成和发展创造条件。坡面地表裸露程度较高，其整体糙度也相应降低，随着细沟数量和长度、宽度的增加，易形成较为稳定的汇流路径，加大侵蚀量，使得其减沙效益较林草地明显降低。

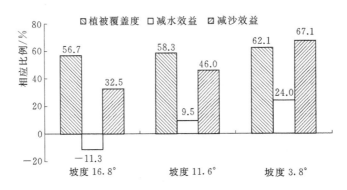

图 3.2-5 密云石匣不同坡度耕地的减水减沙效益

3.2.1.3 工程措施减水减沙效果

利用密云石匣水土保持措施径流小区观测数据，结合北京市其他区县水土保持措施减水减沙效益研究成果（符素华等，2009），得出了侧柏（鱼鳞坑）、裸地（鱼鳞坑）、板栗（水平条）、裸地（水平条）和板栗（树盘）等 7 种水土保持工程措施的减水减沙效益（表 3.2-3）。各类水土保持工程措施的减沙效益变化为 87.8%～84.4%，平均为 79.3%；其减沙效益变化为 87.8%～96.0%，平均为 92.9%。

表 3.2-3 北京山区主要水土保持工程措施的减水减沙效益

水土保持工程措施	鱼鳞坑（侧柏）	鱼鳞坑（刺槐）	鱼鳞坑（裸地）	水平条（板栗）	水平条（裸地）	水平条，土埂草（山楂）	树盘（板栗）
减水效益/%	74.4	78.8	80.0	72.7	83.4	84.4	81.3
减沙效益/%	91.7	94.1	87.8	91.4	96.0	93.9	95.2

水土保持工程措施通过改变地面状况，减小水流流速，增加坡面水流入渗时间来达到减小径流的目的。降雨量对水土保持措施的减水效益有明显影响。板栗水平条、侧柏鱼鳞坑和板栗树盘的减水效益随降雨量的增大有增加的趋势。而裸地水平条和裸地鱼鳞坑的减水效益先随降雨量增大有增加的趋势，而后又出现减小的趋势。这与研究区的降雨特征和水土保持工程措施的设计水平、布设状态、质量以及小区的日常管理水平等有关。一般地，当降雨量小于设计标准时，水土保持工程措施能充分发挥其作用，起到减少径流、增加入渗的作用；当降雨量大于设计标准时，高强度降雨有可能导致工程措施的局部破坏，而降低其减水效益。从设计水平来看，各工程措施小区的设计降雨量都较大，研究年限内的降雨量都小于设计暴雨，使得大部分降雨条件下，工程措施都能充分发挥保水功能。在工程措施布设上，各小区离小区下游出水边界最近的工程措施地埂与小区下游出水边界之间的距离都达约20cm，而地埂本身也是土埂，形成了一定的产汇水面积。因此，即使小雨，下游出水边界附近的部分地表以及距下游出水边界最近的土埂都为小区产流的贡献面积，各工程措施小区出现不同程度的产流，其减水效益并不能达到100%，但都超过65%；在中雨和大雨时，各工程措施小区的土埂较充分发挥作用，仅局部地埂有溢流现象，因此工程措施小区的径流有增加但不明显；在暴雨时，裸地水平条和裸地鱼鳞坑的地埂局部受破坏，径流量较小雨和大雨时明显增加，而生物措施和工程措施配套使用小区在暴雨时由于土埂在等高线方向的起伏不平，也出现不同程度的土埂溢流，致使径流深度较小雨和大雨时也有所增加，但不如无生物措施仅有工程措施的小区显著。同时，随降雨量的增大，休闲地小区的径流深比工程措施小区增加更快，因此，在研究资料年限内，各工程措施小区的减流量随降雨量增加而增大。

3.2.2 径流和泥沙中污染物

监测期内各小区径流内污染物年平均浓度和流失负荷见图3.2-6。不同土地利用类型的污染物流失负荷存在显著差异。土壤流失量较大的裸地和耕地（1号、3号和18号小区），各类重金属流失负荷明显高于林地和草地；而草地（16号小区）的重金属流失负荷略高于灌木林地和乔木林地（2号和13号小区）。裸地和耕地的TN流失负荷亦明显高于林地和草地，但灌木林地的TN流失负荷高于草地和乔木林地。草地和裸地TP流失负

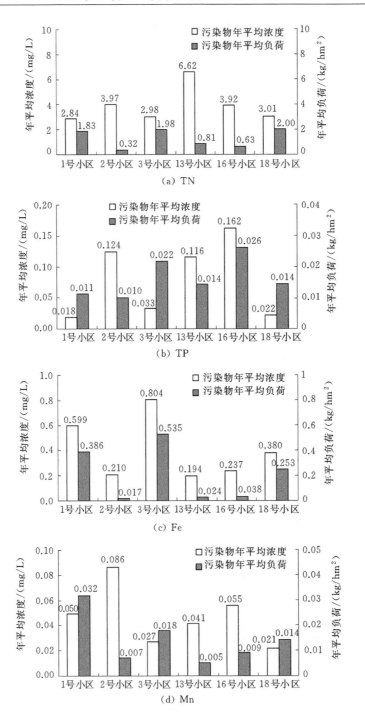

(a) TN

(b) TP

(c) Fe

(d) Mn

图 3.2-6（一） 监测期内各小区径流污染物年平均浓度和流失负荷

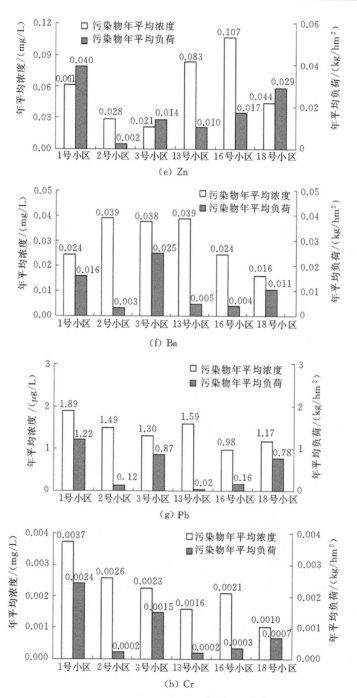

图 3.2-6（二） 监测期内各小区径流污染物年平均浓度和流失负荷

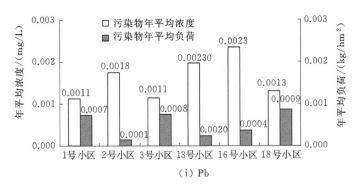

图 3.2-6（三） 监测期内各小区径流污染物年平均浓度和流失负荷

荷高于其他土地利用类型。各径流小区 TN 和 TP 的污染物的逐年平均浓度随产流径流系数的增加而显著递减，表明地表单位面积产流量的增加有助于稀释水体中主要的营养元素 [图 3.2-7 (a)、(b)]；Fe 的逐年平均浓度则随产流径流系数的增加而显著递增，可见单位面积产流量的增加有助于表层土壤中 Fe 的扩散和迁移 [图 3.2-7 (c)]。其他类型重金属的年平均浓度随产流径流系数的增加而略有递减，但其相关关系不显著。

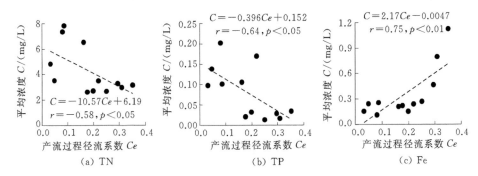

图 3.2-7 各径流小区污染物逐年平均浓度与产流过程径流系数的关系

监测期内各小区泥沙中污染物年平均含量和流失负荷见图 3.2-8。泥沙中污染物流失负荷随着侵蚀模数的增加而递增。土壤流失量最大的裸地和陡坡耕地（3 号和 1 号）小区随泥沙流失的污染物量明显高于其他小区；缓坡耕地泥沙中污染物流失负荷高于林草地。泥沙有效磷含量随土壤有机质含量增加呈极显著线性递增关系（图 3.2-9），表明有机质是磷在环境中迁移的重要载体。土壤有机质含量最高的灌木林地（13 号）小区泥沙中可交换态重金属含量整体高于其他小区，可见有机质颗粒也可为重金属迁移提供载体。

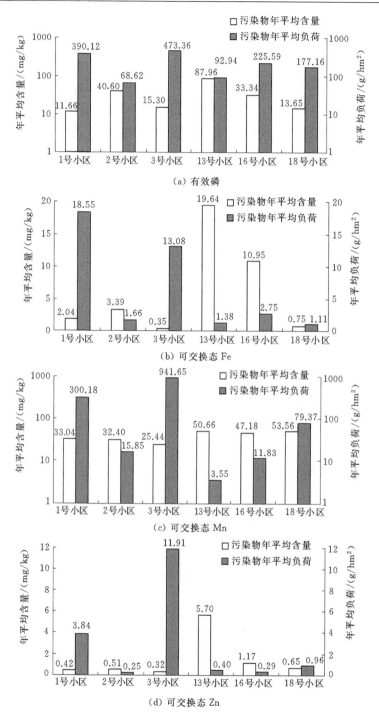

图 3.2-8（一） 监测期内各小区泥沙中污染物年平均含量和流失负荷

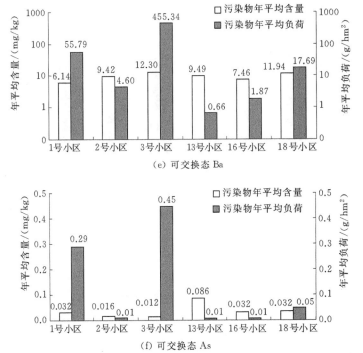

图 3.2-8（二）　监测期内各小区泥沙中污染物年平均含量和流失负荷

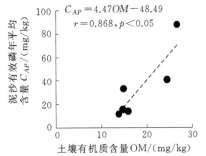

图 3.2-9　监测期内各小区泥沙中有效磷年
平均含量和土壤有机质含量关系

3.3　坡面非点源污染模拟

3.3.1　坡面径流量模拟

3.3.1.1　坡面径流量预报模型

水量平衡是水文现象和水文过程分析研究的基础。准确预测地表径流，对于水文预报、泥沙和污染物模拟都十分重要。目前，计算地表径流模型中，主要有机理模型和经验模型两大类。机理模型中，常用的计算方法有 Green - Ampt 入渗曲线（Viji et al.，2015）、Philip 入渗曲线（Philip，1957）、Horton 入渗曲线（Chow et al.，1988）等，但这些方法涉及参数多，且不易获取，故限制了其广泛应用。对于缺乏基础资料的地区，经验模型因相对简单、输入数据要求低，具有更强的实用性。美国农业部（1972）根据美国气候特征和水文径流资料研发的径流曲线数（soil conservation service curve number，SCS - CN）模型结构简单、所需参数少，被广泛应用于降雨地表径流预测中（Li et al，2015）。

SCS - CN 模型中有 2 个重要参数：①产生地表径流之前的初损率 λ，包括地面填洼、截流和下渗；②径流曲线数 CN，反映不同土壤-覆被组合地表产流能力的综合指标。已有研究表明，CN 是 SCS - CN 模型中最敏感的参数，10% 的 CN 值变化，可能造成计算结果出现 45%～55% 的误差（Boughton，1989）。由于 CN 受土地利用/管理、土壤特性、坡度、前期含水量等多种因素综合影响，致使同一土壤-覆被条件下的不同降雨产流事件中，CN 值差别很大（Huang et al.，2007）。

1972 年，SCS - CN 模型的模型手册第一次发表时，依据土壤入渗能力，将其划分为 A、B、C、D 共 4 大类型；对于各土壤类型，依据土地覆被/利用的不同赋 CN 值，可通过模型手册中的 CN 查算表获得。同时，根据前 5d 降雨量将土壤前期湿度条件划分为 3 个等级：AMCⅠ为干旱情况，AMCⅡ为一般情况，AMCⅢ为湿润情况，其对应的 CN 值分别为 CN_1、CN_2 和 CN_3。根据查得的 CN_2 利用 SCS 手册提供的方程计算 CN_1 和 CN_3。此后，学者们就坡度、土壤特性、土壤前期含水量等因素对 CN 值的影响做了大量的研究，分析了这些因素对 CN 的影响，进而提出利用坡度和前期降水量计算 CN 值的方程（Sharpley et al.，1990；Huang et al.，2006；Huang et al.，2007；Durán - Barroso，2016）。2009 年最新版 SCS 模型说明将上述因素统一归结为前期影响条件（NRCS，2009）。但是，上述研究一直侧重各种地表条件对 CN 值的影响。实际上，降雨过程对地表产流影响也十分显著。比如说，同样是 30mm 的一场降雨，降雨历时为 1h 和 24h，相应的产流过程会有显著不同。SCS 模型自使用以来，仅用降雨量一个变量反映降雨特征，一直未考虑降雨过程影响，可能是造成模拟误差的重要原因之一。

中国学者自 20 世纪 80 年代开始利用 SCS - CN 模型预报径流量以来，

依据径流小区降雨产流观测资料，结合中国的土壤特征，对模型的 λ 和 CN 进行了修订和优化，以提高模型模拟精度。在 λ 取值研究方面，Fu 等（2011）提出了黄土高原地区 λ 取值；Shi 等（2009）计算了长江三峡库区 λ 变化范围；陈正维等（2014）提出紫色土坡地 λ 取值；贺宝根等（2001）提出上海地区 λ 取值。在 CN 取值方面，罗利芳等（2002）计算了黄土高原地区不同下垫面的 CN 值；Huang 等（2006、2007）分析了黄土高原地区坡度和不同土层深度土壤含水量对 CN 值的影响；符素华等（2013）提出了北京地区不同水文土壤组和土地利用下的 CN 值；夏立忠等（2010）建立浅层紫色土坡面降雨量与 CN 值的二次函数回归方程。这些工作主要是利用实际观测资料，对 SCS - CN 模型的主要参数进行修订；由于缺乏时间序列较长的观测资料，目前还很少提出对模型的系统改进方法及充分的验证。

北京山区是北京市重要的地表饮用水源地。虽然市政府在生态建设和环境保护方面做了大量工作，但在部分地区，由于农业生产和基本建设活动较为集中，地表坡度较大，土壤流失问题仍非常突出（Li et al.，2013），直接威胁包括密云水库等地表饮用水源水质（Jiao et al.，2015）。因此，准确模拟径流量，对于分析泥沙和水体污染物的运移十分重要。近年来，学者们开始尝试利用 SCS - CN 模型预测本区的地表径流量。符素华等（2013）利用 64 个坡面径流小区的降雨径流资料，计算出不同水文土壤组及地表覆盖下的 CN 值。但是，运用 SCS - CN 模型计算本区地表径流量，其预报精度并不理想（何杨洋 等，2016）。实际上，地表径流量不仅受降雨量影响，还受雨强、雨型等因素影响；北京山区地势起伏较大，局地强对流和锋面活动均为引起暴雨的重要原因，如果不考虑降雨过程对产流的影响，可能造成模型预报的误差。鉴于此，本书在充分考虑降雨过程和特征对地表产流影响的基础上，提出次产流径流曲线数 CN_t 计算方法，从而改进径流曲线数模型，以提高其预报精度，使之适用于北京地表饮用水源地保护区，为本区水土资源评价提供技术支持。

3.3.1.2　径流曲线数模型改进方法

1. 观测资料和方法

为改进径流曲线数模型，并评价改进后模型的应用效果，研究采用密云石匣小流域 7 个坡面径流小区共 253 场实测降雨过程和径流量资料，降雨过程采用翻斗式雨量计测量。之所以选择这 7 个小区，是因为其土地利用和管理方式至少连续 10 年保持不变。其中，1 号、2 号、4 号、5 号和

18 号共 5 个小区土地利用和管理方式在 1994 年至 2015 年间保持不变，6 和 16 号小区则在 2003—2015 年间保持不变。1 号、2 号、4 号、5 号和 18 号共 5 个小区采用 1994—2000 年降雨径流资料改进径流曲线数模型；6 和 16 号小区采用 2003—2005 年降雨径流资料改进径流曲线数模型。用于改进模型的降雨径流事件总共 149 场；采用各径流小区 2013—2015 年共 104 场降雨径流资料分析改进后模型的模拟效果。

研究于 2015 年测量了 1～6 号小区表层土壤水分含量。采用 Stevens-water 公司的土壤水分电导率传感器（HydraProbe Ⅱ SDI‐12）分别测量深度为 10cm 和 30cm 土壤含水率，两者平均值为土壤表层 30cm 含水率（体积比，无量纲）；测量频率为 30min 一次。由此可获得降雨前 30min 内土壤表层 30cm 含水率 θ_0、降雨过程中土壤表层 30cm 含水率最大值 θ_{max} 和降雨结束后 30min 内土壤表层 30cm 含水率 θ_t。

2. 径流曲线数模型介绍

径流曲线数是以水量平衡［式（3.3‐1）］和两个基本假定为基础建立的。第一个假定：直接径流与潜在最大径流的比等于入渗和潜在最大保持量的比［式（3.3‐2）］；第二个假定：初损量与潜在最大保持量成比例［式（3.3‐3）］。

$$P = I_a + F + Q \tag{3.3-1}$$

$$\frac{Q}{P - I_a} = \frac{F}{S} \tag{3.3-2}$$

$$I_a = \lambda \cdot S \tag{3.3-3}$$

式中：P 为降雨量，mm；I_a 为初损，mm；F 为实际保持量，mm；Q 为地表径流量，mm；S 为潜在蓄水能力，mm；λ 为初损率。

式（3.3‐1）～式（3.3‐3）结合可得 Q 的表达式：

$$\left. \begin{array}{l} Q = \dfrac{(P - \lambda S)^2}{P + (1 - \lambda)S}, (P > \lambda S) \\ Q = 0, (P \leqslant \lambda S) \end{array} \right\} \tag{3.3-4}$$

为了实际应用方便，S 可采用径流曲线数 CN 计算：

$$S = \frac{25400}{CN} - 254, 0 \leqslant CN \leqslant 100 \tag{3.3-5}$$

利用观测资料，在获得次降雨 P 和 Q 的情况下，可利用式（3.3‐4）和式（3.3‐5）分别反推出式（3.3‐6）和式（3.3‐7），以计算出 CN 值。

$$S = \frac{2\lambda P + (1 - \lambda)Q - \sqrt{4QP\lambda^2 + (1 - \lambda)^2 Q^2 + 4\lambda(1 - \lambda)QP}}{2\lambda^2}$$

$$\tag{3.3-6}$$

$$CN = 25400/(254+S) \qquad (3.3-7)$$

CN 值的确定首先由水文土壤组定义指标确定土壤类型，然后查 CSC 手册得到不同土地利用状况下的 CN_2 值。根据前 5d 降雨量将土壤前期湿度条件 （AMC） 划分为三个等级 （表 3.3-1）：AMC I 为干旱情况，AMC II 为一般情况，AMC III 为湿润情况。其中，AMC I 对应的土壤湿度为接近、达到或低于凋萎湿度，AMC III 对应的土壤湿度接近或达到田间持水量，AMC II 则介于两者之间 （SCS-CN，1972；Neitsch et al.，2005）。AMC I、AMC II 和 AMC III 对应的 CN 值分别为 CN_1、CN_2 和 CN_3。根据查得的 CN_2 利用 SCS 手册提供的方程计算 CN_1 和 CN_3。北京山区主要水文土壤组为 B 类，降雨产流前期湿度条件以干旱居多，为使结果更具有实用性，研究采用干旱条件下的径流曲线数值即 CN_1 作为径流预报参数。

表 3.3-1　　　　　　　　　土壤前期湿度条件分类

AMC	前 5d 降雨总量/mm	
	休闲期	生长期
I	<12.7	<35.6
II	12.7～27.9	35.6～53.3
III	>27.9	>53.3

3. 次产流径流曲线数 CN_t 计算方法

在降雨过程中，降雨在时间上集中程度对于地表产流过程有着重要影响。很多研究表明，不同时段雨量的集中程度对于地表产流和土壤侵蚀具有重要影响 （Wischmeier et al.，1978；Wilken et al.，2018）。本节拟采用最大时段降雨量与次雨量的比值 （P_X/P） 反映次降雨在时间上集中程度；其中 X 为最大时段降雨量对应的时长 （min），本节选取了 X 为 5、10、15、20、30、40、50、60，共 8 个值。根据已有的研究成果 （Fu et al.，2011；Xiao et al.，2011；Shi et al.，2009），本节设定 SCS-CN 模型中 λ 取值范围为 0～0.30，以 0.01 为步长，利用式 （3.3-6） 和式 （3.3-7） 可计算各小区多年平均径流曲线数的值，即 CN_1。同时，分析次产流的径流曲线数 CN_t 与 CN_1 的比值 CN_t/CN_1 与 P_X/P 之间的函数关系 ［式 （3.3-8）］，进而提出利用降雨在时间上集中程度计算 CN_t 的方法，以改进径流曲线数模型。

$$(CN_t/CN_1) = f(P_X/P) \qquad (3.3-8)$$

式中：P_X 和 P 分别为该次降雨过程中最大 X_{max} 降雨量和次雨量，mm。

4. 改进后模型的 λ 确定和模拟效果分析

将不同 λ 和 X 取值下模型的模拟效果进行比较，模型 λ 和 X 值取模拟效果最佳时的值。采用 Nash 模型效率系数 E_f（Nash et al.，1970）、相关系数 r 和平均相对误差（mean relative error，MRE）对预测和实测径流深做比较，检验改进后模型的模拟效果。其中，模型效率系数 E_f 和 MRE 计算方法如下：

$$E_f = 1 - \frac{\sum_{i=1}^{n}(Q_{ob} - Q_{cal})^2}{\sum_{i=1}^{n}(Q_{ob} - Q_{oba})^2} \qquad (3.3-9)$$

$$MRE = \frac{\sum_{i=1}^{n}(Q_{cal} - Q_{ob})}{\sum_{i=1}^{n}Q_{ob}} \qquad (3.3-10)$$

式中：Q_{ob} 为实测径流深，mm；Q_{cal} 为预测径流深，mm；Q_{oba} 为所有实测径流深的平均值，mm；n 为总产流次数。

本小节在提出利用降雨过程特征改进径流曲线数模型的方法的同时，分析土地利用方式、土壤湿度、坡度等下垫面因素对改进方法模拟效果的影响。

3.3.1.3 改进后的径流曲线数模型

1. 降雨过程特征与 CN_t 之间的定量关系

依据小区实测降雨径流资料可发现，CN_t/CN_1 与 P_X/P 之间在 $p=$ 0.01 置信水平上均呈显著正相关，$X = 20$ 时，两者相关系数 r_0 最大，不同 λ 取值下 r_0 变化为 0.636～0.686，平均为 0.679；$X = 15$ 和 $X = 30$ 时，r_0 较为接近，不同 λ 取值下 r_0 变化为 0.621～0.677，平均为 0.668；$X = $ 10 和 $X = 40$ 时，不同 λ 取值下 r_0 变化为 0.611～0.658，平均为 0.651；$X = 50$ 和 $X = 60$ 时，不同 λ 取值下 r_0 变化为 0.585～0.634，平均为 0.627；$X = 5$ 时，相关系数最小，不同 λ 取值下 r_0 变化为 0.549～0.611，平均为 0.602。X 取值在 5～60 的区内变化，对于 CN_t/CN_1 与 P_X/P 之间相关关系影响并不显著。对于土地利用和管理方式不变的下垫面，CN_1 保持不变，CN_t 则随 P_X/P 的增加而递增，表明降雨在时间上的集中程度对次产流径流曲线数有显著影响。

在上述相关分析的基础上，提出了利用 P_X/P 计算 CN_t 的方程形式。

因为拟合线性方程在 $P_X/P>95\%$ 时，可能 $CN_t>100$；因此采用幂函数方程计算 CN_t：

$$CN_t=CN_1 \cdot a \cdot (P_X/P)^b, CN_t \leqslant 100 \qquad (3.3-11)$$

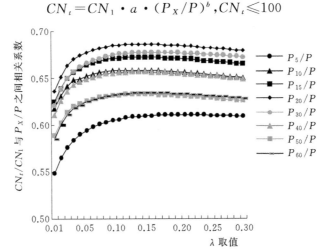

图 3.3-1　CN_t/CN_1 与 P_X/Pr 之间相关系数

2. 改进后的 SCS-CN 模型形式和模拟效果

将不同 λ 和 X 取值下，改进的径流曲线数模型预测的径流量和实测径流量做了比较。改进后模型的效率系数 E_f 随着 λ 增加而降低［图 3.3-2 (a)］，在 X 值确定的情况下，$\lambda=0.01$ 或 0.02 时，模拟效果最好。当 $\lambda\geqslant 0.10$ 时，就不同的最大时段降雨量而言，当 X 为 60 或 50 时，E_f 最小；$X=40$ 时，E_f 次之；当 $X\leqslant 30$ 时，E_f 明显提高且不同 X 取值下差别不大；$X=10$ 时 E_f 值最大。当 $\lambda<0.10$ 时，$X=5$ 时 E_f 最大；模拟值和预

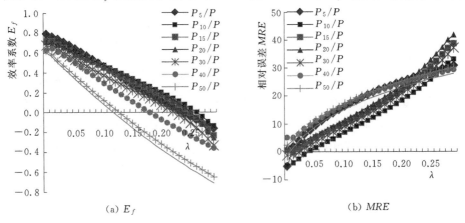

(a) E_f　　　　　　　　　(b) MRE

图 3.3-2　改进的 SCS-CN 模型效率系数 E_f 和平均相对误差 MRE

测值之间相关系数 r 变化趋势与 E_f 类似（图略）。不同 λ 和 X 取值下，改进的径流曲线数模型 MRE 随 λ 增加而增加［图 3.3-2（b）］。当 $\lambda \leqslant 0.05$ 时，MRE 仅变化为 $-10\% \sim 10\%$。

就不同小区而言，1 号、2 号、6 号和 18 号小区均在 $\lambda = 0.01$，$X = 5$ 时，E_f 和 r 达到最大值，取得最佳模拟效果；这 4 个小区产流次数之和占各小区产流总次数的 64.4%，径流深之和占各小区径流总深度的 68.9%。4 号和 16 号小区则在 $\lambda = 0.01$，$X = 10$ 时，取得最佳模拟效果；5 号小区在 $\lambda = 0.03$，$X = 20$ 时，取得最佳模拟效果。

为应用方便，改进后的径流曲线数模型 λ 和 X 统一取值。整体而言，改进后模型的模拟效果在 λ 取值为 0.01 和 0.02 时，均较为理想。而当 $\lambda = 0.01$，$X = 5$ 时，E_f 和 r 均能达到最大值，分别为 0.791 和 0.895；此时 MRE 仅为 -5.09%。在保证获得较高 E_f 值的基础上，考虑预测值和实测值相关程度尽可能密切，故选择 0.01 作为改进后模型的 λ 取值，并选取 (P_5/P) 为降雨在时间上集中程度的变量。λ 和 X 统一取值和各小区分别取值（表 3.3-2）的模拟效果相比，差别不大，统一取值的 E_f 仅比分别取值小 0.02。各径流小区 CN_1、a 和 b 的取值见表 3.3-3。

表 3.3-2 改进的径流曲线数模型对各径流小区产流模拟的最佳效果

小区编号	土地利用	2013—2015 年产流次数	土地管理措施	参数取值					模拟效果		
				初损率 λ	最大时段 X	多年平均径流曲线数 CN_1	式 (3.3-11) 参数 a	式 (3.3-11) 参数 b	E_f	r	MRE /%
1	耕地	23	陡坡种植玉米	0.01	5	60.15	1.861	0.304	0.886	0.944**	-6.04
2	乔木林	5	栗树（大水平条）	0.01	5	32.41	2.047	0.430	-7.56	0.743	67.21
4	裸地	21	植被盖度<5%	0.01	10	54.33	1.875	0.468	0.890	0.945**	-0.01
5	灌木林	7	植被盖度45%~60%	0.03	20	27.15	1.570	0.423	-2.39	0.770*	-55.31
6	耕地	21	陡坡种植玉米	0.01	5	52.53	2.834	0.527	0.776	0.913**	3.62
16	草地	9	植被盖度30%	0.01	10	46.31	1.813	0.458	0.603	0.852**	15.26
18	耕地	18	缓坡种植玉米	0.01	5	50.56	2.769	0.561	0.727	0.891**	-19.21
总　计									0.811	0.905**	-3.07

注　* 和 ** 分别表示在 $p = 0.05$ 和 $p = 0.01$ 水平上显著相关。

表 3.3 - 3　　　　　　改进的径流曲线数模型的参数取值

小区编号	土地利用	土地管理措施	参　数　取　值			
			λ	CN_1	a	b
1	耕地	陡坡种植玉米	0.01	60.15	1.861	0.304
2	乔木林	栗树（大水平条）	0.01	32.41	2.047	0.430
4	裸地	植被盖度＜5％	0.01	54.33	2.007	0.398
5	灌木林	植被盖度45％～60％	0.01	27.15	2.206	0.446
6	耕地	陡坡种植玉米	0.01	52.53	2.834	0.527
16	草地	植被盖度30％	0.01	46.31	2.164	0.416
18	耕地	缓坡种植玉米	0.01	50.56	2.769	0.561

美国的农业小流域在应用 SCS - CN 模型时，λ 的取值一般为 0.20，这主要因为其降雨年内分布较均匀，约70％的降雨通过入渗进入土壤。而在季风气候显著的地区，降雨季节变化较大，且雨季多暴雨，降雨通过入渗进入土壤的比例明显降低。因此，在运用 SCS - CN 模型时，λ 取值多不超过 0.05 （Ajmal et al.，2015）。

将没有改进的径流曲线数模型预测径流量和实测径流量做了比较（图 3.3 - 3）。相对于改进的径流曲线数模型，其模拟精度有明显差距：E_f 最大值仅为 0.05；且当 $\lambda \geqslant 0.02$ 时，E_f 均小于 0；r 也明显降低。图 3.3 - 3 为 $\lambda = 0.01$ 时，改进后 ［图 3.3 - 3 (a)］ 和未改进 ［图 3.3 - 3 (b)］ 模型预测值和实测值比较。整体而言，未改进的模型预测值与 1：1 线相比有明显偏差。可见在北京山区预测地表径流量时，若不考虑降雨过程特征和

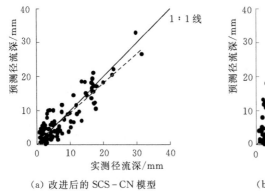
（a）改进后的 SCS - CN 模型

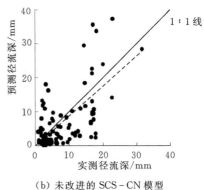
（b）未改进的 SCS - CN 模型

图 3.3 - 3　改进前后 SCS - CN 模型预测径流和实测径流的比较

注：图中虚线为数据点线性趋势线。

雨强的影响，会造成较大的预测误差。

3. 影响改进后 SCS - CN 模型模拟效果的主要因素

（1）土壤前期湿度条件。

本小节分析了改进后的模型对于不同土壤前期湿度条件下产流事件的模拟效果。对 2013—2015 年小区产流事件按前期土壤湿度条件进行划分，条件为 AMC Ⅰ、AMC Ⅱ 和 AMC Ⅲ 的产流次数分别占总产流次数的 66%、28% 和 6%。可见产流前小区土壤湿度条件以干旱居多，AMC Ⅰ 条件下坡面产流方式以超渗产流为主，降雨强度是影响径流量多寡的重要因素。改进后的模型考虑了最大时段雨强对于产流的影响，但未将雨强直接作为模型变量，因此对于 AMC Ⅰ 条件下径流量模拟精度有所降低，其 $E_f =$ 0.649，$r = 0.817$，$MRE = -9.12\%$ ［图 3.3 - 4 （a）］。但改进后的模型对于 AMC Ⅱ 和 AMC Ⅲ 条件下径流量模拟精度相对较高，其 $E_f = 0.883$，$r = 0.942$，$MRE = 0.56\%$。这种条件下土壤含水率相对增加，产流过程中土壤含水率更易接近或达到田间持水量，超渗产流和蓄满产流皆有发生，与前期土壤湿度条件为干旱的产流事件相比，降雨量对径流量多寡的影响更为显著。

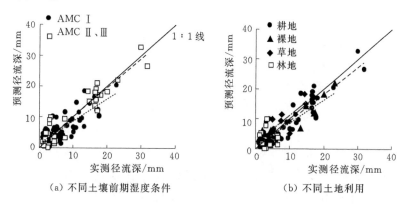

（a）不同土壤前期湿度条件　　（b）不同土地利用

图 3.3 - 4　改进后 SCS - CN 模型在不同土壤前期湿度和土地利用
条件下预测径流和实测径流的比较

注：图中虚线为数据点线性趋势线。

（2）土地利用方式。

本小节分析了改进后的模型对于不同土地利用类型下产流事件的模拟效果 ［图 3.3 - 4 （b）］。该模型对于裸地（4 号小区）和耕地（1 号、6 号、18 号小区）的产流模拟效果相对较好。裸地的 $E_f = 0.831$，$r = 0.922$，$MRE = 13.67\%$；耕地的 $E_f = 0.828$，$r = 0.916$，$MRE = -6.50\%$。在雨滴打击和水滴击溅作用下，裸露地表上易产生许多微小洼地；在多次降雨产流过程的进一步击溅和冲刷作用下，微小的洼地会被贯通形成细沟。而种植玉米的小区由于耕作管理中采用除草措施，使得地表除玉米茎秆外，裸露面积较大，为细沟侵蚀的形成和发展创造条件。坡面地表裸露程度较高，其整体糙度也相应降低，随着细沟数量和长度、宽度的增加，易形成较为稳定的汇流路径。

改进后的模型对于草地的产流模拟精度有所降低，其 $E_f=0.439$，$r=0.808$，$MRE=19.31\%$。即使在雨季，草地的地表植被覆盖状况也会出现较大差别。雨季初期，杂草开始生长，此时地表植被覆盖度仅为 5% 左右，至 8 月上、中旬植被覆盖度最高，达 $40\%\sim50\%$。改进后的模型没有体现短时期内植被覆盖对于 E_f 的影响，因此模拟精度有所下降。此外草地地表结皮的产生，对产汇流过程也有所影响。若将 P_{10}/P 作为反映次降雨在时间上集中程度的变量，λ 仍取值 0.01，则预测值 $E_f=0.603$，$r=0.852$，$MRE=15.26\%$（表 3.3-2），模拟效果明显改善。雨滴的击溅作用需要持续一段时间才能破坏分解结皮，因此时段略长的最大雨量可更有效表示其对地表产流影响作用。

改进后的模型对于林地的产流模拟效果不理想。2013—2015 年，乔木（2 号小区）和灌木林地（5 号小区）总计产流 12 次，模型模拟的 E_f 仅为 -3.03。由于乔木和灌木林小区产流次数少，仅占所有产流事件的 11.5%；且次产流平均径流深仅为 3.68mm，为其他小区平均值的 47.0%，因此乔木和灌木林小区的模拟误差对于所有产流事件的整体模拟效果影响不十分显著。需要注意的是，此处采用 1994—2000 年的降雨径流资料改进模型，用 2013—2015 年的降雨径流资料分析其模拟效果；而在这两段时期内，2 个小区产流的径流系数存在显著差异。2 号小区由 1994—2000 年的 0.057 降至 2013—2015 年的 0.032，5 号小区则由 0.058 增至 0.140。植物根系的生长发育过程及枯枝落叶层的形成分解过程有助于土壤理化性质逐步改善，其有机质和腐殖质含量、根系活动可使土壤孔隙度增加，提高剖面上的渗透能力。而植物冠层的年际变化也是影响地表径流量变化的重要原因。植被覆盖度越低，地表径流量越大。实际上，林地的产流机制较为复杂，在特定降雨条件下可能形成超渗超持的产流过程，即超渗产生地表径流，且土壤蓄水量超过田间持水量产生壤中流和地下径流。今后需在深入分析产流机理的基础上，进一步提出与土壤特性有关的模型参数优化方法（Sorooshian et al.，2008；Durán-Barroso et al.，

2016)。

3.3.1.4 径流量模拟需要注意的问题

1. 土壤含水率对 CN_t 影响

本节分析了降雨前后和降雨过程中土壤表层 30cm 含水率对于 CN_t 的影响。θ_0 与 CN_t/CN_1 之间无显著相关关系 [图 3.3-5 (a)]；θ_{max} 与 CN_t/CN_1 之间呈显著的幂函数递减关系 [式 (3.3-12)]；θ_t 与 CN_t/CN_1 之间亦呈显著的幂函数递减关系 [式 (3.3-13)]；θ_{max} 与 θ_0 的比值 θ_{max}/θ_0 与 CN_t/CN_1 之间呈显著的幂函数递减关系更为显著 [图 3.3-5 (b)，式 (3.3-14)]:

$$(CN_t/CN_1) = 0.539\theta_{max}^{-0.372}, r^2 = 0.333, p < 0.005 \quad (3.3-12)$$

$$(CN_t/CN_1) = 0.530\theta_t^{-0.369}, r^2 = 0.270, p < 0.005 \quad (3.3-13)$$

$$(CN_t/CN_1) = 1.352(\theta_{max}/\theta_0)^{-0.705}, r^2 = 0.491, p < 0.001$$

$$(3.3-14)$$

式 (3.3-12) 和式 (3.3-13) 幂函数方程参数十分接近，表明降雨过程中和降雨结束时的土壤表层含水率皆能反映降雨对表层土壤水分补给状况，这一土壤水分的补给过程对地表径流量的多寡具有显著影响。在降雨量不变的情况下，降雨对土壤水分补给越多，地表径流量则相应减少，表现为次产流过程 CN_t 的降低。

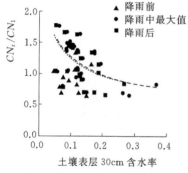

(a) 土壤表层 30cm 含水率与 CN_t/CN_1 之间关系

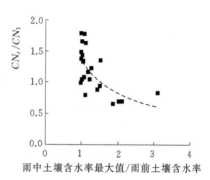

(b) 降雨前后土壤含水率变化与 CN_t/CN_1 之间关系

图 3.3-5 土壤表层含水率对 CN_t/CN_1 的影响

注：图中虚线为数据点线性趋势线。

2. 不同坡度下 CN_t 差异

本节采用 Sharpley 和 Williams (1990) 提出的陡坡径流曲线数计算方程以及 Huang 等 (2006) 提出的陡坡径流曲线数计算方程，以坡度接近于

5％的 18 号小区（6.6％）为参照，分别计算 1 号和 6 号陡坡坡耕地小区的多年平均径流曲线数，即 $CN_{1(1)}$ 和 $CN_{1(6)}$。由图 3.3－6 可见，由 Sharpley 和 Williams 方程计算的 $CN_{1(6)}$ 较接近于实测值，但其计算的 $CN_{1(1)}$ 明显低于实测值。该方程依据美国的自然地理条件所推导，不能直接应用于北京山区。由 Huang 等提出的方程计算的 $CN_{1(1)}$ 和 $CN_{1(6)}$ 明显高于实测值。研究表明，在其他条件不变的情况下，随着坡度的增加，地表径流量也相应增加（Deshmukh et al.，2013；Lal et al.，2015）；但是 Huang 等提出的方程并未考虑地表土壤物理特性可能存在的差异。陡坡坡耕地土壤侵蚀严重，1 号和 6 号小区年平均土壤侵蚀量分别为 18 号小区的 7.01 倍和 6.20 倍，致使地表粗化现象逐年严重，1 号小区土壤颗粒中大于 0.05mm 的比重比 18 号小区高 20.98％，地表已出现大量砾石。土壤粗化可使颗粒间空隙增大，增加地表入渗，地表径流量相应减少，故 CN_1 的实测值明显低于模型计算值。

　　需要注意的是，不同坡度坡耕地 CN_1 虽存在显著差异，但次产流径流曲线数 CN_t 却存在显著线性关联。以 18 号小区次产流径流曲线数 $CN_{t(18)}$ 为自变量，1 号和 6 号小区次产流径流曲线数 $CN_{t(1)}$ 和 $CN_{t(6)}$ 为因变量，拟合线性方程，在 1994—2000 年间，其关系为

$$CN_{t(1)}=0.629CN_{t(18)}+26.29, r^2=0.471, p<0.001 \qquad (3.3-15)$$

在 2013—2015 年间，其关系为

$$CN_{t(1)}=0.648CN_{t(18)}+30.29, r^2=0.703, p<0.001 \qquad (3.3-16)$$

$$CN_{t(6)}=0.891CN_{t(18)}+11.26, r^2=0.868, p<0.001 \qquad (3.3-17)$$

可见不同坡度坡耕地 CN_t 间存在十分显著的相关关系（图 3.3－7）。且随

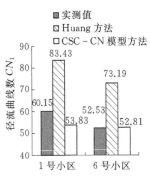

图 3.3－6　陡坡耕地 CN_1
实测值和模型计算值对比

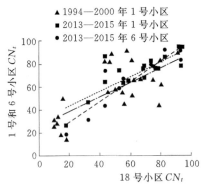

图 3.3－7　不同坡度的
坡耕地之间 CN_t 的关系

着耕地种植时间的增加，两者关系更为显著。式（3.3－16）与式（3.3－15）相比，r^2 显著增加，可见在坡耕地因细沟侵蚀形成汇流路径后，其地表产汇流过程的相似性也有所增加。今后应明确北京山区坡度变化对 CN_1 的影响，为陡坡 CN_t 的计算提供依据。

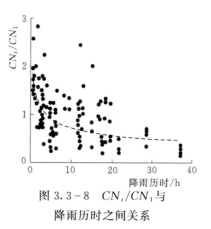

图 3.3－8　CN_t/CN_1 与
降雨历时之间关系

3. 降雨历时对改进后径流曲线数模型模拟效果的影响

依据实测降雨径流资料可发现，CN_t/CN_1 与降雨历时 t 之间呈显著的幂函数递减关系（图 3.3－8），当 $\lambda=0.01$ 时，两者关系为

$$CN_t/CN_1=1.539t^{-0.332}, r^2=0.324, p<0.001 \qquad (3.3-18)$$

但两者之间函数方程决定系数明显低于 CN_t/CN_1 与 P_X/P 之间拟合效果，故未采用其作为改进径流曲线数方程的变量；但 t 可表征不同成因降雨的特征。

引起北京山区地表产流的降雨类型可分为三类：①由局地强对流条件引起的短历时、高强度暴雨；②由锋面型降雨加有局地雷暴性质的中历时、中强度暴雨；③由锋面型降雨引起的长历时、低强度暴雨。对于 $t\geqslant$ 2h 的产流事件，改进后的径流曲线数模型模拟效果明显提高（表 3.3－4）。$t<2h$ 的产流事件径流系数明显较高，可见降雨中初损的部分比重相对较低；而改进后的模型 λ 统一取值，可能对此类降雨的初损预测偏大，致使预测径流深偏低，MRE 达 -35.7%。今后的研究应提出优化 λ 取值的方法，提高对短历时、高强度暴雨产流的预测精度。

表 3.3－4　不同降雨历时的产流事件中土壤表层含水率状况及
改进的径流曲线数模型模拟效果

降雨历时 t/h	产流次数	径流系数平均值	土壤表层 30cm 含水率变化范围				改进径流曲线数模型模拟效果		
			θ_0	θ_{max}	θ_t	θ_{max}/θ_0	E_f	r	$MRE/\%$
$t<2$	25	0.355	0.057～0.106	0.059～0.110	0.052～0.110	1.00～1.09	0.532	0.890	-35.70
$2\leqslant t<4$	25	0.249	0.107～0.182	0.121～0.195	0.122～0.190	1.01～1.29	0.780	0.885	1.32

降雨历时 t/h	产流次数	径流系数平均值	土壤表层 30cm 含水率变化范围				改进径流曲线数模型模拟效果		
			θ_0	θ_{max}	θ_t	θ_{max}/θ_0	E_f	r	MRE/%
$4 \leqslant t < 6$	22	0.228	0.087~0.117	0.088~0.176	0.079~0.170	1.01~1.56	0.894	0.952	−9.70
$t \geqslant 6$	32	0.152	0.048~0.172	0.059~0.369	0.049~0.267	1.02~3.10	0.811	0.928	13.60

3.3.2 土壤流失量模拟

3.3.2.1 土壤水蚀预报模型

水土流失的定量预报始于 20 世纪 30 年代,以 Cook 等(1936)的工作为标志(刘宝元等,2001)。此后,水土流失的定量预报工作在美国境内展开,并取得了一系列研究成果。20 世纪 50—60 年代,通过对全国范围水土流失观测数据的整理和分析,美国开发了第一代土壤侵蚀模型——通用土壤流失方程(Universal Soil Loss Equation,USLE),并由农业部于 1965 年以《农业手册》282 号形式发布了第一个官方版(Wischmeier et al.,1965),1978 年又以《农业手册》537 号形式发布了第二版(Wischmeier et al.,1978)。随着计算机技术的不断发展,以及 USLE 在实际应用中遇到的问题,美国从 20 世纪 80 年代开始对 USLE 进行修订(Hudson,1995),1997 年正式发布了修订通用土壤流失方程 RUSLE(Renard et al.,1997),并建立了计算机模型,为用户提供技术和使用手册,提供了一些主要参数和变量的数据库,增加了模型在降雨侵蚀预报方面的实用性。由于通用土壤流失方程基本包括了影响坡面水土流失的主要因素,所用资料范围也比较广,因而在世界各国的降雨侵蚀预报中得到了广泛应用(谢云和岳天雨,2018),一些国家和地区已采用 USLE 或 RUSLE 模型开展了全境范围的土壤侵蚀调查。

自 20 世纪 80 年代以来,基于土壤侵蚀机理的物理模型开始出现,其以土壤侵蚀的物理过程为基础,利用水文学、水力学、土壤学、河流泥沙动力学以及其他相关学科的基本理论,根据已知降雨、径流条件描述土壤侵蚀过程,建立数学方程,从而预报给定时段内的土壤流失量。现有物理模型中,最具有代表性的是 WEPP(Water Erosion Prediction Project)(Flagan et al.,1995),为详细模拟土壤水蚀物理过程的计算机模型,能够模拟逐日各层土壤含水量变化及植物的生长和残茬的分解,并能模拟耕作方式和土壤压实对土壤侵蚀的影响。1995 年至今,WEPP 版本不断更新,包括改变操作系统,与地理信息系统(GIS)和互联网结合。欧盟几乎与美国同步在提出开展机理模型研究(Balkema,1985),于 1994 年推出欧洲土壤侵蚀模型 EUROSEM(European soil erosion model)(Morgan et al.,1994),1998 年发布了基于地理信息系统的新版本(Morgan et al.,1998b)。该模型是坡地或小流域尺度、模拟次降雨径流、细沟间和细沟侵蚀及沉积的分布式模型,考虑了地表覆盖对植被截留和降雨动能的影响,岩石覆盖对细沟间侵蚀、入渗和径流的影响(Morgan et al.,1998a)。与此同时,澳大利亚开发了坡面次降雨侵蚀模型 GUEST(Griffith university erosion system template)。1998 年引入 Hairsine 等提出的坡面水流侵蚀(1992a)和雨滴溅蚀(1992b)过程,使其继续发展和完善,主要包括雨滴分离、径流分离和泥沙沉积 3 个子过程,并考虑了降雨和径流的再分离过程。但是,上述物理模型中许多参数不易获取,必须通过一系列野外观测和室内模拟实验才能获得;因而限制其广泛应用。

我国水土流失现象十分严重。从 20 世纪初开始,我国就对水土流失规律进行了初步探索(陈雷,2002)。自 1944 年在甘肃天水建立第一个水土保持实验站以来(许国华,1984),我国对土壤侵蚀进行了大量观测和研究,并建立了许多区域性的土壤侵蚀定量模型(谢云 等,2003)。20 世纪 80 年代起,在开始引进美国通用土壤流失方程的同时,许多学者结合我国土壤侵蚀的特点,着力开发适用于中国水土流失特征的、应用范围较广的土壤侵蚀预报模型。Liu 等(2002)建立了中国土壤流失方程 CSLE(Chinese Soil Loss Eqation),可计算坡面多年平均土壤流失量,已用于我国第一次全国水利普查的水土流失普查工作中。

北京山区降雨主要集中在夏季的 7—8 月,来自东南方向的暖湿气流在遇到环绕北部和西部的山地后抬升,形成山地迎风坡的降雨丰沛地带。这一独特的降雨和地形特征导致北京山区易发生严重的土壤侵蚀。自 20 世纪 90 年代以来,学者们对北京山区土壤侵蚀的特征、过程和主要影响因素做了系统的分析,并于 2010 年建立了北京土壤流失方程(刘宝元 等,2010),用于预报多年平均土壤流失量。但是,北京山区降雨在时间上较为集中,个别雨量或雨强较大的土壤侵蚀事件可能在全年侵蚀量中占有较大比重。因此,需对本区次降雨土壤侵蚀进行预报,从时间尺度上细化土壤侵蚀预报工作,为水土保持规划和效益评价提供进一步技术支持。

3.3.2.2 北京山区次降雨土壤流失方程的建立

本研究将北京土壤流失方程（刘宝元 等，2010）和修正的通用土壤流失方程（Williams，1995）相结合，建立预报次降雨产生的土壤流失量的模型。其中，北京土壤流失方程的形式为

$$A = RKLSCP \qquad (3.3-19)$$

式中：A 为多年平均土壤流失模数，$t/(hm^2 \cdot a)$；R 为降雨侵蚀力，$MJ \cdot mm/(hm^2 \cdot h \cdot a)$，指降雨导致土壤侵蚀发生的潜在能力；$K$ 为土壤可蚀性，$(t \cdot hm^2 \cdot h)/(hm^2 \cdot MJ \cdot mm)$，表示标准小区上单位降雨侵蚀力下的土壤流失量；$L$ 为坡长因子（无量纲），表示实际坡长下（其他条件与标准小区相同）的土壤流失量与标准小区土壤流失量的比值；S 为坡度因子（无量纲），表示实际坡度下（其他条件与标准小区相同）的土壤流失量与标准小区土壤流失量的比值；C 为覆盖与管理因子（均无量纲），表示特定覆盖与管理措施下的土壤流失量与同等条件下适时翻耕、连续休闲对照地上的土壤流失量之比；P 为水土保持工程措施因子（均无量纲），是指采取某种工程措施下的土壤流失量与同等条件下无工程措施的土壤流失量之比。

修正的通用土壤流失方程形式为

$$Sed = \alpha \cdot (Q \cdot q_{peak} \cdot area_{hru})^{\beta} KLSCP \qquad (3.3-20)$$

式中：Sed 为次降雨产生泥沙产量，t；Q 为地表径流，mm；q_{peak} 为径流洪峰，m^3/s；$area_{hru}$ 为水文单元面积，hm^2；其他因子含义同式（3.3 - 19）。

研究将式（3.3 - 19）和式（3.3 - 20）结合，利用最大 30min 雨强（I_{30}）体现径流洪峰的影响，建立北京山区预报次降雨产生的土壤流失量的模型：

$$A = \alpha (QI_{30}C_e)^{\beta} KLSCP \qquad (3.3-21)$$

式中：A 为次降雨土壤流失模数，t/hm^2；$\alpha(QI_{30}C_e)^{\beta}$ 为次降雨侵蚀力，α、β 为单位转换系数，Q 为次降雨地表径流深度，mm；I_{30} 为最大 30min 雨强，mm/h；C_e 为产流过程中的径流系数；其他因子含义同式（3.3 - 19）。

重点研究次降雨侵蚀力计算方法以及林草地次降雨事件 C 值计算方法。其他因子采用已有研究成果。

（1）次降雨侵蚀力计算。研究利用石匣小流域裸地小区（坡长 10m，

坡宽5m，坡度为14.6°）1994—2000年的降雨和产流泥沙观测资料，建立次降雨侵蚀力与地表径流深度（Q）、最大30min雨强（I_{30}）和产流过程中径流系数（C_e）乘积的幂函数关系，确定式（3.3 - 21）中的α、β值分别为30.20和0.565。

（2）林草地次降雨事件C值计算。研究利用石匣小流域2号、5号和8号径流小区1994—2000年的降雨和产流泥沙观测资料，建立林地植被盖度V（%）与次降雨事件C值之间的线性关系（图3.3 - 9）：

$$C=-4.81\times10^{-3}V+0.49(V\geqslant7,r^2=0.43,P<0.01)\quad(3.3-22)$$

研究利用石匣小流域天然草地径流小区2003—2005年的降雨和产流泥沙观测资料，建立次雨量Pr（mm）、植被盖度V（%）与次降雨事件C值之间的线性关系（图3.3 - 10）：

$$C=14.69(Pr^{0.16}/V)-0.549(r^2=0.53,P<0.01)\quad(3.3-23)$$

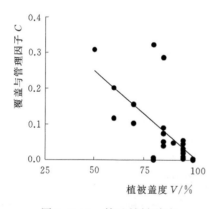

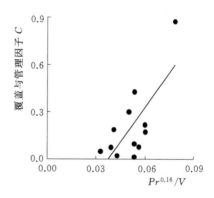

图 3.3 - 9 林地植被盖度
与次降雨事件C值之间关系

图 3.3 - 10 草地次雨量、植被盖度
与次降雨事件C值之间关系

3.3.2.3 北京山区次降雨土壤流失方程形式

北京山区预报次降雨产生的土壤流失量的模型：

$$A=\alpha(QI_{30}C_e)^{\beta}KLSCP\quad(3.3-24)$$

式中：A为次降雨土壤流失模数，t/hm²；$\alpha(QI_{30}C_e)^{\beta}$为次降雨侵蚀力，$\alpha$、$\beta$为单位转换系数分别为30.20和0.565，$Q$为次降雨地表径流深度，mm；$I_{30}$为最大30min雨强，mm/h；$C_e$为产流过程中径流系数；其他因子含义同式（3.3 - 19）。

不同土壤类型的土壤可蚀性K见表3.3 - 5。

表 3.3-5 北京山区土壤可蚀性因子取值

序号	土类	亚类	土 属	K /[t•hm²•h/(hm²•MJ•mm)]
1	山地草甸土	山地草甸土	硅质岩类山地草甸土	0.012
2			酸性岩类山地草甸土	0.012
3	棕壤	山地棕壤	基性岩类山地棕壤	0.012
4			碳酸盐岩类山地棕壤	0.012
5		山地生草棕壤 粗骨棕壤	基性岩类山地生草棕壤	0.014
6			硅质岩类粗骨棕壤	0.008
7			酸性岩类粗骨棕壤	0.004
8			基性岩类粗骨棕壤	0.012
9	褐土	淋溶褐土	酸性岩类淋溶褐土	0.009
10			硅质岩类淋溶褐土	0.009
11			泥质岩类淋溶褐土	0.008
12			基性岩类淋溶褐土	0.006
13			碳酸盐岩类淋溶褐土	0.011
14		普通褐土	洪积冲积物普通褐土	0.015
15			洪积物普通褐土	0.015
16			黄土质普通褐土	0.013
17			红黄土质普通褐土	0.015
18			复碳酸盐岩类普通褐土	0.013
19			红黏土质普通褐土	0.008
20			酸性岩类普通褐土	0.005
21			硅质岩类普通褐土	0.015
22			泥质岩类普通褐土	0.002
23			碳酸盐岩类普通褐土	0.011
24		粗骨褐土	硅质岩类粗骨褐土	0.006
25			酸性岩类粗骨褐土	0.013
26			碳酸盐岩类粗骨褐土	0.016
27		碳酸盐褐土	泥质岩类碳酸盐褐土	0.013
28			基性岩类碳酸盐褐土	0.015
29			碳酸盐岩类碳酸盐褐土	0.013
30		褐土性土	冲积物褐土性土	0.006
31			堆垫物褐土性土	0.012
32			洪积冲积物褐土性土	0.009
33		潮褐土	轻壤质潮褐土	0.013
34			菜园潮褐土	0.008
35	水稻土	潴育水稻土	潮土性潴育水稻土	0.013
36	风砂土	风砂土	风砂土	0.004

L 采用 USLE（1978）提出的坡长因子公式计算：

$$L = \left(\frac{\lambda}{22.13}\right)^m \tag{3.3-25}$$

式中：λ 为坡长，m。

m 随坡度发生变化，取值如下：$\theta < 0.5°$，$m = 0.2$；$0.5° \leqslant \theta < 1.5°$，$m = 0.3$；$1.5° \leqslant \theta < 3.0°$，$m = 0.4$；$\theta \geqslant 3.0°$，$m = 0.5$。

S 依据 RUSLE（Renard et al.，1997）和 Liu 等（1994）提出的方法计算：

$$\left.\begin{array}{l} S = 10.8\sin\theta + 0.03, \theta < 5° \\ S = 16.8\sin\theta - 0.5, \theta = 5° \sim 10° \\ S = 21.9\sin\theta - 0.96, \theta > 10° \end{array}\right\} \tag{3.3-26}$$

不同土地利用类型因子 C 计算方法为

（1）农用地（刘宝元 等，2010）：

$$C = 1 - (0.01V_c + 0.0859)e^{-0.0033h} \tag{3.3-27}$$

式中：V_c 为作物冠层覆盖度，%；h 为冠层高度，cm。

（2）林地

$$\left.\begin{array}{l} C = 0.988 \times e^{-0.11V}, V < 7 \\ C = 4.81 \times 10^{-3}V + 0.49, V \geqslant 7 \end{array}\right\} \tag{3.3-28}$$

式中：V 为植被覆盖度，%。

（3）草地

$$C = 14.69(Pr^{0.16}/V) - 0.549 \tag{3.3-29}$$

式中：Pr 为次雨量，mm；V 为植被盖度，%。

利用式（3.3-30）和式（3.3-31）可分别计算不同降雨量下水平条和鱼鳞坑水土保持工程措施因子 P：

$$P = 0.0039Pr^{0.6772} \tag{3.3-30}$$

$$P = 0.0693Pr^{0.1301} \tag{3.3-31}$$

式中：Pr 为次雨量（$\geqslant 20$mm）。

3.3.2.4　土壤流失量预报模型模拟效果分析

采用石匣小流域 7 个径流小区 2013—2015 年降雨和产流泥沙实测资料，得出各小区逐次产流造成的土壤流失模数。研究采用 Nash 模型效率系数 E_f、相关系数 r 和平均相对误差（MRE）对预测径流深和实测径流深做比较，检验改进后模型的模拟效果。如图 3.3-11 所示，模型的 $E_f = 0.724$，$r = 0.907$，$MRE = 22.3\%$，$E_f > 0.5$，表明模型计算精度合格。

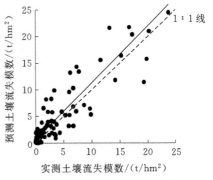

图 3.3-11　土壤流失预报模型预测土壤流失模数和实测土壤流失模数的比较

3.3.3　污染物随径流流失模拟

3.3.3.1　坡面污染物负荷计算模型

就建模方法而言，目前在坡面尺度非点源污染模拟方面采用的模型可分为基于统计方法的经验模型和基于物理过程的机理模型两大类。虽然机理模型刻画了污染物运移转化过程，也开始得到一些应用；但是，由于其结构较为复杂，对基础数据的输入要求较高，因此现阶段尚难以得到广泛应用。而对于监测数据较为缺乏的地区，经验模型可具有较强的实用性。

在坡面尺度的经验模型中，其对污染物运移的模拟可分为两类：一类是不考虑污染物的平衡过程，认为污染物在土壤中的含量是恒定的。这类模型往往只将污染物根据物理形态划分为溶解性和非溶解性两种，根据土壤侵蚀量和暴雨径流量来计算两种形态污染物的负荷。另一类是考虑污染物平衡过程，即土壤中污染物的状态和含量是受到各种过程影响的（阳立平 等，2015）。

在模拟污染物从土壤表层释放进入地表径流的过程时，混合层理论模型因其所需参数较少、应用方便而得到了较为广泛的应用（Donigian et al.，1977）。该理论假设土壤表层存在一个很薄的混合层，层间雨水、土壤溶液和下渗水能实现快速混合，地表径流中污染物由该混合层释放而来。目前基于混合层理论模型由于假设不同又分成两组：完全混合模型和不完全混合模型。在季风气候显著的地区，由于雨季多暴雨，雨强较大，地表产流过程较短，降雨通过入渗进入土壤的比重明显降低，污染物不易在土壤表层实现完全混合；因此不完全混合模型在此类气候区较为适用。

早在 1980 年，美国农业部推出的 CREAMS 模型（Knisel et al.，1980）（A field scale model for Chemical，Runoff，and Erosion from Agricultural Management System）就采用这一方法模拟坡面氮、磷等营养物质负荷，之后的 EPIC（Erosion/Productivity Impact Calculator）（Williams et al.，1983）和 AGNPS（Agricultural - Non - Point - Source Pollution model）（Young et al.，1987）模型也采用该方法模拟坡面污染物负荷。该模型模拟的污染物主要为营养物质，有关其他类型污染物的模拟应用较少。

北京山区是北京市重要的地表水源地。虽然市政府在生态建设和环境保护方面做了大量工作，但在部分地区，农业非点源污染问题仍非常突出，直接威胁包括密云水库等地表饮用水源水质（刘宝元 等，2010；Jiao et al.，2014）。因此，本区非点源污染模拟方面的研究工作自 20 世纪 90 年代初就开始逐步开展，所研究的污染物种类主要为营养物质和重金属（Wang et al.，2014；Su et al.，2014）。其中，有关土壤和水库、河流底泥中重金属的报道较多（Luo et al.，2010；Qin et al.，2014），对于水体中重金属报道较少。水体中的重金属会威胁水生生物生存和繁殖，也会威胁人体健康；Fe、Mn、Zn 等重金属则在一定条件下，会促进水体加速富营养化进程。因此，明确水源地集水区内营养元素和重金属的运移特征，对于保障水源安全具有重要意义。

目前，非点源污染模型中，模拟坡面尺度污染物负荷常用的方法有不完全混合模型（Knisel et al.，1980）和污染物扩散模型（Neitsch et al.，2002），本研究分别采用这两种方法模拟污染物随径流的流失，依据模拟效果选择适合北京山区的污染物负荷计算模型。

（1）不完全混合模型。首先，模型认为土壤表层存在一个很薄的混合层，层间雨水、土壤溶液和下渗水能实现快速混合，同时该层以下无化学物质向本层传输。但是，上述雨水、土壤溶液和下渗水的混合是不完全的，致使层内溶液中的化学物质只有一部分能进入径流，这种释放能力通常用"释放系数（extraction coefficient）"表示。相应计算过程如下：

降雨下渗期间混合层的平均浓度（C_1）为

$$C_1 = [(C_0 - C_r)/k_1 F][1 - \exp(-k_1 F)] + C_r \qquad (3.3-32)$$

$$k_1 = \frac{EXK_1}{d \times por} \qquad (3.3-33)$$

式中：C_1 为下渗期间混合层中污染物的平均浓度，ppm；C_0 为混合前表层土壤可交换态污染物含量，ppm；C_r 为降雨中污染物的浓度，ppm；k_1

为污染物的向下释放率；F 为下渗量，mm；EXK_1 为污染物的向下释放系数；d 为混合层厚度，模型视其为 10mm；por 为土壤孔隙度。

产流期间混合层的平均浓度（C_2）为

$$C_2 = [(C_1 - C_r)/k_2 Q][1 - \exp(-k_2 Q)] + C_r \qquad (3.3-34)$$

$$k_2 = \frac{EXK_2}{d \times por} \qquad (3.3-35)$$

式中：k_2 为污染物的径流释放率；EXK_2 为污染物的径流释放系数；Q 为径流量，mm；其他含义同上。

次降雨产流中迁移到径流中的污染物总量为

$$R_0 = C_2 \times EXK_2 \times Q \times 0.01 \qquad (3.3-36)$$

式中：R_0 为迁移到径流中的污染物总量，kg/hm^2；其他含义同上。

EXK_1 和 EXK_2 为上述模型中反映污染物向下入渗和在地表径流中释放的参数。根据以往的模型使用经验，假定这两个参数值均小于 1.0（Knisel et al.，1980；Williams et al.，1983）。根据径流小区监测资料，采用试算法，确定 EXK_1 和 EXK_2 取值。即将两个参数的取值区间细分为若干等份，逐个取值代入模型中运算，选择使模型效率系数 E_f 最高时的值。

（2）污染物扩散模型。污染物的扩散为土壤溶液中相应的物质对浓度梯度的响应，在短距离内发生迁移。相应计算方程如下：

$$R_0 = (L_0 + L_r)K_P \qquad (3.3-37)$$

式中：R_0 为次降雨过程中通过扩散迁移到径流中的污染物总量，kg/hm^2；L_0 为混合前表层土壤可交换态污染物负荷，kg/hm^2；L_r 为通过降雨到达地表的污染物负荷，kg/hm^2；K_P 为污染物的扩散系数，无量纲。

研究拟通过坡面非点源污染监测资料，建立 K_P 与降雨和径流特征之间的函数关系，进而提出参数 K_P 的计算方法：

$$K_P = a(QI_{30}) + b \qquad (3.3-38)$$

式中：Q 为次降雨地表径流深度，mm；I_{30} 为最大 30min 雨强，mm/h，分别表征降雨过程中径流冲刷量和对地表冲刷强度；a 和 b 为该线性方程的参数。

（3）模型模拟效果分析。采用 Nash 模型效率系数 E_f 和相对误差平均值 MRE 对预测污染物流失负荷和实测污染物流失负荷做比较，检验改进后模型的模拟效果。同时，拟合预测值和实测值之间的线性方程，根据决定系数 r^2 分析两者数值的整体接近程度。其中，E_f 和 MRE 计算方法如下：

$$E_f = 1 - \frac{\sum_{i=1}^{n}(L_{ob} - L_{cal})^2}{\sum_{i=1}^{n}(L_{ob} - L_{oba})^2} \qquad (3.3-39)$$

$$MRE = \frac{\sum_{i=1}^{n}(L_{cal} - L_{ob})}{\sum_{i=1}^{n}L_{ob}} \qquad (3.3-40)$$

式中：L_{ob} 为实测污染物流失负荷，kg/hm²；L_{cal} 为预测污染物流失负荷，kg/hm²；L_{oba} 为所有实测的污染物流失负荷的平均值；n 为总产流次数。

3.3.3.2 模型模拟参数取值和效果分析

1. 不完全混合模型

表 3.3-6 为利用试算法获得的不完全混合模型参数 EXK_1 和 EXK_2 取值。研究将土地利用类型分为耕地、裸地和林草地三大类，分别计算 EXK_1 和 EXK_2 值。同种元素不同土地利用类型下参数取值差异较为明显。TN、TP、Fe、Mn 和 Zn 的不同土地利用类型 EXK_1 值差异较大，Fe、Cr 和 As 的不同土地利用类型 EXK_2 值差异较大。该模型对于 Zn、Pb 和 Cr 的流失负荷模拟效果不佳；对于其他 6 种污染物，建立模型效率系数 E_f 均大于 0.5，其变化范围为 0.542～0.908，平均为 0.744；相对误差平均值 MRE 变化范围为 -13.20%～6.61%，平均为 -1.31%；预测值和实测值间相关系数 r 变化范围为 0.740～0.958，平均为 0.869。

表 3.3-6　　　　　　　不完全混合模型参数取值和模拟效果

污染物种类	土地利用	模 型 参 数		模 拟 效 果		
		EXK_1	EXK_2	E_f	MRE	r
TN	耕地	0.017	0.011	0.728	-13.20	0.887
	裸地	0.0232	0.023			
	林草地	0.061	0.01			
TP	耕地	0.10	0.002	0.737	6.61	0.862
	裸地	0.02	0.0008			
	林草地	0.004	0.0031			
Fe	耕地	0.033	0.22	0.733	-3.86	0.864
	裸地	0.01	0.69			
	林草地	0.01	0.029			
Mn	耕地	0.22	0.0028	0.542	3.96	0.740
	裸地	0.056	0.0016			
	林草地	0.005	0.0018			
Zn	耕地	0.01	0.13	0.372	-3.96	0.611
	裸地	0.15	0.063			
	林草地	0.001	0.07			

续表

污染物种类	土地利用	模 型 参 数		模 拟 效 果		
		EXK_1	EXK_2	E_f	MRE	r
Ba	耕地	0.108	0.00161	0.908	−4.35	0.958
	裸地	0.084	0.00158			
	林草地	0.10	0.0024			
Pb	耕地	0.11	0.006	0.297	−1.35	0.545
	裸地	0.17	0.0026			
	林草地	0.20	0.0055			
Cr	耕地	0.20	0.09	−0.243	−16.06	0.116
	裸地	0.20	0.02			
	林草地	0.25	0.09			
As	耕地	0.0011	0.02	0.818	2.94	0.905
	裸地	0.001	0.018			
	林草地	0.001	0.06			

2. 污染物扩散模型

表 3.3－7 为利用试算法获得的污染物扩散模型参数 a 和 b 的取值。将土地利用类型分为耕地、裸地和林草地三大类，分别计算 a 和 b 值。同种元素不同土地利用类型下参数取值差异较为明显。TP、Fe、Zn、Pb 和 Cr 的不同土地利用类型参数取值差异较大。该模型对于 TN、Mn、Pb 和 Cr 的流失负荷模拟效果不佳；对于其他 5 种污染物，建立模型效率系数 E_f 均大于 0.5，其变化范围为 0.559～0.859，平均为 0.689；相对误差平均值 MRE 变化范围为 −31.94～17.95％，平均为 −1.87％；预测值和实测值间相关系数 r 变化范围为 0.753～0.927，平均为 0.834。

表 3.3－7　　　　污染物扩散模型的参数取值和模拟效果

污染物种类	土地利用	模 型 参 数		模 拟 效 果		
		a	b	E_f	MRE	r
TN	耕地	0.0305	0.0131	0.468	−15.32	0.754
	裸地	0.0360	0.0334			
	林草地	0.0215	0.00525			

污染物种类	土地利用	模 型 参 数		模 拟 效 果		
		a	b	E_f	MRE	r
TP	耕地	0.00536	0.00120	0.635	-31.94	0.826
	裸地	0.00525	0.00049			
	林草地	0.0199	-0.00174			
Fe	耕地	0.570	0.111	0.559	3.76	0.753
	裸地	0.802	0.538			
	林草地	0.193	0.0141			
Mn	耕地	0.00445	0.000593	0.392	6.15	0.629
	裸地	0.00604	0.00137			
	林草地	0.00614	0.00217			
Zn	耕地	0.391	0.0519	0.569	17.95	0.756
	裸地	0.0242	0.0483			
	林草地	0.948	-0.0708			
Ba	耕地	0.00394	0.000906	0.822	0.18	0.907
	裸地	0.00337	0.00188			
	林草地	0.00532	0.00129			
Pb	耕地	0.00158	0.00611	0.123	-1.00	0.362
	裸地	0.00194	0.00292			
	林草地	0.00449	0.00252			
Cr	耕地	0.040	0.0586	0.166	0.56	0.409
	裸地	0.106	0.0340			
	林草地	0.034	0.0224			
As	耕地	0.131	0.00929	0.859	0.69	0.927
	裸地	0.119	0.0100			
	林草地	0.319	0.0130			

3. 两种模型模拟效果的比较

由图 3.3 - 12 可见,在模拟坡面污染物流失负荷中,不完全混合模型对于 TN、TP、Fe、Mn 和 Ba 的流失负荷模拟效果优于污染物扩散模型;

污染物扩散模型对于在 Zn 和 As 的流失负荷模拟效果优于不完全混合模型。因此，研究采用不完全混合模型模拟 TN、TP、Fe、Mn 和 Ba 的流失负荷；采用污染物扩散模型模拟 Zn 和 As 的流失负荷。

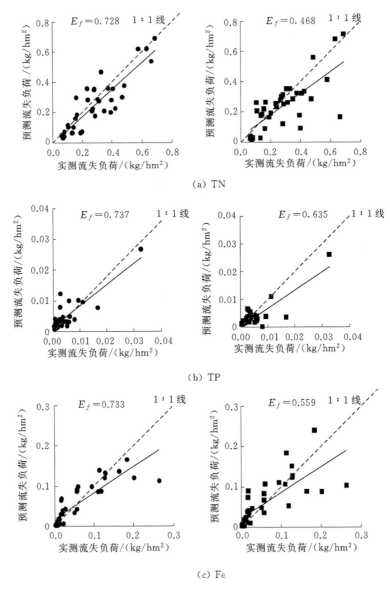

图 3.3-12（一）　模型模拟污染物流失负荷和实测污染物流失负荷比较
（左侧图为不完全混合模型模拟效果，右侧图为污染物扩散模型模拟效果）

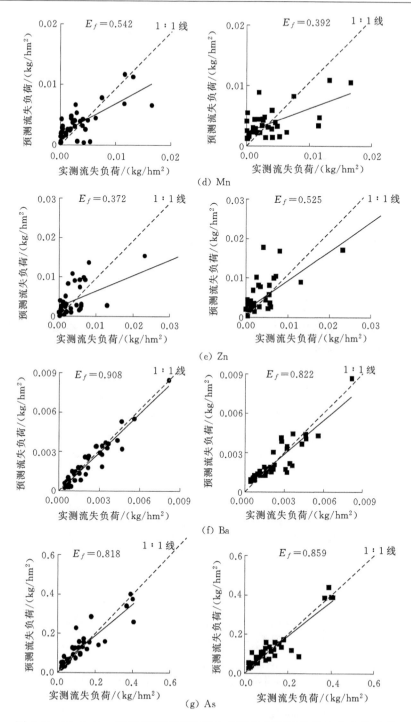

图 3.3-12（二） 模型模拟污染物流失负荷和实测污染物流失负荷比较
（左侧图为不完全混合模型模拟效果，右侧图为污染物扩散模型模拟效果）

3.3.3.3　化肥施用对径流中污染物的影响

2011 年在密云区十里堡镇水泉村，通过坡面径流小区径流泥沙污染物监测，分析了化肥施用对于坡面污染物流失的影响作用。试验区共有 6 个径流小区，从东向西编号为 1～6 号，每个径流小区大小为 2m×5m（面积 10m²），坡度为 2°～3°，坡向朝北。各小区均为耕地，种植花生。设置常规施肥和不施肥两种处理，每种处理重复 3 次。其中，1 号、3 号、5 号小区为施肥处理，施肥方式和施肥用量与当地农民种植习惯一致；2 号、4号、6 号小区为不施肥处理，不施用任何肥料。在花生种植前，对施肥处理小区施底肥，底肥为硫酸钾型复合肥，其总养分含量为 45%（N：P_2O_5：K_2O＝15：15：15），施用量为 25kg/亩，即每个小区施用氮肥折纯量为 56.3kg/hm²，施用磷肥折纯量为 24.6kg/hm²。

2011 年的花生种植期间，施肥处理小区和不施肥处理小区的硝态氮流失总量分别为 416.21kg/km² 和 373.85kg/km²，前者比后者高 11.33%。对比历次产流的硝态氮流失量可发现，雨季共产流 7 次，前 5 次产流施肥小区径流水硝态氮流失量大于不施肥小区；而最后 2 次，施肥小区则小于不施肥小区（图 3.3－13）。最后 2 次产流施肥小区硝态氮流失量更大，这是因为施肥小区径流量小于不施肥小区，而硝态氮浓度差异很小。总体上而言，尽管施肥小区地表径流量略低，但是径流中硝态氮的浓度较高，导致通过径流流失的硝态氮总量更高（郑娟娟，2010）。

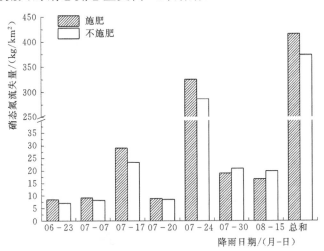

图 3.3－13　不同处理小区的地表径流中硝态氮的流失量

施肥处理小区和不施肥处理小区的铵态氮流失总量分别为 242.39kg/km²和 207.20kg/km²，前者比后者高 16.98%。对比历次产流的铵态氮流失量发现，前 3 次和第 5 次产流，施肥小区径流中铵态氮流失量大于不施肥小区，而第 4 次和最后 2 次，施肥小区铵态氮流失量则小于不施肥小区（图 3.3－14）。第 4 次产流施肥小区铵态氮流失量更大是因为施肥小区的径流量和铵态氮浓度都稍小于不施肥小区；而最后 2 次产流则是因为施肥小区径流量小于不施肥小区，施肥小区铵态氮浓度只略大于不施肥小区。随着气温逐步的升高，土壤环境中的硝化作用可使得施用化肥中铵态氮逐步转化为硝态氮，其地表径流中的浓度也相应降低。

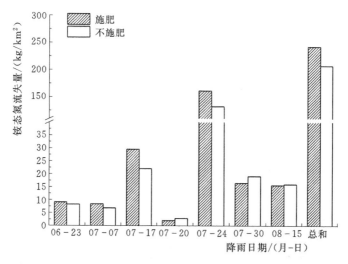

图 3.3－14 不同处理小区的历次地表径流中铵态氮的流失量

施肥处理小区和不施肥处理小区的总磷流失总量分别为 5.417kg/km² 和 4.579kg/km²。前者比后者高 18.30％。对比历次径流中总磷流失量发现，7 次地表径流的施肥处理小区均大于不施肥处理小区，差异较明显（图 3.3－15）。这是因为施肥小区的总磷浓度明显大于不施肥小区，而径流量差异较小。施肥小区与不施肥小区差异最大的是 7 月 17 日，差值为 0.373kg/km²，其次为 7 月 24 日，差值为 0.263kg/km²，这两次的差值占了总差值的 76％。7 月 17 日降雨过程平均雨强最大，7 月 24 日降雨过程降雨量最大，说明了在雨强大或雨量大的情况下，施肥对总磷流失量的影响更为显著。

化肥施用不但增加了地表径流中营养物质负荷，也增加了营养物质向地下水的扩散。多数研究表明，硝态氮主要以淋溶形式向下流失。图 3.3－16 为施肥处理和不施肥处理小区壤中液在不同深度处硝态氮浓度。壤中液的硝态氮浓度较高，部分已经超过了地表水环境质量中相应限值，明显高于地表水的硝态氮浓度（1.3~4.4mg/L）。

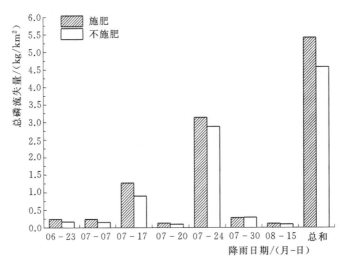

图 3.3-15　不同处理小区的历次地表径流水总磷的流失量

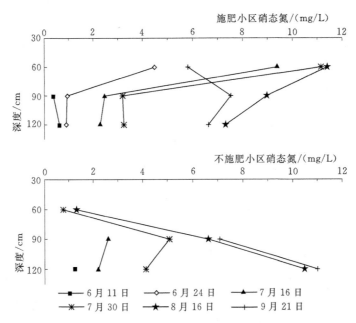

图 3.3-16　不同处理小区在不同深度处的壤中液硝态氮浓度

施肥小区壤中液硝态氮浓度随深度增加而递减，到 90cm 后趋于一致：
60cm 深度处硝态氮浓度最大，为 4.9~11.4mg/L，平均为 8.5mg/L；到
90cm 深度处，浓度明显减小，为 0.4~9.0mg/L，平均为 3.9mg/L；到

120cm 处，硝态氮浓度为 0.6～7.3mg/L，平均为 3.5mg/L，与 90cm 处差异很小。不施肥小区壤中液硝态氮浓度随深度增加而递增，到 90cm 后趋于一致；在 60cm 深度处硝态氮浓度最小，均值为 1.04mg/L；到 90cm 深度处浓度明显增大，为 2.6～7.1mg/L，平均为 5.3mg/L；在 120cm 处硝态氮浓度为 1.3～11.0mg/L，平均为 5.8mg/L，与 90cm 处差异较小。对比可见，施肥显著提高了 60cm 深度处壤中液的硝态氮浓度。

雨季壤中液硝态氮浓度随时间变化特点为，施肥小区从 6 月 11 日到 8 月 16 日，各层浓度都逐渐变大，但 60cm 处硝态氮浓度逐渐降低；从 8 月 16 日至 9 月 21 日，各层浓度逐渐降低，且变化幅度随着深度的增加而减少。不施肥小区从 6 月 11 日到 9 月 21 日，各层浓度都逐渐变大。

3.3.4 污染物随泥沙的流失模拟

3.3.4.1 污染物随泥沙流失模型

当降雨导致土壤侵蚀发生时，土壤养分的流失主要有两种形式：一部分养分溶解于径流中，随径流流失；另一部分养分通过交换或吸附等形式结合在泥沙颗粒表面，随泥沙而流失。已有研究表明，泥沙携带的污染物负荷通常被假设为与产沙量呈线性相关关系，可表达为（Dean，1983）

$$L_n = P_n S_1 \qquad (3.3-41)$$

式中：L_n 为泥沙携带的污染物总量；P_n 为污染物的潜力因子（单位泥沙上的污染物含量）；S_1 为产沙量。

潜力因子 P_n 反映了污染物在泥沙上的负荷程度，是一个综合了多种过程的复杂因子，可用以下函数关系表示：

$$P_n = ER \cdot C_a \cdot f \qquad (3.3-42)$$

式中：ER 为污染物富集率，即泥沙的污染物含量与原地土壤的污染物含量之比，为表征污染物在泥沙上富集程度的指标；C_a 为原土表层的平均污染物含量；f 为原土与泥沙的土粒密度之比。

若忽略泥沙和原地土壤之间土粒密度变化，则潜力因子 P_n 可以简化为污染物富集率 ER 与原地土壤污染物含量之乘积所代替：

$$Sed_M = Soil_M \cdot A \cdot ER \qquad (3.3-43)$$

式中：Sed_M 为某种污染物随泥沙流失量，kg/hm²；$Soil_M$ 为原地土壤中该污染物含量，kg/kg；A 为土壤流失量，kg/hm²；ER 为污染物富集率。

污染物富集率 ER 是模拟污染物自土壤经由侵蚀泥沙迁移的重要参数；对于污染物在泥沙富集机理的研究，有助于提高该参数预报的精确度。目前国外在污染物养分富集方面已做了深入的研究，区别了以单粒为主和以团聚体为主的不同侵蚀过程养分富集机制，也区别了地表有无水层的养分富集机制。通过建立土壤流失量或含沙量与 ER 之间的定量关系，从而计算 ER，是确定该参数所广泛采用的简易方法。但目前所研究的土壤种类有限，且不同土壤的养分富集机制可能有异；且现有的研究关于 N、P 等营养元素的富集率研究较多，而对于重金属的富集率研究鲜有报道。中国地域广阔，土壤种类繁多且具有很多独特的土壤类型，加之污染物种类繁多复杂，因此具有针对性的泥沙污染物富集研究是必不可少的。

3.3.4.2 不同类型污染物富集率

污染物富集率，即泥沙的污染物含量与原地土壤的污染物含量之比，为表征污染物在泥沙上富集程度的指标，研究用 ER 为表示这一参数。整体而言，侵蚀泥沙上的可交换态重金属含量明显高于原地土壤。各小区可交换态 Fe 的富集率变化为 0.15～21.51，平均为 3.29；可交换态 Mn 的富集率变化于 0.92～26.66 之间，平均为 5.97；可交换态 Zn 的富集率变化于 0.85～17.26 之间，平均为 4.65；可交换态 Ba 的富集率变化于 0.56～4.01 之间，平均为 1.70；可交换态 As 的富集率变化于 0.27～25.79 之间，平均为 3.63。

不同土地利用方式下，污染物富集率存在显著差异（图 3.3 - 17）。除了可交换态 Ba 外，林草地各种污染物富集率均明显高于耕地和裸地。土壤表层中的有机物质地整体相对较轻，在雨滴和径流的冲刷下，更易随侵蚀泥沙迁移，而表层土壤有机质含量相对较高（表 3.1 - 2）的林地和草地小区，其附着在侵蚀泥沙上的有机质含量也相应较高，为土壤中可交换态

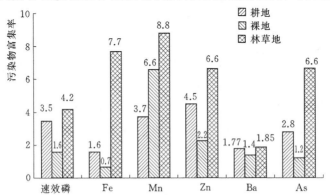

图 3.3 - 17　不同土地利用类型的污染物富集率
注：各类金属均为可交换态。

金属和有效磷的迁移提供了更多载体。

3.3.4.3 侵蚀泥沙污染物富集率计算方法

研究分别建立了污染物富集率 ER 与土壤流失模数 A 和径流含沙量 Cs 的定量关系，对于各类污染物，ER 均随 Cs 或 A 的递增，呈幂函数递减关系：

$$ER = \alpha A^{\beta} \tag{3.3-44}$$

$$ER = \gamma Cs^{\delta} \tag{3.3-45}$$

不同类型污染物对应的 α、β 和 γ、δ 值，以及拟合方程的效果见表3.3-8。

表 3.3-8　　　　　　　　富集率计算方程的参数和拟合效果

污染物类型	式（3.3-44）参数		式（3.3-44）拟合效果		式（3.3-45）参数		式（3.3-45）拟合效果	
	α	β	r^2	P	γ	δ	r^2	P
有效磷	6.094	−0.186	0.21	0.006	10.10	−0.482	0.38	<0.001
可交换态 Fe	3.898	−0.416	0.35	<0.001	2.784	−0.492	0.32	<0.001
可交换态 Mn	6.487	−0.122	0.13	0.036	5.535	−0.110	0.07	0.134
可交换态 Zn	7.221	−0.266	0.51	<0.001	6.068	−0.338	0.55	<0.001
可交换态 Ba	2.092	−0.166	0.22	0.004	1.964	−0.154	0.26	0.002
可交换态 As	4.653	−0.317	0.38	<0.001	3.970	−0.432	0.46	<0.001

由表3.3-8可见，属于黑色金属的可交换态 Fe 和 Mn，式（3.3-44）的拟合效果优于式（3.3-45），对于其他种类的可交换态金属，式（3.3-45）的拟合效果优于式（3.3-44）。因此，对于 Fe 和 Mn，可依据土壤流失模数，利用式（3.3-44）计算 ER（图3.3-18），参数 α 和 β 取值见表3.3-8；对于 Zn、Ba、As 和有效磷，可依据径流含沙量，利用式（3.3-45）计算 ER（图3.3-19），参数 γ 和 δ 取值见表3.3-8。

已有研究表明，降雨和径流对土壤侵蚀的结果总是将轻而细的物质先搬运至泥沙中，主要包括有机质、黏粒、粉粒和微团聚体等，带来了较高的养分富集率（Flangan et al.，1989；叶芝菡，2009；Yang 等，2014）。同时，随着侵蚀强度的增加和时间延续，侵蚀下来的泥沙将逐渐与表土组成相似，养分含量也随之接近，富集率逐渐接近于1。本研究观测的有效磷和可交换态重金属的富集率也呈现出这样的特征，可见土壤中具

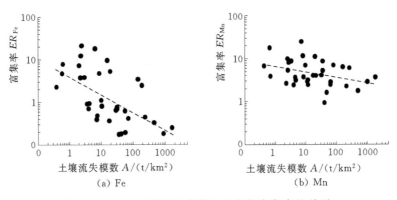

图 3.3-18　土壤侵蚀模数与污染物富集率的关系

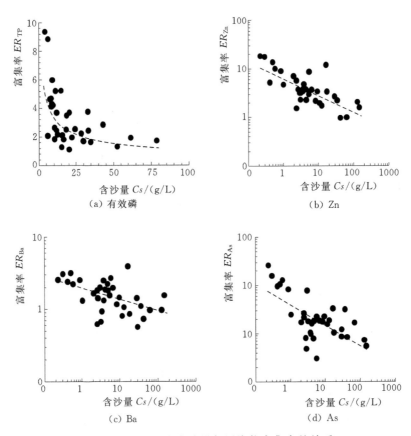

图 3.3-19　径流含沙量与污染物富集率的关系

有较大比表面积的有机质、黏粒或微团聚体可带有足够多的电荷，不仅可以吸附营养元素，还可吸附可交换态重金属，引起污染物在泥沙上的富集。叶芝菡等（2005）的研究表明，北京山区磷在泥沙上的富集效应并不显著，其富集率多波动于 1.0 左右，明显低于研究得出的有效磷富集率。由于土壤具有强大的固磷作用，植物对于全磷的利用率很低，因此将易释放为植物吸收的有效磷作为土壤磷对肥力的贡献标志。分析有效磷在泥沙上富集率，对于分析和模拟磷在环境中的迁移更具有指示作用。

3.3.4.4 化肥施用对泥沙污染物富集的影响

依据密云区十里堡镇水泉村径流小区观测资料，2011 年 7 次产流事件中，施肥处理和不施肥处理小区 7 次径流泥沙全氮富集率平均值分别为 8.42 和 6.86；施肥小区全氮富集率最大值为 13.99，最小值为 3.46；不施肥小区最大为 10.81，最小为 3.23。

对比施肥处理和不施肥处理小区的全氮富集率（图 3.3 - 20）可发现，施肥小区全氮富集率整体高于不施肥小区，施肥增加了泥沙全氮富集率。施肥处理和不施肥处理全氮富集率差异最大是 7 月 20 日的产流，差值达到了 6.22，其他 6 次产流差异则较小。

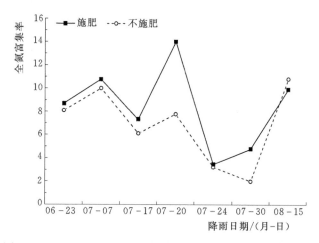

图 3.3 - 20 不同处理小区历次地表径流泥沙全氮的富集率

施肥处理和不施肥处理小区 7 次径流泥沙全磷平均富集率分别为 1.41 和 1.17。施肥小区全磷富集率均大于 1，最大值为 1.60，最小值为 1.04；不施肥小区除了 7 月 24 日和 7 月 30 日富集率小于 1，其余都大于 1，最大为 1.51，最小为 0.79。

对比施肥处理和不施肥处理小区的全磷富集率（图 3.3 - 21），可发现，施肥小区全磷富集率明显大于不施肥小区，施肥显著地增加了泥沙全磷富集率。

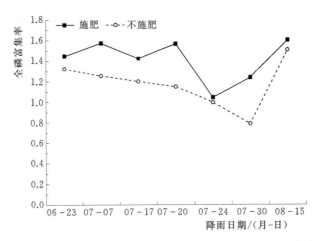

图 3.3 - 21　不同处理小区的历次地表径流泥沙全磷富集率

第4章 流域尺度非点源污染特征和主要过程分析

4.1 流域非点源污染监测

4.1.1 研究流域概况

为了分析北京山区流域非点源污染规律，本研究选择了密云水库上游流域、官厅水库上游流域和雁栖河流域，开展流域非点源污染监测。研究对象的选择针对了不同的水体功能区和人类活动特征。密云水库为北京最重要地表饮用水源地；官厅水库为蓄水量最大的备用水源地；雁栖河流域为北京山区开展乡村旅游最早的流域之一。现将各流域基本情况分述如下。

1. 密云水库上游流域

密云水库上游流域处于北纬 $40°19'\sim41°31'$ 和东经 $115°25'\sim117°33'$ 之间，东南侧靠燕山西端，南侧为军都山，西屏大马群山，北接坝上高原，面积总计 $15788km^2$。流域地形西北高、东南低，西北部多以海拔 $1000\sim2300m$ 的中山为主，东南部多分布低山、丘陵，少量平原和河滩地。流域内地形以山地为主，83.4%的面积为中、低山地和丘陵，山地、丘陵坡度大多为 $20°\sim35°$。平原和河滩地主要分布在潮河、白河干流和主要支流河谷及密云水库库北的不老屯至冯家峪一带。

流域属温带季风气候，冬季干燥寒冷，春季干旱多风，夏季受东南季风影响，湿热多雨。流域年平均气温由南部的 $9\sim10℃$，向北部的 $1.0\sim2.5℃$ 递减。流域内多年平均降雨量为 $300\sim700mm$，自东南向西北递减。降水年内分配极不均匀，全年降水量80%～85%集中在汛期，并多以暴雨形式出现。由于受山脊地形影响，东南迎风坡前易形成多雨带，成为暴雨中心，其最大 $24h$ 降雨量为 $200\sim300mm$，个别可达 $400mm$ 以上。上述中心主要位于石城、番字牌、枣树林、千家店一带。

流域内有潮河、白河两大水系，是海河流域北系四大河流之一。白河流域面积总计 8698km², 直接注入白河干流的支流中, 流域面积超过100km² 的总计 12 条, 其中, 流域全部位于河北省境内的有 5 条; 流域地跨北京和河北的有 4 条, 分别是汤河、黑河、天河和红旗沟。其中, 流域全部位于北京境内的有 3 条, 分别是菜食河、琉璃河和庄户沟。潮河流域面积总计 6083km², 直接注入潮河干流的支流中, 流域面积超过 100km² 的总计 11 条, 其中, 流域全部位于河北省境内的有 10 条; 流域地跨北京和河北的仅安达木河 1 条。除潮河、白河外, 其他注入密云水库的河流流域面积总计 1007km², 628km² 在北京市境内, 这些河流集中分布在水库的北岸和东岸。其中, 流域面积在 10km² 以上的河流总计 8 条。流域面积最大的三条河流为清水河、白马关河和牤牛河, 流域面积分别为 536km²、228km² 和 128km²。其余河流流域面积仅为 12~31km²。

2. 官厅水库上游流域

官厅水库上游流域位于北纬 41°14.2′~38°51.0′和东经 112°8.3′~116°20.6′之间, 水库坝址控制流域面积 43402km², 占永定河流域总面积的 92.8%。流域地跨内蒙古、山西、河北和北京等省级行政区。流域四周群山环抱, 山、丘、川、盆地相间分布。其中, 山区、丘陵区和河川区面积分别占流域面积的 33%、37% 和 30%。

官厅水库上游流域属半干旱大陆性季风气候, 冬季干燥寒冷, 夏季炎热多雨, 春季干燥, 秋季冷暖适中, 多年平均气温为 8.0℃。官厅水库上游流域年降水量为 350~500mm, 多年平均降水量为 406mm。降雨时空分布极不均匀, 70%~80% 降雨量集中于汛期的 6—9 月。流域夏季降雨多以暴雨形式出现, 且以局部地区暴雨为主。流域的结冰时间较长, 初冰期约在 11 月底或 12 月初, 终冰期在翌年 3 月中下旬, 最大河心结冰厚度达 0.58m。

官厅水库上游主要有发源于山西省宁武县的桑干河和发源于内蒙古自治区兴和县的洋河, 以及发源于北京市延庆区的妫水河三条河流。洋河和桑干河与朱官屯汇合后称永定河, 其流域面积占官厅水库上游流域总面积的 91%。妫水河流域面积为 1063km², 全部位于北京市境内, 占官厅水库上游流域总面积的 2.5%。

官厅水库上游流域农业人口占 62.7%, 非农业人口占 37.3%。目前, 官厅水库上游流域已逐步形成以能源、机械制造、冶金、化工、轻纺、建材、酿酒、医药、食品工业为主导的门类较齐全的工业体系。农业除传统种植业外, 已初步形成葡萄、玉米种植、畜产品加工、错季蔬菜等支柱和特色产业, 成为新的经济增长点。

3. 雁栖河流域

雁栖河发源于怀柔八道沟乡,其总长度为 42.1km,是北台上水库的入库河流。雁栖河流域隶属于怀柔区雁栖镇管辖。雁栖河流域地势西北高东南低,海拔高度最高 1600m,最低 81m。雁栖河流域主要河流为长雁栖河和长园沟,由北而南蜿蜒汇入北台上水库,落差约 1500m,北台上水库以上流域面积 102km^2。

雁栖河流域南北狭长,以长城为界,70%处于长城以北的中部冷区,多年平均气温 9℃以下;30%处于长城以南为山前暖区,多年平均气温 11.9℃。流域多年平均降水量为 625～825mm,且每年的降雨量差异很大,6—8 月的降雨量占全年降雨总量约 80%。本地区风向以北风为主。流域地形属于低山丘陵区,山高坡陡、土层瘠薄,地形复杂,平均沟壑密度 2.7km/km^2,易发生水土流失。

雁栖河流域内共有莲花池、长园、官地、神堂峪、石片、交界河、八道河等 7 个行政村。自 20 世纪 90 年代初以来,流域内雁栖河干流和长园沟两条河流旅游产业迅猛发展,各类餐饮、休闲及娱乐类场所鳞次栉比。两条沟内建立了多个规模较大的度假村(山庄)、垂钓园、休闲俱乐部等;同时出现了大量以自然村居民居住地为依托发展起来的民俗接待户。为满足沿河两岸各类餐饮企业、渔场养鱼、休闲娱乐及景观用水需要,目前各用水单位均通过在河道拦河建坝/堤(堤高均为 1m 左右)以壅高河道水位。目前长园沟长约 8.5km 的河道内有超过 30 处以上的堰/堤,而雁栖河干流在不到 8km 的河沟内,就有超过 32 处堤/堰。

4.1.2　监测点选择

流域监测点的选择涵盖了不同空间尺度的流域。王万忠和焦菊英(1996)在黄土高原侵蚀产沙研究中,将面积小于 200km^2 的流域划分为小尺度流域,大中尺度流域单元面积平均为 2761.9km^2。美国国家环境保护署(EPA)(杨桂山 等,2004),将流域分为五级。以流域为单元的模拟、评估、评价等工作一般都在尺度最小的两级(watershed 和 sub-watershed)展开,面积小于 77.7km^2,尺度最大的一级流域(basin)面积大于 2589km^2(表 4.1-1)。基于上述划分方法,考虑到北京山区总面积仅 1.01 万 km^2,本研究将面积小于 100km^2 的流域划分为小尺度流域,将面积大于 1000km^2 的流域划分为大尺度流域,面积为 100～1000km^2 的流域为中尺度流域。

表 4.1-1   美国国家环境保护署流域评估的尺度划分标准

分类等级	名　　称	面积大小/km²
1	流域	2589~25890
2	子流域	258.9~2589
3	集水区	77.7~258.9
4	子集水区	2.6~77.7
5	集水单元	<2.6

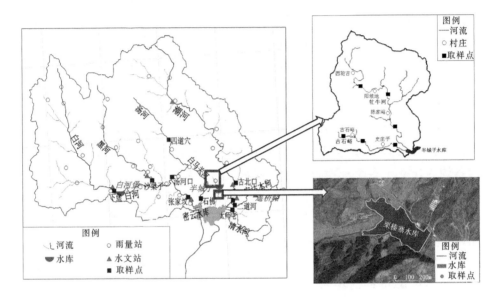

图 4.1-1 密云水库上游流域非点源污染监测点分布

流域非点源污染监测点布设情况具体如下。

1. 密云水库上游流域

选择监测点时，除了涵盖不同面积的流域外，还考虑了以下三方面因素：①为研究上游河流污染物密云水库水质影响，在白河、潮河、白马关河、牤牛河和清水河这五条河流注入密云水库处分别选择了一个采样点，共 5 个采样点（图 4.1-1）；②为了研究不同省区非点源污染差异，在北京与河北交界处选择 3 个采样点，分别位于白河干流、潮河干流、汤河接近省界的断面上；③为了分析小尺度流域内水体非点源污染状况，选择了半城子水库上游流域和栗榛寨水库上游流域，在其干流和支流开展监测，共 8 个采样点。同时，对于主要入库河流潮河和白河，分别在其主要支流安达木河、汤河汇入干流的断面上游，各选择 1 个采样点，所有采样点总计 18 个（表 4.1-2）。

表 4.1-2　　　　密云水库上游流域监测点基本情况

采 样 点				所属流域		
名称	控制面积/km²	纬度	经度	河流名称	河流级别	年降雨量/mm
下堡	4040	40°41′08.3″N	116°08′15.6″E	白河	1	485.8
张家坟	8506	40°37′50.3″N	116°46′09.7″E	白河	1	503.3
沙梁子	1600	40°43′30.4″N	116°28′03.8″E	黑河	2	556.3
汤河口	1257	40°43′47.4″N	116°37′59.4″E	汤河	2	428.5
四道穴	673	40°57′56.3″N	116°37′29.1″E	汤河	2	423.0
石佛	218	40°35′09.0″N	116°52′10.5″E	白马关河	2	586.0
古北口	5123	40°41′24.1″N	117°09′18.7″E	潮河	2	494.5
辛庄	6098	40°35′06.4″N	117°07′55.6″E	潮河	2	493.9
二道河	368	40°34′05.7″N	117°08′47.4″E	安达木河	3	739.0
太师屯	536	40°32′08.4″N	117°06′27.1″E	清水河	3	647.9
萝卜峪村	1.75	40°35′12.5″N	117°01′40.6″E	栗榛寨沟	3	647.9
栗榛寨村西	0.85	40°35′02.2″N	117°01′36.5″E	栗榛寨沟右支	4	677.0
桃园村下游	11.24	40°40′29.3″N	116°58′13.0″E	牤牛河	3	684.2
阳坡地村下游	25.76	40°39′54.7″N	116°59′38.1″E	牤牛河	3	698.1
陈家峪村下游	45.8	40°38′58.4″N	116°59′42.0″E	牤牛河	3	719.0
古石峪村上游	8.5	40°37′47.6″N	116°56′42.3″E	史庄子沟	4	715.5
古石峪村下游	12.44	40°37′35.1″N	116°58′14.9″E	史庄子沟	4	708.7
史庄子村下游	17.95	40°37′28.4″N	116°59′42.0″E	史庄子沟	4	485.8

　　半城子水库上游流域位于北京密云水库北部的牤牛河流域上游，属密云水库二级保护区，集水面积为 66.1km²。地貌为山地和低山丘陵，海拔为 250～800m，年平均气温 10.2℃，年均降雨量 669mm，6—8 月降雨量占全年降雨量的 75%。流域内有 6 个行政村，人口共 2000 余人，人类活动以农业生产活动为主。半城子水库流域主要有牤牛河（干流）、史庄子沟（支流）等河流，由北而南汇入半城子水库。流域内共布设 6 个采样点，3 个分别位于干流牤牛河的上、中和下游注入水库断面上游，3 个位于支流史庄子沟的上、中和下游（图 4.1-1）。

　　栗榛寨水库上游流域位于北京密云水库北部的栗榛寨沟流域上游，属密云水库二级保护区，集水面积为 2.47km²。地貌为山地和低山丘陵，海拔为 180～280m，年均降雨量 647mm，主要集中在 6—8月。栗榛寨村西部和萝卜峪村位于流域内，人类活动以农业生产活动为主。流域内主要河沟为栗榛寨沟（干流）和栗榛寨沟右支（支流），由西北至东南汇入栗榛寨水库。流域内共布设 2 个采样点，分别位于栗榛寨沟和栗榛寨沟右支汇入水库断面上游（图 4.1-1）。

2. 官厅水库上游流域

研究对注入官厅水库的永定河、妫水河、蔡家河、佛峪口沟和帮水峪河等 5 条河流开展非点源污染监测，明确其污染物入库状况，分析其污染负荷对于水库水质影响。选取监测点共 5 个（表 4.1-3），其中，4 个分别位于永定河、妫水河、蔡家河和帮水峪河注入官厅水库断面上游（图 4.1-2）。由于佛峪口沟自佛峪口水库以下河道长年无水，故在佛峪口沟注入佛峪口水库断面上游选取监测点。

表 4.1-3　　　　　　　　官厅水库上游流域监测点基本情况

采 样 点				所 属 流 域		
名称	控制面积 /km²	纬度	经度	河流名称	河流级别	年降雨量 /mm
八号桥	43402	40°21′18.78″	115°31′48.69″	永定河	0	436.8
幽径园	1062.9	40°27′4.31″	115°52′56.17″	妫水河	1	496.0
蔡家河桥	63.6	40°27′15.35″	115°52′36.41″	蔡家河	2	465.2
松山风景区	52.0	40°29′54.67″	115°48′44.58″	佛峪口沟	2	476.7
马营村	56.0	40°24′50.49″	115°52′16.02″	帮水峪河	2	470.0

图例
—— 河流
▨ 水库
● 取样点

图 4.1-2　官厅水库上游流域非点源污染监测点分布

3. 雁栖河流域

在雁栖河流域共选择 8 个采样点（表 4.1-4）。为明确北台上水库入库污染物状况，在雁栖河注入北台上水库断面选取 1 个采样点。在神堂峪自然风景区、官地-神堂峪民俗村和虹鳟鱼一条沟等 3 个不同类型的乡村旅游区上游和下游河流断面共选取 5 个采样点，分析不同旅游开发方式对于河流水质影响；其中，神堂峪自然风景区和官地-神堂峪民俗村均位于在雁栖河干流，前者以观光亲水旅游为主，后者餐饮住宿开发为主；虹鳟鱼一条沟位于长园沟，其为虹鳟鱼养殖、餐饮住宿、亲水娱乐的旅游综合开发。同时，在地表径流较为丰富的长园沟上游的莲花池村，选取了3个采样点（图4.1-3），明确河流污染物本底状况，分析虹鳟鱼养殖和居民生活排污对于河流源头水质的影响。

表 4.1-4　　　　　　　　雁栖河流域监测点基本情况

采样点				所属流域		
名称	控制面积/km²	纬度	经度	河流名称	河流级别	年降雨量/mm
交界河	55.72	40°27′57.38″	116°35′41.20″	雁栖河	3	671
神堂峪景区口	62.5	40°26′50.94″	116°37′03.18″	雁栖河	3	656
神龙湾	71.7	40°24′42.36″	116°38′ 10.68″	雁栖河	3	644
柏崖厂	99	40°24′41.73″	116°38′53.48″	雁栖河	3	619
长园沟右支	0.249	40°26′27.13″	116°34′29.65″	长园沟右支	5	671
莲花池村	2.92	40°26′29.58″	116°34′29.46″	长园沟	4	669
莲花池桥	5.07	40°26′17.10″	116°34′42.54″	长园沟	4	667
长园沟口	25.5	40°24′29.96″	116°37′29.38″	长园沟	4	660

图 4.1-3　雁栖河流域非点源污染监测点分布

4. 大气降水监测

为了明确大气降水中的污染物负荷，研究在密云水库上游流域的半城子村和石匣村，以及官厅水库大坝前和水库周边的卧牛山村等 4 个点采集大气降水样品，进行污染物监测。

4.1.3　监测方法

1. 样品采集

研究在上述监测点对应河流断面采集径流样品。各断面径流样品采集时间为雨季（6—9 月）每月的 1 日和 16 日；枯季（10 月至翌年 5 月）每隔 1 个月采集一次。在白河下堡断面，还采集了洪水径流样品。对于季节性河流，在来水期依据径流变化情况采集径流样品。大气降水样品主要在雨季采集。

2. 实验分析

对于降雨和径流样品，主要测定的污染物可分为营养物质和重金属两类（表 4.1 - 5）。测定营养物质为总氮（TN）、总磷（TP）、硝态氮（$NO_3^- - N$）、铵态氮（$NH_4^+ - N$）和高锰酸钾盐指数（COD_{Mn}）。具体测定方法为：pH 值测定采用玻璃电极法，TN 采用碱性过硫酸钾消解分光光度法（GB 11894—89），TP 采用钼酸铵分光光度法（GB 11893—89），$NO_3^- - N$ 采用紫外分光光度法（HJ/T 346—2007），$NH_4^+ - N$ 采用淀酚蓝比色法（王峰和李玉环，2002），COD_{Mn} 采用高锰酸钾氧化法测定（GB 11892—89）。对于降雨样品和官厅水库上游流域的径流样品，测定铁（Fe）、锰（Mn）、锌（Zn）、钡（Ba）、砷（As）等 5 种重金属含量。采用 ICP - AES 法测定其中 Fe、Mn、Zn、Ba 等重金属含量，采用原子荧光法测定 As 含量。

表 4.1 - 5　　　　　　　　　样 品 监 测 项 目

样品种类	采样时间	监 测 项 目
雨水样品	降雨时	pH 值、$NO_3^- - N$、$NH_4^+ - N$、TN、TP、COD_{Mn}、Fe、Mn、Zn、Ba、As
河流水库径流样品	每月定期和水位明显上涨时	含沙量、pH 值、$NO_3^- - N$、$NH_4^+ - N$、TN、TP、COD_{Mn} Fe、Mn、Zn、Ba、As（官厅水库上游流域）

4.2 流域非点源污染时空变化

4.2.1 水体污染物时间变化

4.2.1.1 污染物季节变化

1. 密云水库上游流域

观测期内，全年皆有水的断面水体污染物变差系数（C_v）见表 4.2 -1。各类水体营养物质季节变化幅度为 TP＞COD$_{Mn}$＞NH$_4^+$ - N＞TN＞NO$_3^-$ - N。河流水体 N 元素的变化幅度相对较小，各断面 TN 浓度的 C_v 值变化于 0.214～0.653 之间，平均仅为 0.394；N 元素中，NO$_3^-$ - N 和 NH$_4^+$ - N 浓度的 C_v 值平均为 0.344 和 0.431，变化幅度均不大。水体 COD$_{Mn}$ 浓度变化幅度大于 N 元素，各断面 C_v 值变化于 0.407～0.706 之间，平均为 0.498；水体 TP 浓度变化幅度最大，各断面 C_v 值变化于 0.594～0.800 之间，平均为 0.736。夏季水体中 TP 和 COD$_{Mn}$ 浓度为全年各季节中最高，其浓度在之后的秋、冬季逐步降低。而 TN 浓度的季节差异相对较小。

表 4.2 - 1　密云水库上游流域水体污染物季节变化的变差系数

采样点基本情况			水体污染物变差系数 C_v				
采样点	河流	控制面积/km²	TN	NO$_3^-$ - N	NH$_4^+$ - N	TP	COD$_{Mn}$
下堡	白河	4040	0.214	0.258	0.488	0.594	0.453
沙梁子	黑河	1680	0.340	0.336	0.498	0.723	0.483
汤河口	汤河	1257	0.237	0.229	0.398	0.719	0.575
四道穴	汤河	673	0.653	0.342	0.577	0.765	0.706
张家坟	白河	8506	0.378	0.350	0.374	0.678	0.407
石佛	白马关河	228	0.500	0.484	0.356	0.817	0.512
古北口	潮河	5123	0.343	0.289	0.368	0.772	0.466
辛庄	潮河	6098	0.427	0.265	0.419	0.755	0.512
太师屯	清水河	536	0.456	0.543	0.406	0.800	0.371
各取样点平均		15788	0.394	0.344	0.431	0.736	0.498

图 4.2 - 1 为各取样点不同季节水体污染物浓度差异。总体而言，各断面 TN 浓度季节差异相对较小。需要注意的是，秋季 TN 浓度为各季节最

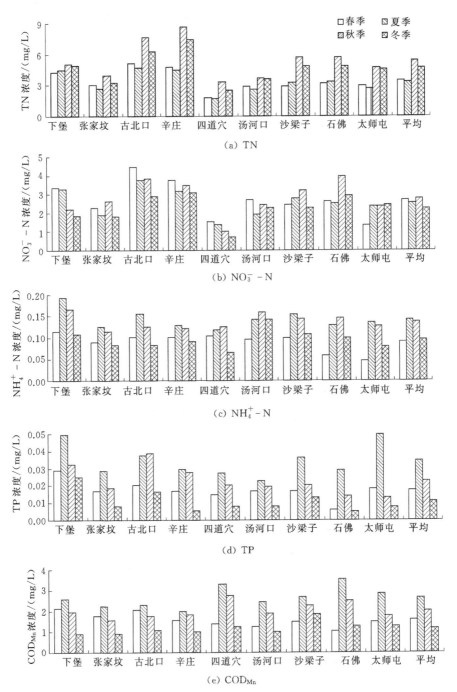

图 4.2-1　密云水库上游流域各取样点不同季节水体污染物浓度差异

高，造成这一现象的原因主要有两点：一是本区秋季河流补给主要以浅层地下水为主，其对土壤的淋溶作用相对于夏季地表径流更为充分，土壤中来自化肥、生活污水、畜禽粪便的 N 元素更易进入浅层地下水，使河流水体中 TN 含量增加；二是进入秋季后，河道径流量变化较为平稳，有利于河道及附近进行畜禽养殖，其排泄的营养物质进入水体后，由于流量明显低于夏季，其稀释作用减弱，也使得 TN 含量相应增高。同时，在秋冬季节，河流水体中 N 元素含量有可能因为水体温度低，抑制浮游植物对其生理吸收，而有所增加（Megis et al.，1999；Panno et al.，2008）。

不同形态 N 的季节变化特征又有所差异：$NH_4^+ - N$ 自雨季之后，其浓度逐步降低，可见由于土壤颗粒的吸附和硝化作用，地下水中的 $NH_4^+ - N$ 含量逐步降低。$NO_3^- - N$ 浓度的季节变化相对复杂。平均而言，各流域季节差异不大；但在不同流域，其变化趋势仍有差异。$NO_3^- - N$ 浓度变化受多种因素共同影响。$NO_3^- - N$ 可由 $NH_4^+ - N$、有机 N 等通过硝化作用转化而来，硝化反应的充分程度将影响其转化速率；同时河流水体中的浮游植物也可吸收 $NO_3^- - N$。

水体夏季 TP 和 COD_{Mn} 浓度为全年各季节中最高，其浓度在之后的秋、冬季逐步降低。各流域降雨量主要集中在夏季，平均占全年总量的69.5%，这一时期形成的大量地表径流进入河道后，水体 TP 和 COD_{Mn} 浓度较春季而言显著增加；而在之后的秋季和冬季，河流补给主要来源于地下水，河流水体 TP 和 COD_{Mn} 浓度有所降低。可见在降雨产流过程中，流域地表径流中 TP 和 COD_{Mn} 浓度高于地下径流。本书将通过分析不同水流和泥沙条件对水体营养物质浓度的影响，进一步揭示流域水体营养物质季节变化的原因。

2. 官厅水库上游流域

观测期内，全年皆有水的断面水体污染物浓度变差系数（C_V）见表4.2-2。整体而言，各类重金属浓度变化幅度比营养物质明显。水体中各类重金属含量的多寡除了受污染物排放量影响外，还受到流速、水温、泥沙含量等水文条件的影响，水体酸碱度、硬度等化学性质也对重金属含量变化有显著作用，因此其年内变化较营养物质更为明显。营养物质中，TP变化幅度更为明显，COD_{Mn} 变化幅度最小。

图 4.2-2 为各取样点不同季节水体污染物浓度差异。总体而言，不同类型污染物的季节变化特征存在显著差异。在冬季和春季，部分断面 TN、$NO_3^- - N$ 和 Fe 的浓度均高于其在夏、秋季的浓度。TP 和 As 的浓度在夏

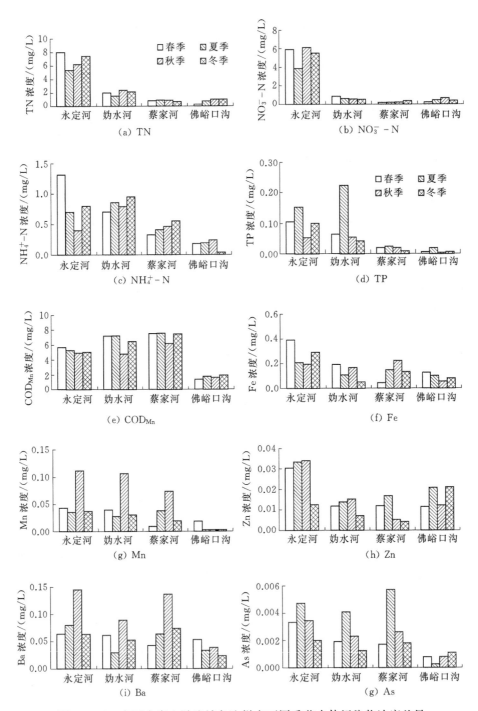

图 4.2-2　官厅水库上游流域各取样点不同季节水体污染物浓度差异

表 4.2-2　官厅水库上游流域水体污染物浓度季节变化的变差系数

河流	控制面积 /km²	水体污染物变差系数 C_V									
		TN	NO_3-N	NH_4^+-N	TP	COD_{Mn}	Fe	Mn	Zn	Ba	As
永定河	43402	0.436	0.486	0.626	0.891	0.243	0.933	0.731	0.891	0.518	0.489
妫水河	1062.9	0.533	0.772	0.485	0.830	0.294	0.919	1.038	0.768	0.545	0.622
蔡家河	63.6	0.367	0.630	0.320	0.662	0.162	0.993	0.733	1.196	0.491	0.860
佛峪口沟	52	0.553	0.593	0.539	1.070	0.261	0.825	1.926	0.831	0.470	1.386
入库平均		0.472	0.620	0.493	0.863	0.240	0.918	1.107	0.922	0.506	0.839

季最高，之后显著下降；Mn 和 Ba 的浓度在秋季最高；COD_{Mn} 的季节变化并不十分显著。永定河流域内水体污染物来源复杂多样，流域内水利工程对于地表径流调控作用较为显著，不同季节河道径流的主要来源地区可能存在显著差异。冬季和春季河道径流量较小，对于主要来源于点源排放的污染物，其稀释能力相对较弱；夏季暴雨可产生大量地表径流，其中泥沙和有机物颗粒含量相对较高，可为磷元素等污染物的迁移提供载体。监测期内，永定河上游水库雨季集蓄的径流主要在雨季结束后的秋季输送至官厅水库，此段时期内，河道径流中污染物状况为上游流域不同集水区内污染负荷特征共同作用的体现。

3. 雁栖河流域

观测期内，雁栖河流域水体污染物浓度变差系数（C_V）见表 4.2-3。整体而言，水体中 TN 和 NO_3^--N 变化幅度相对较大；COD_{Mn} 和 NH_4^+-N 变化幅度相对较小；雁栖河干流径流 TP 含量变化幅度较大。

表 4.2-3　　雁栖河流域水体污染物季节变化的变差系数

河流	控制面积/km²	水体污染物的变差系数 C_V				
		TN	NO_3^--N	NH_4^+-N	TP	COD_{Mn}
长园沟	25.5	0.513	0.582	0.537	0.320	0.268
雁栖河干流	71.7	0.528	0.752	0.304	0.728	0.454
北台上入库	99	0.495	0.839	0.266	0.525	0.321

图 4.2-3 为各条河流不同季节水体污染物浓度差异。除长园沟秋季 TN 浓度相对较高外，长园沟和雁栖河干流水体中 TN、NH_4^+-N 和 NO_3^--N 的冬春季节浓度整体高于夏秋季节浓度。流域内水体污染物重要来源为

生活污水和河道内鱼类养殖。冬、春季气温较低，污水处理工艺中生物脱氮效果相对较弱，加之河道径流量少，使得水体中氮元素含量有所增加。夏秋季为雁栖河流域旅游旺季，游客人数增加使得生活和餐饮污水排放量相应增加，但此时河道径流量也有所增加，对污染物有一定稀释作用。

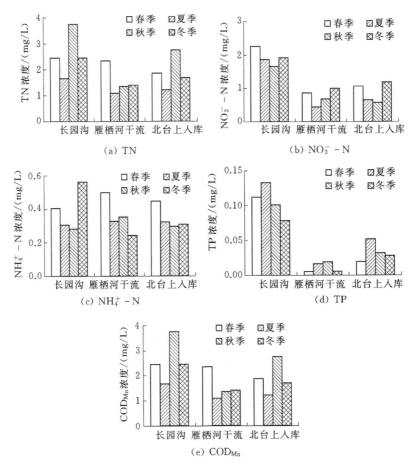

图 4.2-3　雁栖河流域各取样点不同季节水体污染物浓度差异

雁栖河流域水体 TP 浓度则是夏、秋季高于冬、春季。虽然监测期内雁栖河流域为少雨年，但雨季为数不多的暴雨径流过程可为磷元素的运移提供泥沙和有机质颗粒等载体，使得水体中 TP 浓度快速增加。以 2010 年 8 月 21 日降雨过程为例：该降雨过程流域面雨量为 36.5mm，降雨汇流过程结束后，雁栖河干流和长园沟水体 TP 浓度分别为降雨之前的 1.69 倍和 3.86 倍。

4.2.1.2 污染物年际变化

1. 密云水库上游流域

研究表明，自 20 世纪 50 年代以来，密云水库的入库径流量呈显著递减趋势。人类活动如土地利用变化、水库的拦截以及跨流域的水库补水是导致径流变化的主要原因。通过对流域内赤城县、丰宁县和滦平县的人类活动用水量的统计，发现 1985—2005 年间用水量呈增加趋势，总用水量从 0.02 亿 m^3 增加到 0.14 亿 m^3（李子君和李秀彬，2008）。流域用水量的增加，导致入库河流径流量减少。同时，密云水库上游流域自 1990 年至 2010 年，土地利用类型发生了显著转变，农田、草地和水体的面积分别减少了 30%、48% 和 61%，林地面积增加了 30%（李屹峰 等，2013）。由于林地相比农田和草地具有更强的径流拦蓄和水分蒸腾作用，导致地表径流量减少；而小流域的综合治理提高了植被覆盖率，增加了植被的截流量，因此植物截留量、土壤持水量及蒸散发量等的增大，使得径流量减少（王巧平 等，2009），与此同时，密云水库上游有共 26 座水库，总库容达 1.325 亿 m^3（高训宇 等，2013），水库会在一定程度上增加蒸发损失和渗漏量。除此之外，流域内水库向流域外调水，也在一定程度上减少径流。如白河流域的白河堡水库除承担防洪灌溉的功能外，还向流域外的官厅水库补水，平均每年补水量达 0.78 亿 m^3，向十三陵水库平均每年补水 0.1 亿 m^3。

由图 4.2-4 可见，随着流域内水土保持措施和水污染治理措施的实施，流域污染物负荷被逐步削减；加之入库径流量逐步递减，入库污染物负荷呈逐年递减趋势。其中，NH_4^+-N 和 TP 年负荷递减幅度较为显著，

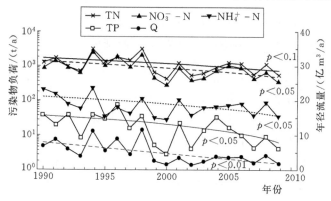

图 4.2-4 密云水库上游流域年径流量和污染物负荷年际变化

且均在 $p < 0.05$ 的线性水平上显著相关；$NO_3^- - N$ 和 TN 年负荷递减幅度并不显著。在地表污染物负荷削减的同时，大气降水中 NO_x 的浓度逐步增高，两者共同作用使得 $NO_3^- - N$ 和 TN 负荷的年际变化趋势更为复杂。

图 4.2-5 为中国气象局上甸子和半城子大气降水成分监测站测得的降水中 $NO_3^- - N$ 和 $NH_4^+ - N$ 浓度的年际变化。自 20 世纪 80 年代末以来，该站测得的大气降水中 $NO_3^- - N$ 浓度呈逐年递增趋势，$NH_4^+ - N$ 浓度则呈微弱的递减趋势，两者浓度之和的递增趋势则十分显著。据 Zhao 等 (2013) 测算，自 1995 年至 2010 年，我国 NO_x 的排放量从 11.0Mt 增至 26.1Mt，发电、工业生产和交通运输行业的排放量分别占总量的 28.4%、34.0% 和 25.4%。北京地区由于汽车保有量迅速增加（王德宣 等，2010）和农田氮肥过度施用（张颖 等，2006），致使大气氮素雨水沉降逐步增加，由此进入地表水体的 $NO_3^- - N$ 和 TN 总量也相应增加。

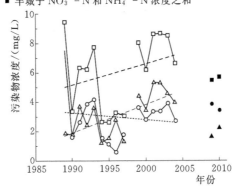

图 4.2-5　上甸子和半城子大气降水中 $NO_3^- - N$
和 $NH_4^+ - N$ 浓度的年际变化

本书搜集了密云水库上游潮河和白河的入库径流营养物质浓度资料，其为年平均值（薛新娟 等，2012）。由图 4.2-6 可见，潮河和白河入库径流中 $NO_3^- - N$ 和 TN 年平均浓度均呈显著递增趋势。除了大气 NO_x 雨水沉降的增长外，人类活动引起的流域内水循环过程的变化也是影响污染物浓度的重要原因。水土保持措施的实施影响着坡面汇流过程，增加了坡面水分的滞留时间；水库、塘坝的兴建影响着河道径流过程，增加了地表径流在河道的滞留时间；流域内用水量的增加，使得地表水体在接纳了生产生活活动产生的废水后，再进入河道。在此过程中，$NO_3^- - N$ 等形态稳定且溶解度较大的污染物进入河道径流的概率进一步增加，在径流量减少的情况下，其浓度逐步增加 ［图4.2-6 （a）、（b）］。同时，在气温相对较高

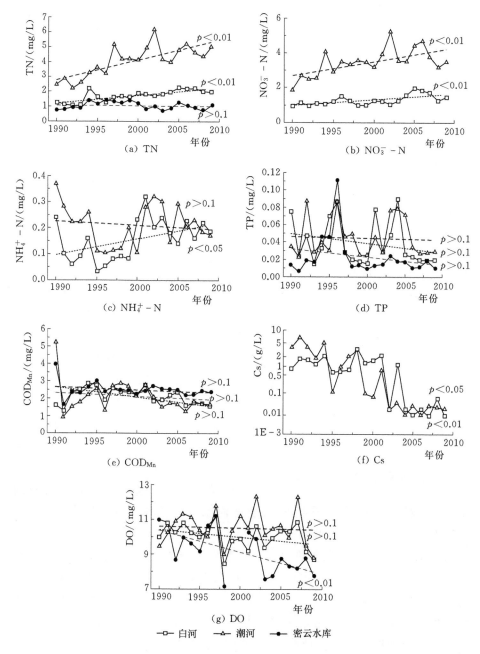

图 4.2-6 密云水库上游流域水体营养物质 （a～e）、径流
含沙量 （f）和可溶解氧 （g）的年际变化

的雨季，径流在地表滞留时间的增加有助于硝化作用的进行。与 $NO_3^- - N$ 相比，潮河流域 $NH_4^+ - N$ 浓度呈递减趋势，在白河流域呈递增趋势［图 4.2-6（c）］，其整体递增趋势并不显著。

已有研究表明，磷元素主要通过地表径流从流域输出；而在这一汇流过程中，磷元素需要以泥沙或有机物颗粒为吸附载体，实现自坡面经河道直至流域出口的迁移过程（Meyer et al.，1979；Ellison et al.，2006）。自 20 世纪 80 年代以来，密云水库上游流域水保措施的实施使得入库河流径流含沙量明显降低［图 4.2-6（f）］，表征水体有机物和还原性污染物的高锰酸钾盐指数［图 4.2-6（e）］也略呈减少趋势，因此可供磷元素迁移的载体也相应减少，白河和潮河入库径流 TP 浓度也逐年降低［图 4.2-6（d）］。入库河流水体中，溶解氧浓度呈缓慢减少的趋势［图 4.2-6（g）］。

2. 官厅水库上游流域

自 20 世纪 80 年代开始，随着上游及库区周边地区社会经济发展和城市规模扩大，大量的工业废水和城乡生活污水排入河道，官厅水库入库河流水体污染日益严重；加上水库上游来水量锐减，官厅水库入库河流中营养物质含量持续增加。20 世纪 90 年代初期，永定河入官厅水库断面 $NH_4^+ - N$、TP 和 COD_{Mn} 年平均含量分别为 20 世纪 80 年代初期的 22.63 倍、2.72 倍和 2.59 倍（图 4.2-7）。20 世纪 90 年代中期，水库有机污染的进一步加重，水体富营养化趋

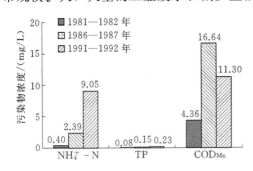

图 4.2-7　20 世纪 80—90 年代永定河
入官厅水库断面水质变化

势突出，枯水期水库水质甚至劣于地面水 V 类标准（梁涛 等，2001）。1997 年 5 月，官厅水库被迫退出北京市生活饮用水源地。

从 1998 年开始，水利部和北京市政府联合组织开展编制《21 世纪初期（2001—2005 年）首都水资源可持续利用规划》（以下简称《21 世纪规划》）工作。在编制规划过程中，调查、评价、摸清了官厅水库水量、水质现状和污染源情况，制定了 21 世纪初期官厅水库水环境的规划目标，提出水污染治理与水源保护对策，为官厅水库水环境的保护利用与开发决策提供了科学依据。规划中明确提出：建立官厅水库上游水资源重点保护

区，注重人口、资源、环境相协调，资源开发与节约保护并重。通过加快上游地区综合治理力度，控制水污染、水土流失和荒漠化，发展生态经济，增加大地植被，提高总生物产量；全面节水，保障供水，促进两库上游地区和首都经济及社会的可持续发展；并确定了污染物的规划削减目标。自 20 世纪 90 年代末以来，官厅水库上游地区在削减入库河流的污染排量、防治水污染方面做了大量工作，北京市、河北省、山西省密切协作，采取有效的措施，开展水环境综合治理，改善官厅水库的入库水质；并就此制订了永定河官厅水库上游水质改善工程总体规划。

位于桑干河流域的大同市全面实施"蓝天碧水工程"，不断加大治污力度，大力改善城乡生态环境质量。投资 7 亿元建成和改扩建东部污水处理厂（6 万 t/d）、西郊污水处理厂（5 万 t/d），开发区污水处理厂（3 万 t/d），加上 2007 年竣工的赵家小村污水处理厂（4 万 t/d），城市东部、西部和口泉一带的生活污水、工业污水基本上可以收回处理，污水处理能力可达到 62%。

位于洋河上游的张家口市投资 4.3 亿元建设了主城区（13 万 t/d）和宣化区（12.8 万 t/d）污水处理厂，2006 年已投入运行。另外总投资 2 亿多元的怀来（3 万 t/d）、涿鹿（2 万 t/d）、崇礼（8 可 t/d）污水处理厂也陆续建成投入运行。张家口市关闭了宣化造纸厂等 12 家重污染大中型企业，先后放弃了聚氨酯、磷氨、氰化钠等 10 余个工业项目，建设了 178 台（套）各类污水处理设施。共投入 8.3 亿元实施了 93 项污染治理工程，其中包括 6 个化肥厂的去除氨氮专项治理工程，目前治理项目已陆续完成并投入使用，逐步发挥其作用。洋河污染负荷已大幅降低：2000 年 NH_4^+ - N 年均值为 9.21mg/L，2015 年均值为 0.67mg/L，降幅高达 89.2%；2000 年 COD_{Mn} 年均值为 10.95mg/L，2015 年均值为 3.62mg/L，降幅高达 70.2%；TN 浓度从 2000 年均值 14.02mg/L，下降为 2015 年的 6.44mg/L，降幅达 54.1%；TP 浓度从 2000 年均值 0.39mg/L，下降为 2015 年的 0.23mg/L，降幅达 41.0%。

妫水河流域作为首都生态涵养发展区，在延庆县实施 ISO14001 环境管理体系，解决环境污染、资源浪费和生态破坏等问题，推进区域的可持续发展；实施了"保护母亲河——妫水河"行动，先后关闭了洗染厂、电镀厂等 14 家污染严重的工业企业；建设了县城污水处理厂（3 万 t/d）及八达岭特区、康庄镇等 15 个小型污水处理厂，使县城 95% 以上的生活污水和 100% 工业污水得到了有效治理。2004 年建成生活垃圾卫生填埋场，使县城及周边村镇的生活垃圾得到无害化处理；并进行了市政管道雨污分流改造，2006年雨污分流率达到70%，建成各类自然保护区12个，面积530.56km²，占全县面积的27%以上。被国家环保总局列为全国农村面源污染控制示范县。实施了畜禽粪便综合利用等六项工程，从源头上治理农药化肥、农业废弃物污染。

在近20年的流域水污染综合治理措施的作用下，官厅水库入库河流水质自21世纪初开始，出现了显著改善。永定河入官厅水库水体中各类营养物质含量总体明显降低（图4.2-8），仅$NO_3^- - N$含量有所增加［图4.2-8（b）］。由于没有该流域大气降水成分数据，其具体原因尚待进一步分析。妫水河入库水体中各类营养物质含量也整体呈递减趋势，只是递减幅度不如永定河流域明显。妫水河入库水体中COD_{Mn}在2003—2005年间显著增加，之后逐步递减。妫水河下游延庆城区多个人工水体的兴建可能在建成初期导致水流减缓，有机物积累；随着人工湖和湿地逐步发挥水体净化作用，其中有机物逐步被分解转化。

4.2.2　水体污染物空间变化

4.2.2.1　密云水库上游流域

按照入库径流量的多寡和入库位置，密云水库入库河流可分为潮河、白河和水库周边河流三大水系。潮河、白河和水库周边清水河、白马关河等河流入库水体TP和$NH_4^+ - N$浓度差别不大［图4.2-9（a）］。耕地是本区土壤流失量相对较大的土地利用类型；虽然潮河和白河上游耕地占土地总面积比重［图4.2-10（a）］相对较高，但是在下游这一比例明显降低，土壤流失量和入河泥沙量也相应减少，其携带入河的磷元素总量也相应降低。潮河流域人口密度［图4.2-10（b）］和氮肥单位面积施用量［图4.2-10（c）］高于其他流域，入库水体TN和$NO_3^- - N$浓度较高，年平均浓度分别为5.85mg/L和3.32mg/L，明显高于其他流域。水库周边河流入库水体COD_{Mn}浓度则高于潮河和白河［图4.2-9（a）］。由于观测期内白河流域径流量为水库上游径流总量的73.4%，故其水体营养物质在入库水体营养物质总量中占有较大比重，各类营养物质占入库总量比重变化于61.3%～73.7%之间，平均为70.2%。观测期内潮河流域径流量为水库上游径流总量的22.7%，水体各类营养物质占入库总量比重变化于20.6%～34.4%之间，平均为25.0%［图4.2-9（b）］。由于上游中小型水库的径流拦蓄作用，密云水库周边清水河、白马关河等河流入库径流量

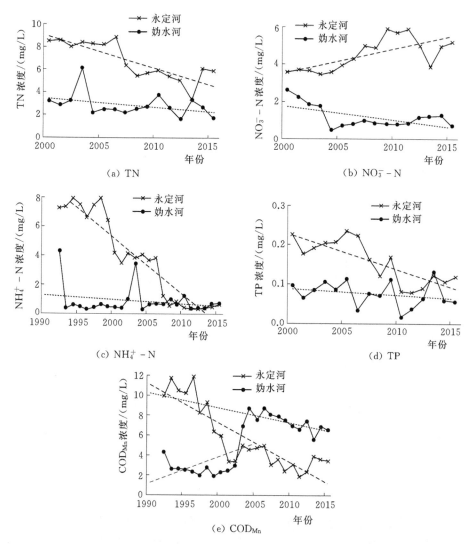

图 4.2-8 20世纪90年代以来官厅水库入库河流水质变化

仅占水库上游径流总量的 3.9%，水体各类营养物质占入库总量比重变化于 4.2%～5.8%之间，平均为 4.8%。

就不同省份而言，北京市由于更有效地实施了水源地环境保护政策，防治水土流失，控制工业点源排放，其境内水体营养物质浓度均低于河北省境内水体 [图 4.2-11 (a)]。北京境内水体年平均 TN 浓度比河北低 27.5%，TP 比河北低 25.7%，COD_{Mn} 比河北低 36.2%，$NO_3^- - N$ 比河北低 26.6%，$NH_4^+ - N$ 比河北低 42.9%，各类营养物质平均比河北低

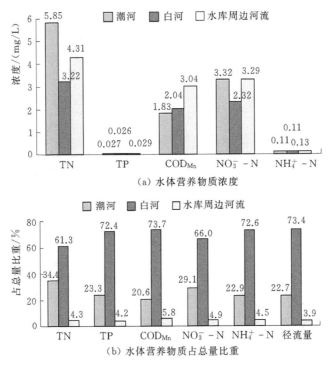

图 4.2 - 9　密云水库上游不同水系水体营养物质浓度及占总量比重

31.8％。观测期内河北境内径流量占水库上游径流总量 65.3％，各类营养物质占总量比重也相应较高，其占总量比重变化于 65.7％～74.4％，平均为 71.0％[图 4.2 - 11（b）]。北京境内水体营养物质占总量比重变化于 25.6％～34.3％，平均为 29.0％。

北京历来就是一个缺水的城市。自 20 世纪 70 年代以来，由于盲目超量开采，造成地下水水位大幅下降，使北京的缺水状况更为严重。为了缓和人民的生活用水问题，北京市政府决定把当时水源丰富而水质较好的密云、怀柔水库作为地表水源地。自 20 世纪 70 年代末开始，密云水库水污染防治工作逐步开展。其中，水库上游水土保持及小流域综合治理是成效较为显著的措施之一。

1979—1990 年，北京地区水土保持防治工作进入快速推进的时期。1980 年，依据国家农委华北五省水土保持工作座谈会和全国第四次水土保持工作会议的会议精神，各区县组织了水土保持工作协调小组，要求从过去单纯抓农田水利建设转到同时大抓水土保持，改善当地的植被。同时，经国务院批准，在历年的水利建设费中，可以有 10％～20％用于水土保

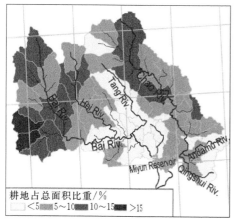
（a）耕地面积比重

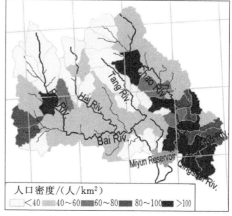
（b）人口密度

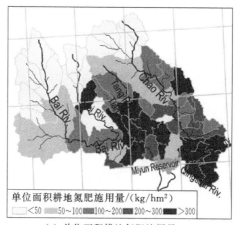
（c）单位面积耕地氮肥施用量

图 4.2-10   密云水库上游镇耕地占总面积比重、人口
密度和单位面积耕地氮肥施用量

持。1987 年，北京市水土保持工作协调小组召开第三次会议，对梯田、鱼
鳞坑、水平条、塘坝、阶坝等工程措施的技术要点，以及小流域治理规划
等审批程序做出明确规定。从而推动以小流域为单元的综合治理逐步走上
标准化。

1991—2004 年，水土保持防治工作迈上法制化、规模化的轨道。该阶
段以 1991 年颁布的《水土保持法》为依据，以科技为先导，以预防监督
和治理为手段，治山治水与脱贫致富相结合，由政府投资治理为主转向以
农民承包租赁四荒为基础的户包治理，确定农民的投资建设和经营四荒资
源的主体地位，治理保开发，开发促治理（杨进怀 等，2007），实现水保

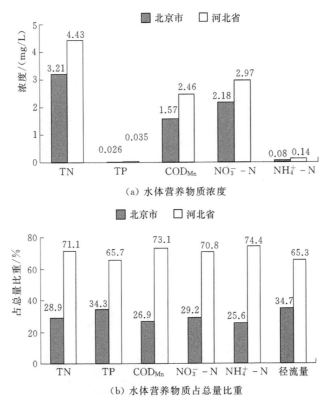

(a) 水体营养物质浓度

(b) 水体营养物质占总量比重

图 4.2-11　密云水库上游北京市和河北省水体营养
物质浓度 (a) 及占总量比重 (b)

投资多元化。

2004 年以来，北京提出了"生态清洁型"小流域的概念，开始重视土壤侵蚀造成的异地影响，将水土保持和非点源污染防治结合起来；在持续保护和恢复湿地，养育、保护山区植被的基础上，推行农业生态区建设，引入生态学管理思想，改进化肥、农药使用方法，增加有机肥投放，推广平衡施肥和秸秆还田技术，以提高化肥利用率，减少营养物质流失。进而将水生态环境及景观建设纳入小流域综合治理之中（毕小刚 等，2005）。

4.2.2.2　官厅水库上游流域

注入官厅水库的河流中，除了永定河和妫水河流域面积较大，其他河流流域面积均小于 $100km^2$。其中，佛峪口沟佛峪口水库以上为松山国家级自然保护区（表 2.1-2），仅有少量固定居民点。人类活动强度很低。蔡家河和帮水峪河分别为常年性和季节性河流，均流经多个村镇后，注入官厅水库妫水河库区上游。上述 3 个流域均为妫水河下游段一级支流，且流域面积十分接近。将蔡家河和帮水峪河水质与佛峪口沟水质进行对比，可直观反映本区人类活动对于河流水质的影响。

与佛峪口沟相比，蔡家河除了 $NO_3^- - N$ 年平均浓度略低外，其他营养物质浓度均明显高于佛峪口沟，年平均浓度为其 1.07～4.21 倍，平均为 2.03 倍（图 4.2-12）；帮水峪河各类营养物质浓度为佛峪口沟的 2.88～9.70 倍，平均为 5.28 倍；集中在雨季来水的帮水峪河地表径流中营养物质浓度更高。与佛峪口沟相比，蔡家河除 Zn 浓度略低外，其他重金属浓度为佛峪口沟的 1.79～8.80 倍，平均为 3.97 倍；帮水峪河各类重金属浓度为佛峪口沟的 1.12～5.83 倍，平均为 2.58 倍。

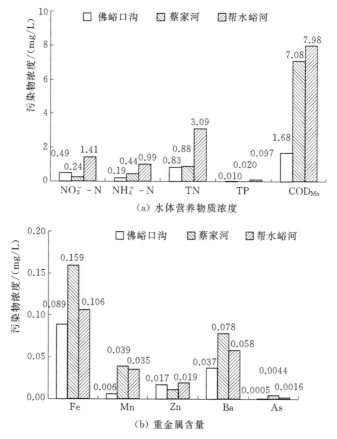

图 4.2-12　佛峪口沟、蔡家河和帮水峪河水体营养物质和重金属含量对比

本书将官厅水库上游流域不同省区水体污染物状况做了对比。北京市境内入库径流占官厅水库入库径流总量的 6.43%，各类污染物占入库总量

的比例变化于 0.93%～9.27% 之间, 平均为 4.82%。官厅水库入库污染物主要来自于永定河流域, 其主要位于河北省境内。其他省区和北京市境内入库水体的 NH_4^+-N 和 TP 浓度差别不大, 但其他省区入库水体中 NO_3^--N 和 TN 明显偏高, 分别为北京市水体的 7.45 倍和 3.33 倍 [图 4.2-13 (a)]。其他省区入库水体中, 各类重金属的含量比北京市高出 34.5%～137.5%, 平均高出 84.7% [图 4.2-13 (b)]。

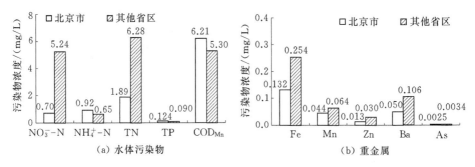

图 4.2-13　官厅水库上游流域北京市和其他省区境内污染物和重金属含量对比

近几十年来, 妫水河流域开展了农林、水利、水土保持相结合, 治坡、治沟相结合的流域综合治理工程, 修滞洪水库和支流水库, 引水漫灌, 加强河道治理, 植树造林, 梯田建设等措施, 使人工林地累计增加 28.75km^2, 旱田累计减少 17.25km^2 (刘玉明 等, 2012)。延庆区大力发展旅游业, 已建成 "夏都""妫水" 和 "江水" 三大滨河公园, 加大了城市绿地面积; 并在妫水河入官厅水库河段营造了人工湿地。上述措施均有效削减了进入水体的污染物负荷。

4.2.2.3　雁栖河流域

雁栖河流域是北京山区最早开展休闲旅游的流域之一。民俗旅游业的发展在当地农民走向致富的道路上起着重要的作用。本区乡村休闲旅游自 20 世纪 90 年代中期开始开展, 随着生态休闲旅游的不断升温, 乡村旅游渐渐成为周围农村发展自身经济的最佳选择。特别是在雁栖河干流的官地村, 全村约 80% 的农户搞起了民俗接待, 将山村带上了致富道路。为了实施雁栖 "不夜谷" 建设, 雁栖镇推出游神堂峪、观明古长城、赏雁栖夜景、吃虹鳟冷鱼、品不夜美酒等特色项目吸引时尚游客, 以促进当地旅游业的发展。当地农户除了进行一些基本的农业耕作以外, 大多以发展民俗旅游为主, 对雁栖河、长园沟的开发利用主要为旅游业服务。在滨水旅游区河段，各度假村既筑坝壅水发展水上娱乐活动，也有开辟河岸带进行沿河休闲活动；在流经村庄河段，村民既挖渠引河水灌溉农田，也在河内进行虹鳟鱼等食用鱼类养殖；在沿河调查的基础上，结合当地各种河溪利用方式的历史渊源和总体规划，可将雁栖河利用方式分为捕捞、耕作、村庄、养殖、修拦水坝、引水灌溉和近自然河段等 7 种方式（冯泽深 等，2008）。很多河段的河溪利用方式不止一种，例如一些度假村在筑坝壅水营造水体景观的基础上，建设一些小型的养鱼场，经营冷水鱼烧烤等餐饮业。

雁栖河流域乡村旅游可分为三个主要区域：神堂峪自然风景区、官地-神堂峪民俗村和虹鳟鱼一条沟。其中，神堂峪自然风景区和官地-神堂峪民俗村均位于在雁栖河干流，前者以观光亲水旅游为主，后者餐饮住宿开发为主；虹鳟鱼一条沟位于长园沟，其为虹鳟鱼养殖、餐饮住宿、亲水娱乐的旅游综合开发。在长园沟上游的莲花池村，长园沟右支常年有水，该河流水域主要用于虹鳟鱼养殖。将上述乡村旅游区与雁栖河干流和长园沟上游乡村旅游开发程度较低的村庄河流水质进行对比，可体现不同河溪利用方式对河流水质的影响。

由图 4.2 - 14 可见，长园沟上游村庄河流水体 TN 年平均浓度相对较高，但其下游虹鳟鱼一条沟水体 TN 浓度有所降低；在雁栖河干流，神堂峪-官地民俗村下游水体 TN 浓度也低于上游村庄。自长园沟上游村庄至下游虹鳟鱼一条沟，水体 COD_{Mn} 虽有所增加，但增幅并不明显。雁栖河干流 COD_{Mn} 略高于长园沟，不同河溪利用方式下 COD_{Mn} 差别不大，且其年平均浓度均可达到地表水环境质量标准对于 II 类水体的要求。为了实现流域生态和谐，促进经济和旅游业的可持续发展，怀柔区水务局于 2005 年

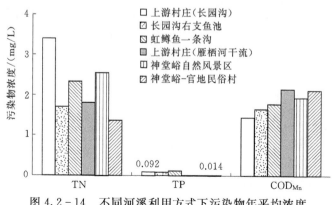

图 4.2 - 14　不同河溪利用方式下污染物年平均浓度

开始逐步实施清洁小流域建设工程。工程以构筑"生态修复、生态治理、生态保护"三道防线为中心，以保护水源为目的，治理水土流失；项目结合旧村改造和农村环境综合治理工作，实施生态治河，营造水景观，完善了农村供排水系统并安装小型污水处理设备，污水处理后达标排放并综合利用；实施和推广垃圾无害化处理管理体系建设，包括人员的配置、管理、垃圾袋的发放、车辆管理、制度建设等，最终实现垃圾分类专人回收、专车运送、集中处理，使垃圾从走出农户起就进行全封闭的无害化处理。上述水污染综合治理措施有效削减了乡村旅游区入河水体中污染物负荷。

需要注意的是，长园沟河流水体中 TP 浓度较高，其上游村庄、长园沟右支鱼池和虹鳟鱼一条沟的 TP 年平均浓度分别为 0.092mg/L、0.083mg/L 和 0.118mg/L。长园沟源头水体 TP 浓度较高是导致该河流水体磷元素偏高的重要原因。可见在进行流域乡村旅游开发时，保障河流源头水质十分重要。

4.2.3　影响水体污染物时空变化的主要因素

4.2.3.1　水体污染物季节变化影响因素

降雨量的多寡对于次降雨过程中污染物浓度变化存在一定影响，但其影响机制较为复杂。一方面，降雨对大气中的灰尘、气溶胶等颗粒物有淋洗作用，使部分污染物溶于大气降水之中；另一方面，雨量的增加可能使降雨中的污染物浓度被稀释。以磷元素为例，在半城子村，大气降水中的 TP 含量 (C_{TP}) 随次雨量 (P_r) 的增加而递增（图 4.2-15），两者呈极显著的幂函数递增关系 [式 (4.2-1)]，雨量和雨强的增加更易使大气中颗粒表面附着的 P 元素溶于降雨之中，使降水中 TP 含量增加。但随着雨量的增加，其对降雨中磷元素浓度有稀释作用。在其他采样点，两者呈极显著的幂函数递减关系 [式 (4.2-2)]。

$$C_{TP} = 0.0022 P_r^{0.641}, r^2 = 0.687, p < 0.01$$
$$(4.2-1)$$

$$C_{TP} = 0.050 P_r^{-0.578}, r^2 = 0.438, p < 0.01$$
$$(4.2-2)$$

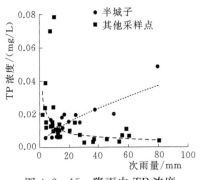

图 4.2-15　降雨中 TP 浓度与次雨量关系

降雨量的增加对于重金属浓度的

稀释作用更为明显。在石匣，降雨中 Zn 浓度（C_{Zn}）与 P_r 之间呈极显著指数函数递减关系［图 4.2-16（a）］；在官厅和卧牛山，降雨中 Fe 浓度（C_{Fe}）与 P_r 之间呈显著幂函数递减关系［图 4.2-16（b）］。两者函数关系式分别如式（4.2-3）和式（4.2-4）所示。

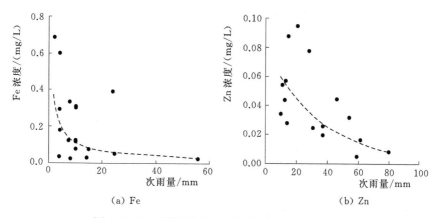

(a) Fe   (b) Zn

图 4.2-16 降雨中 Fe 和 Zn 浓度与次雨量关系

$$C_{Fe} = 0.0775\exp(-0.028P_r), r^2 = 0.523, p < 0.01 \qquad (4.2-3)$$

$$C_{Zn} = 0.615P_r^{-0.735}, r^2 = 0.263, p < 0.05 \qquad (4.2-4)$$

降雨过程中，除了降雨对大气污染物的淋洗和稀释作用外，雷电现象的发生可使大气中污染物发生化学反应，使污染物组分发生变化。由图 4.2-17 可见半城子村降水中 $NO_3^- - N$ 浓度 C_{NO_3}（mg/L）与次雨量 P_d（mm）呈显著的线性递增关系：

$$C_{NO_3} = 0.0359P_r + 0.626,$$

$$r^2 = 0.514, p < 0.05 \qquad (4.2-5)$$

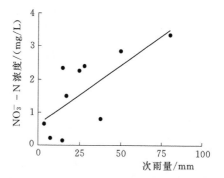

图 4.2-17 降雨中 $NO_3^- - N$ 浓度与次雨量关系

这主要是因为在夏季，处于迎风坡的半城子为强降雨中心，多伴有雷电过程，闪电作用可以将大气中的 N_2 转化为硝酸，溶解于降水之中，进而导致 $NO_3^- - N$ 含量的增加。其中涉及的化学反应为

$$N_2 + O_2 \xrightarrow{\text{通电}} 2NO \qquad (4.2-6)$$

$$2NO + O_2 \longrightarrow 2NO_2 \qquad (4.2-7)$$

$$3NO_2 + H_2O \longrightarrow 2HNO_3 + NO \qquad (4.2-8)$$

在密云水库上游流域具有逐日流量实测资料的5个断面，对各类营养物质浓度与断面日平均流量做了相关分析，并在水体含沙量相对较高，变化范围相对较大的下堡、古北口和沙梁子等3个断面，对水体各类营养物质浓度与水体含沙量做了相关分析。各断面水体TN、$NO_3^- - N$和$NH_4^+ - N$含量与流量和含沙量均无显著相关关系（表4.2-4），由于N元素活性较强，易于在水体中迁移，故水流条件和泥沙、有机物颗粒等迁移载体的状况对其浓度并无显著影响，这也使得河流水体中N元素浓度相对于其他营养物质而言，季节变化相对较小。

5个断面中，3个断面水体TP浓度与径流量呈极显著相关，1个呈显著相关（表4.2-4）。而在3个含沙量变化幅度相对较大的断面中，各断面水体TP浓度与含沙量均呈极显著相关；由此可体现迁移载体在P元素运移中发挥的重要作用。P元素在水体中迁移时，需要以泥沙或有机物颗粒作为载体，实现长距离运移。而河道流量较大时，其汇集了流域内大量地表径流，水体中泥沙和有机物颗粒含量均相应增加，使水体TP含量增高。这也使得降雨集中的夏季成为全年中水体TP含量最高的季节。在其他季节，由于地表径流和河道径流中泥沙含量明显降低，使得P元素在运移过程中缺少迁移载体，故水体TP含量明显降低。

表4.2-4　　　各断面营养物质浓度与日平均流量相关系数

取样点基本情况			水体营养物质浓度与日平均流量相关系数					水体营养物质浓度与径流含沙量相关系数				
名称	河流	控制面积/km²	$NO_3^- - N$	$NH_4^+ - N$	TN	TP	COD_{Mn}	$NO_3^- - N$	$NH_4^+ - N$	TN	TP	COD_{Mn}
下堡	白河	4040	−0.006	−0.252	−0.512	0.704**	0.769**	−0.094	−0.238	−0.219	0.698**	0.379
张家坟	白河	8506	0.417	−0.049	0.178	0.630*	0.89**	—	—	—	—	—
古北口	潮河	5123	−0.015	0.445	0.086	0.739**	0.698*	−0.165	0.417	−0.565	0.833**	0.684*
辛庄	潮河	6098	−0.002	0.163	−0.167	0.720**	0.576*	—	—	—	—	—
沙梁子	黑河	1600	0.320	−0.032	−0.055	0.515	0.720**	0.095	−0.066	−0.097	0.793**	0.608*

注：*、**分别表示在$p=0.05$和$p=0.01$水平上显著相关；—表示径流样品含沙量较低，作为自变量，其变化幅度较小，未分析其与水体营养物质浓度间相关系数。

位于白河流域的3个断面水体COD_{Mn}浓度与流量呈极显著正相关，位于潮河流域的2个断面水体COD_{Mn}浓度与流量呈显著正相关（表4.2-4）；在3个含沙量变化幅度相对较大的断面中，仅古北口和沙梁子的COD_{Mn}浓度与含沙量呈显著正相关。可见水体流量是影响其COD_{Mn}浓度年内变化的重要因素。

但是，在河道径流量较大时，上述 TP 浓度（C_{TP}）和 COD_{Mn} 浓度（C_{COD}）与流量（Q）之间的变化关系更为复杂。在下堡断面，常规取样时，河道径流量基本在 $7m^3/s$ 以下；在 2009 年 7 月 19 日洪水过程中，断面流量变化为 $7\sim12m^3/s$。上述样品 TP 和 COD_{Mn} 浓度与流量之间均呈显著的线性递增关系：

$$C_{TP}=0.007Q+0.023(r^2=0.440, p<0.01) \qquad (4.2-9)$$

$$C_{COD}=0.576Q+1.818(r^2=0.464, p<0.01) \qquad (4.2-10)$$

在 2008 年 8 月 11 日的洪水径流过程中，河道径流量多在 $12m^3/s$ 以上，洪峰流量达 $34.5m^3/s$。虽然在本次洪水径流过程中，TP 和 COD_{Mn} 浓度与流量之间仍呈线性递增关系，其中，TP 浓度与流量之间仍呈线性递增关系并不显著，而 COD_{Mn} 浓度与流量之间线性递增关系较为显著（图4.2-18）。但是，两者递增速率明显小于径流量小于 $12m^3/s$ 时的径流样品，可能是因为流量较大时水流具有稀释作用。

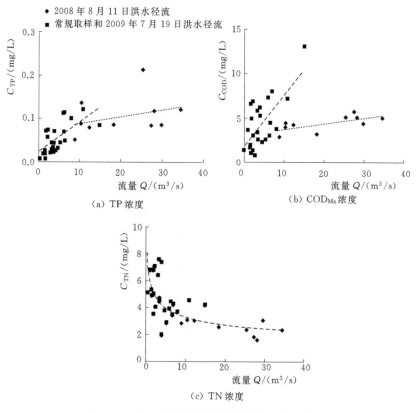

图 4.2-18 下堡断面水体污染物与流量关系

$$C_{\mathrm{TP}}=0.002Q+0.073(r^2=0.109) \qquad (4.2-11)$$

$$C_{\mathrm{COD}}=0.061Q+3.128(r^2=0.420,p<0.05) \qquad (4.2-12)$$

流量和径流含沙量是影响河流水体营养物质浓度季节变化的重要因素。河流水体 COD_{Mn} 浓度与流量呈显著正相关，水体 TP 浓度与含沙量和流量均呈显著正相关；在河道径流量较大时，虽然 TP 和 COD_{Mn} 浓度与流量之间仍呈线性递增关系，但其递增速率明显小于径流量较小时。需要注意的是，在断面流量大于 $10\mathrm{m}^3/\mathrm{s}$ 时，水流对水体 TN 浓度稀释作用较为显著［图 4.2-18（c）］水体 $NO_3^- -N$ 和 $NH_4^+ -N$ 浓度与流量或含沙量均无显著相关关系。

4.2.3.2　水体营养物质浓度空间变化影响因素

1. 密云水库上游流域

（1）自然因素的影响。监测期内，各流域年降水量变化于 $422.1\sim$ $739.0\mathrm{mm}$，存在一定差异。然而，降水的多寡对各流域营养物质浓度的差异并未产生显著的影响。相对而言，流域下垫面差异则对其存在一定影响。由图 4.2-19 可见，除 TP 外，$NO_3^- -N$、$NH_4^+ -N$、TN 和 COD_{Mn} 年平均浓度均随流域面积的增加呈递减趋势。就数据点分布而言，TN 和 $NO_3^- -N$ 年平均浓度随流域面积递减趋势并不显著，仅呈现小尺度流域高于大中尺度流域的整体趋势。$NH_4^+ -N$（$C_{\mathrm{NH_4}}$）和 COD_{Mn} 的年平均浓度（C_{COD}）则随着流域面积（S）的增加，呈显著的幂函数递减趋势：

$$C_{\mathrm{NH_4}}=0.311S^{-0.118},r^2=0.623,p<0.01 \qquad (4.2-13)$$

$$C_{\mathrm{COD}}=4.205S^{-0.173},r^2=0.525,p<0.01 \qquad (4.2-14)$$

COD_{Mn} 是表示水体中有机物和还原性无机物含量高低的指标。由于有机物大多不易溶于水，因此，在随河道径流迁移的过程中，各类有机物或是悬浮于水面，容易附着在河岸上，挥发扩散至大气中；或是逐渐沉降于水体底部，进入河道或池塘底部的淤泥，故其含量随着迁移时间的增长和迁移距离的增加而逐步降低。密云水库上游流域河道较宽且切割较浅，使得河道水体与空气接触面积大，水体中的还原性物质易与大气中的氧气充分接触，发生氧化反应，故其含量也因迁移距离的增加而逐步降低。在全年有水的断面，这一变化趋势在雨季更为显著：

$$C_{\mathrm{COD-WET}}=9.043S^{-0.173},r^2=0.613,p<0.01 \qquad (4.2-15)$$

其中，$C_{\mathrm{COD-WET}}$ 为雨季 COD_{Mn} 平均浓度。在枯水期，无论是干流还是支流河道，河道水体流速均比较缓慢，使其中有机物和还原物质的迁移时间明显增加；且此时水温较低，使上述物质溶解度进一步下降，在到达流域出

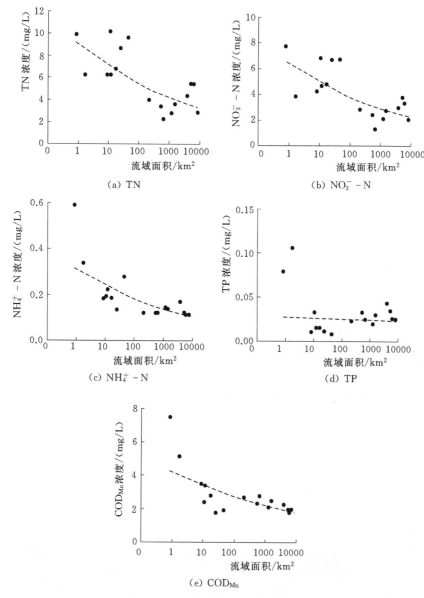

图 4.2-19 密云水库上游流域污染物浓度与流域面积关系

口之前，更易发生挥发或沉降。故在全年有水的河流，河流水体 COD_{Mn} 浓度均明显低于雨季。但值得注意的是，此段时期各流域 COD_{Mn} 平均浓度之间差别不大（图 4.2-20），并未因流域面积增大，呈现显著递减趋势。表明河道中的有机物和还原性物质可能在经过较长时间的迁移后，含量趋于稳定。

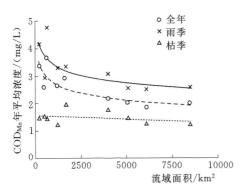

图 4.2 - 20　雨季和枯季水体 COD$_{Mn}$
浓度与流域面积关系

河流水体中 NH_4^+ - N 自支流向干流迁移过程中，由于硝化作用等氮元素的不同形态转化过程，使得其浓度逐渐降低，其含量逐步达到相对稳定。

相对 COD$_{Mn}$ 而言，TP 的年平均浓度（C_{TP}）与流域面积（S）的变化无显著联系，C_{TP} 并未随 S 的增加呈明显的增加或递减趋势。表明在 P 元素自坡面经河道直至流域出口的迁移过程中，迁移距离对其没有显著影响。在土壤环境中，P 的可溶性是有限的，易与其他离子结合，形成一些不可溶的化合物从土壤溶液中沉淀。这些特性使得磷在土壤表面累积，从而易于地表径流的传输。研究表明，P 主要通过地表径流从流域输出；而在这一汇流过程中，P 元素需要以泥沙颗粒为吸附载体，实现自坡面经河道直至流域出口的迁移过程（Meyer et al.，1979；Ellison et al.，2006）。对于全年来水的河流，水体 TP 年平均浓度（C_{TP}）与径流中泥沙年平均含量（C_S）呈显著的线性关系（图 4.2 - 21）。在雨季，其补给多来自地表径流，两者线性关系更为显著（图 4.2 - 22）。

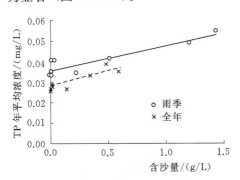

图 4.2 - 21　雨季和枯季水体
TP 浓度与泥沙含量关系

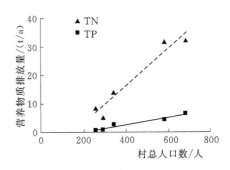

图 4.2 - 22　半城子水库流域各行政村
TN 和 TP 排放总量与人口数量关系

$$C_{TP} = 0.0149C_S + 0.0281, r^2 = 0.576 \qquad (4.2 - 16)$$
$$C_{TP\text{-WET}} = 0.0123C_{S\text{-WET}} + 0.0352, r^2 = 0.814 \qquad (4.2 - 17)$$

式中：$C_{TP\text{-WET}}$ 为流域雨季 TP 平均浓度；$C_{S\text{-WET}}$ 为雨季径流泥沙含量。

（2）人类活动影响。依据半城子水库流域 5 个自然村非点源污染调查资料，本书分别推算了来自生活污水、耕地化肥施用和牲畜粪便的营养物质的总量（表 4.2 - 5）。虽然各行政村排放的营养物质来源构成有所差异，但行政村 TN 和 TP 的排放总量（M_{TN}，M_{TP}）均与村人口总数（P_O）呈极显著的线性递增关系（图 4.2 - 22）。

$$M_{TN} = 0.065 P_O - 9.468, r^2 = 0.932 \qquad (4.2 - 18)$$

$$M_{TP} = 0.012 P_O - 2.275, r^2 = 0.925 \qquad (4.2 - 19)$$

表 4.2 - 5　半城子水库流域不同类型污染源营养物质排放总量

行政村	总人口/人	TN 排放量/(t/a)				TP 排放量/(t/a)			
		洗涤污水	牲畜粪便	化肥施用	总计	洗涤污水	牲畜粪便	化肥施用	总计
史庄子	292	0.063	3.282	1.863	5.208	0.007	0.540	0.216	0.762
古石峪	255	0.041	3.049	5.424	8.513	0.005	0.456	0.295	0.756
阳坡地	581	0.259	21.935	9.647	31.841	0.029	3.327	0.688	4.044
西坨古	686	0.129	8.255	23.697	32.081	0.014	1.977	4.494	6.485
陈家峪	338	0.043	8.529	5.603	14.175	0.005	1.433	1.270	2.708
流域总计	2152	0.534	45.049	46.234	91.817	0.059	7.733	6.964	14.756

由此表明随着人口数量的增长，农业耕作和畜禽养殖活动相应增多，生活污水排放也因此增加，造成营养物质排放总量相应增加。

人类活动在增加进入水体的营养物质总量的同时，也为营养物质的迁移提供了更多载体。流域下垫面植被覆盖的差异易造成土壤侵蚀状况出现显著差别。耕地面积比重更高的流域，水土流失状况更为严重，河流泥沙含量更高，使得水体 TP 含量增加。各流域 TP 的年平均浓度（C_{TP}）随着耕地占流域总面积比重（R_C）的增大而递增，两者呈显著的线性关系（图 4.2 - 23）。

$$C_{TP} = 0.0040 R_C + 0.0108, r^2 = 0.629, p < 0.01 \qquad (4.2 - 20)$$

对于全年来水的河流，在耕地土壤流失较为集中的雨季，两者线性关系更为显著（图 4.2 - 24）。

$$C_{TP\text{-}WET} = 0.0018 R_C + 0.028, r^2 = 0.690, p < 0.01 \qquad (4.2 - 21)$$

表明坡面产生的泥沙进入河道后，将成为运移 P 元素的重要载体。可见，水土保持措施的实施，在减少水体泥沙的同时，也可防止更多的 P 元素经上游河道迁移至密云水库中，对于减缓水体的富营养化进程，具有重要的作用。

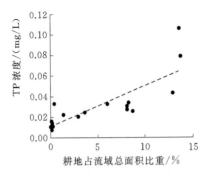

图 4.2-23　流域 TP 年平均浓度
与耕地占流域总面积比重关系

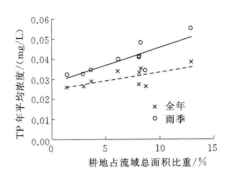

图 4.2-24　雨季和全年水体 TP 浓度
与耕地占流域总面积比重关系

2. 雁栖河流域

自 20 世纪 90 年代以来，为发展京郊农村经济，同时响应新农村发展战略，雁栖河流域依托自身地理位置、自然环境和人文特色，成功开发了乡村旅游产业链条，包括旅游观光、休闲娱乐与度假、餐饮、渔业养殖等项目，形成了"雁栖不夜谷""虹鳟鱼一条沟"等连片特色景点，吸引了以北京城区为主，来自四面八方的游客。乡村旅游业的迅速发展为流域经济发展和民生改善做出了巨大贡献，成为拉动地方经济的重要产业。但是，流域乡村旅游开发缺乏统一规划管理，旅游资源长期呈无序开发状态（段红祥，2015），逐步引发水环境问题。已有研究表明，鱼类养殖已成为流域水体污染物最主要来源（蒋艳 等，2013）。各子流域鱼池需水量占河道径流总量比重（Q_f/Q）随人口密度（D_p）的增加，呈显著线性递增关系 ［图 4.2-25 (a)］。

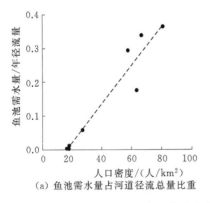

（a）鱼池需水量占河道径流总量比重

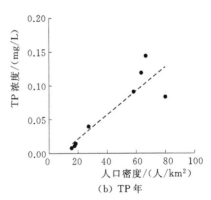

（b）TP 年

图 4.2-25　人口密度与鱼池需水量占河道径流总量
比重和 TP 年平均浓度关系

$$Q_f/Q = 0.0057D_p - 0.093, r^2 = 0.912, p < 0.01 \qquad (4.2-22)$$

在人口集中的村庄，为了增加经济收入，鱼池养殖的规模进一步扩大，鱼池排出的水体对于河流水质影响更为显著。同时，餐饮住宿等民俗旅游户规模也相应扩大，增加了水体污染负荷。各子流域 TP 年平均浓度与人口密度呈显著线性递增关系［图 4.2 - 25 (b)］。

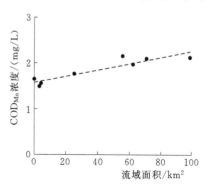

图 4.2 - 26　雁栖河流域水体 COD_{Mn} 浓度与流域面积关系

$$C_{TP} = 0.0018D_p - 0.014,$$
$$r^2 = 0.786, p < 0.01 \qquad (4.2-23)$$

自流域上游至下游，COD_{Mn} 年平均浓度随着流域面积增加而缓慢递增，但递增幅度并不显著（图 4.2 - 26）。

$$C_{COD} = 0.0068S + 1.567, r^2 = 0.817, p < 0.01 \qquad (4.2-24)$$

4.3　污染物来源分析

4.3.1　污染物来源分析方法综述

在流域污染物来源分析中，常用的方法为模型计算、同位素示踪、污染分割等。

（1）模型计算。自 20 世纪 70 年代以来，大量的数学模型被用于非点源污染计算，其中既有基于统计关系建立的经验模型，也有描述非点源污染发生连续过程的机理模型。机理模型基于非点源污染产生和迁移转换过程的分析，综合了水文模型、土壤侵蚀模型和污染物迁移转化模型，形成了相对完整的系统模型。机理模型在模型校验的前提下，可模拟非点源污染的机理过程，计算各类污染物负荷，其优势在于计算时间序列强、时空分布特征清晰。然而，对于特定研究的模型选择，并非越复杂越好。应选择能实现研究目标，且能充分利用可获得的现有资料的最简单的模型进行非点源污染模拟研究（王晓燕，2011）。

模型的应用离不开大量的野外试验和监测数据支持，这方面已有学者开展了不少工作，积累了大量的监测数据。目前机理模型所需要的数据涉及水文、气象、土壤、土地利用、化学物质、管理等多个环节，所需数据量日益增多，应用这些模型前建立驱动模型的数据库工作量也不断增加；且这些模型所需资料虽有较大的一致性，但其驱动数据库结构和格式却有很大不同。因此，成功应用非点源污染机理模型，仍需投入大量的人力物力，所需成本较高。

（2）同位素示踪。同位素示踪技术已被广泛应用于污染物环境行为研究中。许多研究表明，硝酸中 $\delta^{15}N$ 和 $\delta^{18}O$ 双同位素示踪技术是研究地下水和地表水污染的一种重要的途径（Mayer，2002；鲁根涛 等，2016）。王开然等（2014）通过硝酸中 ^{15}N 和 ^{18}O 确定了桂林东区岩溶含水层的氮污染特征及其迁移转化过程，结果表明该区地下水硝酸盐来源主要为家畜粪便和生活污水，部分为土壤有机氮和化肥的混合，地下水体系中发生了微生物的硝化作用，产生了同位素分馏，但反硝化作用并不明显，存在空间差异性。李清光和王仕禄（2012）采用氮氧同位素示踪研究了滇池流域硝酸盐的污染，结果表明，滇池水体的硝酸盐主要来自城市生活污水、农业面源和大气输入，在南部地区，硝酸盐可通过地下水进入湖泊。Johannsen 等（2008）研究了流入北海的 5 条德国河流中硝酸盐的污染源，并确定了河流对德国湾硝酸盐的贡献率，结果表明河流中的硝酸盐主要来源于污灌和农家肥的使用，且同化作用是造成硝酸盐中同位素分馏的主要原因。Spoelstra 等（2001）根据 $^{15}N/^{14}N$ 和 $^{18}O/^{16}O$ 比值确定了土耳其地表水和地下水中土壤硝化细菌和大气降水对硝酸盐输出的贡献率。结果表明，平均 65% 的无机氮富集，而微生物的硝化作用是硝酸盐输出的主要原因．硝酸盐中 $\delta^{15}N$ 和 $\delta^{18}O$ 双同位素示踪技术在我国和其他地区被广泛应用，但是该示踪技术仅能使用分析某些特定污染物的来源分析；而流域非点源污染物种类复杂多样，此方法在应用对象方面尚存在局限性。

（3）污染分割。一般情况下，汛期河道径流由地面径流 Q_S、地下径流 Q_G 和壤中流 Q_W 组成。即 $Q_{汛期}＝Q_S＋Q_G＋Q_W$。而在非汛期（或流域经历雨季一段时间后），由降水引起的壤中流和地表径流已基本补给完毕，此时地下径流 Q_G 即为非汛期径流量或枯季径流量，即 $Q_{非汛期}＝Q_G$。

降雨径流的冲刷是产生非点源污染的原动力，降雨径流又是非点源污染物的载体。如果没有地表径流的产生，非点源污染物就很难进入受纳水体。因此，可以认为非点源污染主要是由汛期地表径流引起的，而枯水季节的水质污染主要是由点源污染引起的。点源污染负荷相对比较稳定，可通过实测枯季流量 $Q_{非汛期}$ 乘以枯季污染物浓度 $C_{非汛期}$ 求得；汛期总的污染负荷，可通过实测汛期流量 $Q_{汛期}$ 和汛期污染物浓度 $C_{汛期}$ 求得；两者之差即为汛期产生的非点源污染负荷。

污染分割法以流域出口断面的径流、水质及径流在年内的分配为基础，进行流域的点源污染负荷和非点源污染负荷分割，属于水文学方法，机理明确，资料易得。但是，如何依据流域降雨径流特征，合理分割径流过程线，是影响该方法精确度的重要因素。

4.3.2 分析方法

研究拟采用改进的污染分割法，结合流域非点源污染调查，分析污染物来源。视取样前后一周河流断面水体污染物含量保持不变，则由污染物浓度和对应水文站点测得的逐日径流量，推算每日经过断面的营养物质总量。研究依据一年内不同时期降雨和径流特征，分割流量过程线，分析进入河道水体的污染物来源。

首先，确定各流域河川基流量，即点源污染所对应的径流量。如果分割本区河川基流量时，采用枯季径流法（直线平割法），以年内几个月径流量的最小平均值为基准，平行切割全年径流量，则直线以下部分即为河川基流量。该方法最大的缺陷是在进行基流分割时，缺乏严格的理论依据，操作上的人为性和随意性较大，故其可靠性受到质疑（黄国如和陈永勤，2005；林学钰 等，2009）。为了解决这一问题，本书采用基流指数（Base Flow Index，BFI）法推算流域基流量（K. Wahl et al.，2000）。该方法是在年内日流量过程图上，将年内流量过程按给定间隔时间（5d）分割成 71 个时间段，确定每个时间段中流量最小值；然后与相邻时间段流量最小值进行比较，如果该流量的最小值与拐点检验因子的积（0.9）小于相邻时间段的最小流量值，则可确定该点为拐点；重复此过程，在流量过程线图上确定出所有拐点，将拐点进行连线；在分割图上，连线以下的面积即是要计算的基流量。

其次，确定点源污染所对应的水体污染物浓度。考虑到河流冰冻时，河道内无畜禽养殖，降水稀少，可视水体污染物仅来自深层地下水和点源污染。这样，可利用式（4.3-1）推算全年来自点源污染和深层地下水的污染物：

$$A_P = C_P Q_P \tag{4.3-1}$$

式中：A_P 为某一流域全年来自于点源污染和深层地下水的污染物的总量，kg；C_P 为点源污染所对应的污染物浓度，kg/m^3；Q_P 为划分的年基流量，m^3。

之后，依据逐次监测所得的水体中污染物浓度和流域逐日径流量，获得流域全年污染物总量 A （kg），减去上述来自点源和深层地下水污染物的量，则可推算来自非点源污染的污染物总量 A_N （kg）。

$$A_N = A - A_P \tag{4.3-2}$$

在此基础上，本书确定各流域来自点源和非点源污染的水体污染物在全年总量中所占比重，并分析降水和人类活动对上述来源构成的影响。

实际上，人类活动造成点源污染可能有一部分沉积在河床里，随激增流量进入水库。但是，本区河流流经山区，河床比降较大，且水流流速较快，含沙量低，以密云水库上游为例，监测期内潮河平均含沙量仅为 0.312g/L，白河仅为 0.307g/L，使污染物不易随泥沙沉积入河床，故本书未对沉积在河床中的污染物在总量中所占比例进行讨论。

4.3.3 水体污染物来源构成

4.3.3.1 密云入库水体污染物来源

密云水库上游流域地跨河北省和北京市，包括河北省的丰宁、滦平、兴隆、沽源、赤城以及北京市的延庆、怀柔、密云等总计8县（区），共104乡镇。其中，北京市占有 3878km²，占流域总面积的 24.6%；河北省占有 11910km²，占流域总面积的 75.4%。本区人口总计 84 万人，人口密度为 53.2 人/km²；乡镇从业人员中约 52.3% 从事农业生产。

就产业结构而言，本区工业生产属欠发达地区，工业技术水平落后，管理水平低，发展不平衡，没有大型支柱企业，只有一些采矿业有所发展。近年来，由于密云水库水源地保护的措施和政策，流域内工业企业的数目进一步受到限制。农业已成为水源地保护区居民经济收入的重要来源。以北京境内的怀柔区、密云区和延庆区为例，根据 2016 年统计年鉴数据，各区畜牧业养殖都比较发达，畜牧业总产值占本区农业总产值比重为 34.0%~52.0%，平均为 40.6%（表 4.3-1）；种植业产值在农业总产值中也占有相当高的比重，各区县为 29.4%~46.4%，平均为 39.1%；两者所占比重之和达 79.7%。对于当地居民而言，粮食种植和畜禽养殖已成为家庭收入重要来源。

在收集密云水库上游流域人类生产活动资料的基础上，本节对水体污染物的主要来源做了分析。其中，生活污水污染物量依据污水排放量和其中污染物浓度计算；畜禽养殖污染物排放量依据不同种类畜禽的污染物排放量（表 4.3-2）分别计算；化肥中的 N 和 P 为折纯量。结果表明，由于自 20 世纪 80 年代以来，本区工业生产规模逐步得到有效控制，产生的

4.3 污染物来源分析

表 4.3-1　密云水库上游流域相关区农业产值状况（2016 年）

行政区	产值/万元						占总量比例/%				
	农业	林业	牧业	渔业	农林牧渔服务业	总计	种植业	林业	畜牧业	渔业	农林牧渔服务业
怀柔	48603	43214	51881	7884	882	152464	31.9	28.3	34.0	5.2	0.6
密云	189606	46832	154308	9412	8748	408905	46.4	11.5	37.7	2.3	2.1
延庆	56714	27303	100379	3172	5577	193146	29.4	14.1	52.0	1.6	2.9
各区平均	98308	39116	102189	6823	5069	251505	39.1	15.6	40.6	2.7	2.0

污染负荷显著减少；工业废水中 TN 和 TP 分别仅占全流域 TN 和 TP 排放量的 9.1% 和 4.5%（表 4.3-3）。由于逐步采取城镇污水处理措施，经由生活污水排放的 TN 和 TP 量也显著减少，分别仅占全流域排放总量的 4.7% 和 5.8%。自 20 世纪 90 年代以来，本区畜禽养殖规模逐步增加，其污染物排放量占全流域排放总量的比重较高，分别为 57.6% 和 79.7%。耕作中氮肥、磷肥、复合肥等化肥施用，也成为水体污染物重要来源，TN 和 TP 施用量分别占全流域排放总量的 28.6% 和 10.0%。

表 4.3-2　不同种类畜禽的年污染物排放量

污染物	污染物排放量/[kg/(只·a)]			
	猪	羊	大牲畜（马、牛）	家禽
TN	10.80	3.60	44.79	0.49
TP	3.70	1.23	7.01	0.08

表 4.3-3　密云水库上游流域水体污染物主要来源

物质来源	污染物负荷/(t/a)		占总量比重/%	
	TN	TP	TN	TP
工业废水	4362.0	344.0	9.1	4.5
生活污水	2246.3	449.3	4.7	5.8
畜禽养殖	27718.4	6139.8	57.6	79.7
化肥施用	13757.8	767.1	28.6	10.0
总计	48084.5	7700.2	100.0	100.0

各乡镇畜禽养殖造成的总氮和总磷负荷（Ec_{TN} 和 Ec_{TP}）与人口数量（Po）均呈显著的线性递增关系（图 4.3-1）。

$$Ec_{TN} = 182.69Po + 215.95, r^2 = 0.460, p < 0.01 \qquad (4.3-3)$$

$$Ec_{TP} = 38.76Po + 51.25, r^2 = 0.487, p < 0.01 \qquad (4.3-4)$$

可见随着人口增长，畜禽养殖的需求量也相应增加，其造成的污染物排放量也相应增加。

本区各乡镇氮肥施用强度（FA_N）与耕地占乡镇总面积比重（Rc）呈显著幂函数递减关系（图 4.3-2）。可见，在耕地资源相对较少的乡镇，为提高粮食产量，氮肥的施用有所增加。

$$FA_N = 431.93Rc^{-0.769}, r^2 = 0.209, p < 0.01 \qquad (4.3-5)$$

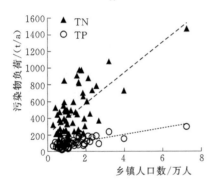

图 4.3-1　畜禽养殖污染物负荷
和乡镇人口数的关系

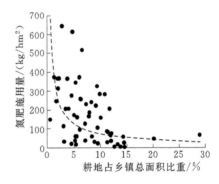

图 4.3-2　耕地占乡镇总面积比重
与单位面积氮肥施用量的关系

密云水库入库水体污染物的来源如图 4.3-4 所示。各类污染物中，分别有 50.1% 的 TN、49.1% 的 $NO_3^- - N$、39.0% 的 $NH_4^+ - N$、26.5% 的 TP 和 36.8% 的 COD_{Mn} 来自点源污染，这一比重平均为 40.3%。由此可知，进入密云水库的污染物中，分别有 49.9% 的 TN、50.9% 的 $NO_3^- - N$、61.0% 的 $NH_4^+ - N$、73.5% 的 TP 和 63.2% 的 COD_{Mn} 来自非点源污染，这一比重平均为 59.7%。

进入水库的各类污染物的来源构成存在一定差异。入库的 TN、$NO_3^- - N$ 和 $NH_4^+ - N$ 中来自非点源污染的比重平均为 54.0%，对 TP 和表征水体有机物和还原性物质含量的 COD_{Mn} 而言，该比重平均为 68.4%（图 4.3-3）。由于有机物和含磷化合物不易溶于水，故难以随径流进行较长距离迁移；上述物质需要以泥沙为吸附载体，实现自坡面经河道直至流域出口的迁移过程。而雨季则是水土流失的多发季节，地表径流含沙量相对较高，易吸附 P 元素和有机物，因而水土流失过程成为河流水体 TP 和 COD_{Mn} 的重要来源。而 N 元素由于其活性较强，且其形成的 $NO_3^- - N$ 和 $NH_4^+ - N$ 等无机化合物易溶于水，故即使在枯水期，亦可随河道径流进行长距离迁移，进入水库。

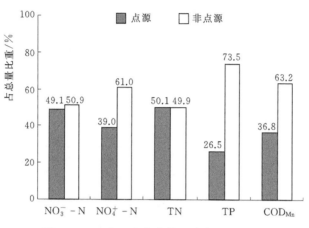

图 4.3 - 3 密云水库水体污染物来源分析

4.3.3.2 官厅入库水体污染物来源

通过对 2009 年污染源统计数据分析（李靖洁，2011），汇总得出工业废水排放总量 4707 万 t/a，其中 COD 排放量 12779t/a，氨氮排放量 645t/a；流域内生活污水排放量 8013 万 t/a，其中 COD 排放量 40380t/a，氨氮排放量 4967t/a；农村面源主要考虑农村生活污染和畜禽养殖污染物排放中，COD 排放量 18928t/a，氨氮排放量 755t/a；流域内入河污染物排放总量 COD 为 36182t/a，氨氮为 516t/a（表 4.3 - 4）。

官厅水库上游流域污染物主要来自点源排放。其中，城镇生活污水排放已为流域内最主要的污染源；虽然城镇污水处理厂的数量和处理能力不断增加，但是经处理后的污水水质最好只能达到《城镇污水处理厂污染物排放标准》（GB 18918—2002）一级 A 标准；与地表水源地所要求的地表水环境质量标准 II 类尚有较大差距。点源排放中的另一重要来源为工业污染，流域内主要工业企业集中在张家口市的桥东区、宣化区、宣化县。工业行业万元产值耗水量高、水重复利用率低、废水达标排放率低是工业用水中存在的主要问题。

与此同时，流域内农村面源污染问题越来越突出。在农业生产活动中，氮和磷等营养物质、农药等污染物通过农田的地表径流、农田渗漏或挥发作用形成了污染。近年来，由于畜禽养殖业迅速发展，原来的分散养殖变为规模化集约养殖，而畜禽养殖污染物集中处置设施相对落后，由此带来的污染问题已不容忽视。农村生活污水尚未得到全面有效处理。因农村的环境保护长期未得到足够重视，环保政策、环保机构、环保人员以及环保基础设施均供给不足，这是农村面源污染严重的一个重要原因。

表 4.3 - 4　　　　官厅水库上游流域污染物排放汇总

类　　别	污水排放量 /(万 t/a)	COD 排放量 /(t/a)	COD 入河量 /(t/a)	氨氮排放量 /(t/a)	氨氮入河量 /(t/a)
工业废水	4707	12779	12779	645	645
城镇生活污水	8013	40380	40380	4967	4967
农村畜禽养殖污染物	132	14625	3656	134	34
农村生活污染物	956	4303	86	621	17
城镇污水处理厂		−20719	−20719	−5147	−5147
入河污染物排放量		51368	36182	1220	516

官厅水库最重要入库河流永定河入库水体污染物来源如图 4.3 - 4（a）所示。各类污染物中，85.7% 的 TN、75.3% 的 TP、80.0% 的 COD_{Mn} 和 76.7% 的 Fe 来自点源污染；这几类污染物中，城镇生活污水排放是水体 TN、TP、COD_{Mn} 等营养物质的重要来源。从官厅水库上游永定河流域四区八县产业布局看，仍然是资源布局决定产业布局，支柱产业主要集中在能源较丰富的区县，而且多为钢铁、化工、制药等高污染项目。钢铁冶炼废水主要通过点源方式排放，其中 Fe 含量较高。永定河入库水体中，Mn、Zn、Ba、As 等污染物来自非点源污染的比重明显增高，平均为 51.6%。对于这几类物质，雨季地表径流是其环境行为的重要动力源，而流域产汇流过程是其迁移到达流域主河道的重要路径。

妫水河入库水体中，TN 和 COD_{Mn} 主要来自点源污染，其占污染物入河总量比重达 62.8% 和 68.8%。Fe、Mn、Zn、As 等重金属则主要来自非点源污染，其占污染物入河总量比重为 60% ~ 70%。TP 来自非点源污染的比重高达 77.6%［图 4.3 - 4（b）］。

永定河年径流量占官厅水库上游流域年径流总量的 93.57%。因此，官厅水库入库径流污染物来源构成与永定河较为接近［图 4.3 - 4（c）］。

4.3.3.3　雁栖河流域水体污染物来源

蒋艳等（2013）在野外调查和水质监测的基础上，计算了雁栖河流域内主要污染负荷产生量（表 4.3 - 5）。目前乡村旅游观光业已成为雁栖河流域居民收入的重要来源。流域入河污染物主要来自餐饮企业、养殖企业

4.3 污染物来源分析

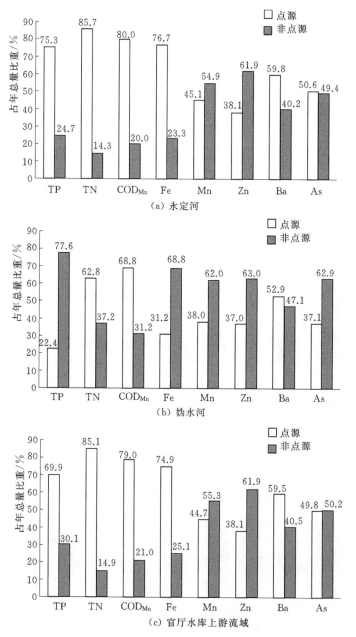

图 4.3-4 官厅水库入库水体污染物来源

和农村生活的污染废水。其中，养殖业主要以渔场虹鳟鱼养殖为主。在河库淡水养殖过程中，大部分养殖户为了追求高收入，往往投放过量的饵料，过量的营养成分导致鱼塘水中的氮、磷等营养物质浓度偏高，随着鱼塘换水、出泥，污染物进入河道水体中。目前，鱼类养殖产生的 TN 为餐饮企业和农村生活污水中 TN 总量的 5.74 倍，其 TP 为餐饮企业和农村生活污水中 TP 总量的 6.47 倍。

表 4.3－5　　　　　　　雁栖河流域污染物排放汇总　　　　　　单位：kg/a

项　　目	长园沟		雁栖河干流		总　计	
	TP	TN	TP	TN	TP	TN
餐饮企业污水	19.54	100.76	24.46	126.16	44.00	226.92
农村生活污水排放	112.8	1015.1	56.3	506.3	169.1	1521.4
养殖业	920.3	6693.1	459.4	3340.8	1379.7	10033.9
入河污染物总量	1052.6	7809.0	540.2	3973.3	1592.8	11782.2

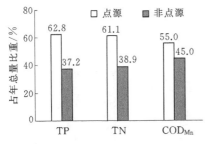

图 4.3－5　雁栖河流域水体污染物来源

雁栖河入北台上水库污染物中，分别有 37.2%、38.9% 和 45.0% 的 TP、TN 和 COD_{Mn} 来自非点源污染（图 4.3－5）。监测期内，雁栖河流域降雨量偏少，比多年平均低 14.6%；年径流量为 430.14 万 m³，比多年平均低 77.6%。降雨径流偏少使通过地表径流进入河流水体的污染物量明显降低。

4.3.3.4　影响入河污染物来源构成的主要因素

1. 自然因素

（1）降雨量。以密云水库上游流域为例。本节利用潮河辛庄断面 1987 年 7 月至 1988 年 6 月、2008 年 7 月至 2009 年 6 月和 2009 年 7 月至 2010 年 6 月三个水文年的流量和水质监测资料，分析不同降水年份中，水体营养物质来源构成差异。各水文年年降水量分别为 574.9mm、493.9mm 和 364.4mm，而潮河流域多年平均降水量为 494.0mm，上述三个水文年分别对应多雨年、平雨年和少雨年。

由图 4.3－6（a）可见，在平雨年，潮河流域水体中 TN 来自非点源污染的比重为 52.1%；在少雨年，水体 TN 来自非点源污染的比重仅为 30.5%，表明通过地表径流冲刷进入水体的 N 元素大为减少。而多雨年水体中 TN 来自非点源污染的比重为 41.8%，少于平雨年，可能是因为 20 世纪 80 年代潮河流域农村地区人类活动强度相对现阶段而言相对较弱，化肥农药的施用量相对有限，且畜禽养殖规模尚未扩大，使得来自非点源污染的氮元素总量相对略低。而随着年降水量的增加，水体 TP 来自非点源污染的比重逐步增加 [图 4.3-6（b）]，主要是来自雨季地表径流携带的磷元素不断增长造成的，由此也可见雨季水体中的泥沙在磷元素运移中的重要作用。

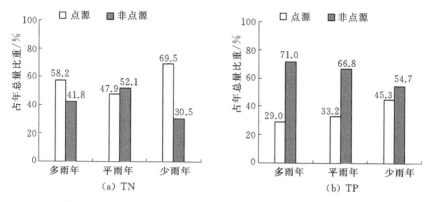

图 4.3-6　不同水文年潮河流域水体 TN 和 TP 来源构成

（2）污染物理化特性。各类污染物的入河量除了与污染负荷的产生量、污染源排放状况有直接联系外，污染物在水体中溶解度及在环境中的活泼程度也对其也有直接影响。官厅水库上游流域各类污染物来源于非点源污染的比重（R_{NP}）与污染物年平均浓度（C_G）呈显著的幂函数递减关系（图 4.3-7）。

$$R_{NP} = 30.85 C_G^{-0.149},$$

$$r^2 = 0.515, p < 0.01 \quad (4.3-6)$$

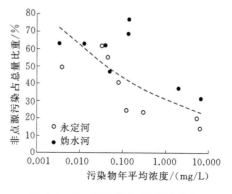

图 4.3-7　污染物年平均浓度与非点源污染占总量比重的关系

N 元素化学性质比较活泼，可以 $NO_3^- - N$、$NH_4^+ - N$、易溶有机物等多种形式存在于水体中；即使在点源排放水体流速较缓慢的情况下，也可实现长距离迁移。磷元素的大量迁移需要以有机物和泥沙颗粒作为载体；而雨季地表径流中可提供大量相应的载体，因此雨季地表径流中携带的磷元素在全年水体 TP 负荷中占有重要的比重。各类重金属在水体中赋存的形态多为易溶或可溶的无机盐，且易在酸性环境下稳定存在；官厅水库入库河流水体 pH 值多为 8～9，呈弱碱性，不利于重金属离子长期赋存。在地表径流集中的雨季，河道流速较快有利于重金属离子迁移至流域下游。因此水体重金属来自于雨季非点源污染的比重较高。

2. 人类活动

上述污染物的来源构成存在着一定空间差异。现以密云水库上游潮河和白河流域为例，分析这一现象。白河流域人口密度为 43.3 人/km²，各类污染物来自点源污染比重变化为 24.4%～51.3%，平均为 36.5%，来自非点源污染的比重变化为 48.7%～75.6%，平均为 63.5%。潮河流域人口密度为 68.5 人/km²，各类污染物来自点源污染的比重变化为 33.2%～75.1%，平均为 51.6%，来自非点源污染的比重变化为 24.9%～66.8%，平均为 48.4%（图 4.3-8）。潮河流域水体污染物来自于点源污染的比重高于白河流域，来自于非点源污染的比重低于潮河流域。

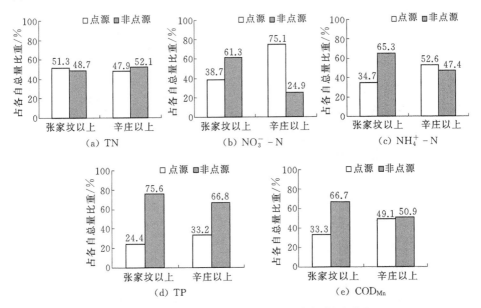

图 4.3-8　白河和潮河流域水体污染物来源对比

近年来，由于密云水库水源地保护措施的实施，水库上游工业点源污染得到有效控制，但生活点源污染仍不容忽视，主要是因为很多乡镇的生活污水排放所导致（尹洁 等，2009）。特别是一些人口密度较大的乡镇，单位面积上排放的生活污水量相对更多，致使更多的污染物以点源的形式排入水体，使其在营养物质总量中的比重相应增加（焦剑，2011）。这使得人口密度相对较高的潮河流域，水体污染物来自点源污染的比重高于白河流域。

　　潮河流域水体污染物来源于非点源污染的比重小于白河流域，其原因主要有以下两点：①在人口密度较大的潮河流域，大量的雨季河道径流被用于农业灌溉和城镇生活生产用水，这一引水过程在一定程度上改变了地表水循环过程：大量雨季地表径流未能直接汇入流域主河道，而被引至农田，经作物吸收和蒸腾后，剩余部分以地下水的方式补给至河道径流；或被用于生活用水，最终通过管道以点源排放的方式，进入河道。这就造成其中污染物未能直接汇入河道，而是经由地下水和点源排放的方式进入河道。②中、小型水利工程的兴建和水土保持措施的实施，对流域内暴雨径流进行了有效拦蓄，以潮河流域为例，流域内大规模水利工程建设主要集中于 20 世纪 70 年代末和 80 年代初；从 1981 年开始，流域以点片治理为主，进行水土保持小流域试点治理，逐步实施了大量的水土保持措施。自 20 世纪 80 年代开始，流域水利水保措施开始显著生效，1981—1990 年、1991—2000 年、2001—2005 年，受水利水保措施影响所产生的年均减水量分别为 1.15 亿 m^3、0.28 亿 m^3、1.10 亿 m^3；分别相当于各时段只受降水影响时的"天然径流量"的 32.0%、7.1%、40.7%。1981—2005 年年均减水量为 0.79 亿 m^3，相当于该时段只受降水影响时的"天然径流量"的 23.8%（李子君和李秀彬，2008）。而上述措施在消减了雨季洪峰径流的同时，也使土壤侵蚀过程中径流和泥沙携带的污染物有所减少。

4.4　流域尺度污染物运移主要过程

4.4.1　小尺度流域

　　现已半城子水库上游流域为例，分析污染物在小尺度流域内迁移过程。图 4.4-1 表示位于半城子水库上游的牤牛河不同位置水体污染物含量。可见水体 $NO_3^- - N$ 和 TN 含量自支流古石峪上游至干流下游呈递增趋势，COD_{Mn} 含量自支流上游至干流下游呈递减趋势。$NH_4^+ - N$ 和 TP 含量除个别点较高外，总体变化不大。

　　通过和大气降水营养物质含量的对比发现，河流水体 $NO_3^- - N$ 含量约为大气降水的 2～3 倍［图 4.4-1（b）］，表明大气降水到达地表后，在坡面汇流至河道汇流的过程中，有大量 $NO_3^- - N$ 进入地表和地下径流。支流水体 TN 含量与大气降水相当，但干流水体 TN 浓度显著高于大气降水

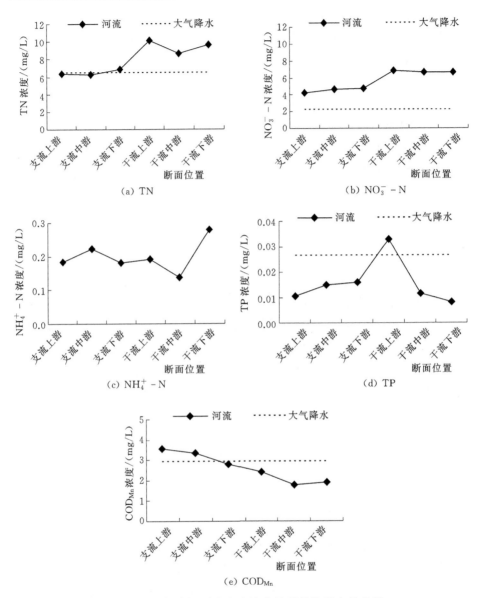

图 4.4 - 1　牦牛河干流和支流水体营养物质含量差异

[图 4.4 - 1 (a)]；表明进入水体的 N 元素显著增加。除个别点外，河流水体的 P 元素含量大约仅为大气降水的一半 [图 4.4 - 1 (d)]，这主要是在因为 P 元素在坡面至河道汇流的过程中，易被土壤颗粒吸附；而牦牛河流域植被覆盖率较高，通过侵蚀过程进入河道的土壤颗粒较少，致使被吸附的 P 元素难以随土壤颗粒进入河道，从而导致河流水体中 P 元素含量明

显降低。支流水体的 COD_{Mn} 含量略高于大气降水［图 4.4-1（e）］，可以体现汇流过程中有机物和还原性物质的进入使得水体中相应污染物的含量增加；但干流水体的 COD_{Mn} 含量低于大气降水，在干流的中下游更为明显，表明水体中有机物和还原性物质在河道迁移过程中逐步降低。

通过上述分析可见，河流水体中污染物含量虽与大气降水有关，但该地区的土壤、植被以及人为因素的影响也具有重要的作用。同时，水体污染物在河道迁移过程中，其浓度也发生了明显的变化。下面对影响污染物迁移的自然因素和人类活动因素分别进行分析。

在各类污染物中，水体 $NH_4^+ - N$ 年平均浓度与流域面积相关关系最不显著［图 4.4-1（c）］，随着流域面积增加，水体 $NH_4^+ - N$ 浓度未成显著的递增或递减趋势。牤牛河流域土地利用类型以林地为主，采集的河流径流样品中，$NH_4^+ - N$ 浓度平均为 0.18mg/L；而本区大气降水中 $NH_4^+ - N$ 浓度平均为 0.60mg/L，油松林和板栗林林内穿透降水 $NH_4^+ - N$ 浓度平均为 1.27mg/L 和 0.70mg/L（李文宇 等，2004）。相对而言，河道水体中 $NH_4^+ - N$ 含量明显偏低。在所有的径流样品中，$NH_4^+ - N$ 含量相当于水体 TN 含量的 1.1%～13.0%，平均仅为 3.2%。且这一比例自夏季河道径流开始产生后，逐步递减（图 4.4-2），表明在这段时期，水体内以还原态存在的 N 元素不断递减。由于 NH_4^+ 半径较小，带有与土壤颗粒相反的电荷，土壤颗粒对其吸附性很强，不易脱离土壤颗粒，故产流过程中大气降水和地表径流中的 NH_4^+ 因吸附作用而明显减少。同时，NH_4^+ 会经由硝化作用而转变为 NO_3^-，使其含量进一步降低。牤牛河流域地貌以山地为主，地表坡度较大，降雨产流时坡面流水层较薄，易使水体中的

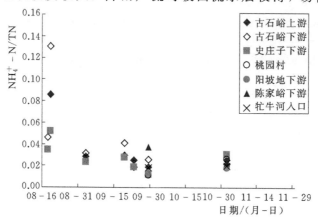

图 4.4-2 牤牛河各取样点水体 $NH_4^+ - N$ 与 TN 浓度之比

NH_4^+ 与土壤颗粒充分接触，有利于进行硝化作用。

4.4.2　大中尺度流域

为了进一步分析大中尺度流域水体污染物迁移特征，本书在白河流域选取了具有上下游关系的四个断面，并结合一次洪水径流过程，分析污染物在水体中的运移。

首先，选取了四道穴、汤河口、下堡和张家坟 4 个断面，分别位于白河支流汤河的上、下游及白河干流的上、下游，据此分析大中尺度流域水体污染物的迁移过程，也可反映各断面集水面积和水体污染物年平均浓度的变化趋势。自白河流域支流至干流，水体 TN 和 NO_3^- - N 含量整体呈递增趋势 ［图 4.4 - 3 (a)、(b)］，但位于白河上游的下堡断面水体 TN 和

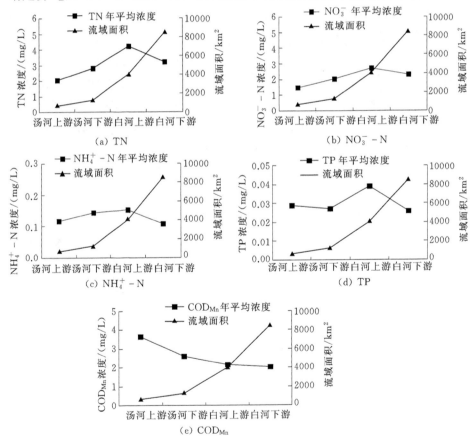

图 4.4 - 3　白河干流和支流 TN、NO_3^- - N、NH_4^+ - N、TP 和 COD_{Mn}
年平均浓度和流域面积变化趋势

$NO_3^- - N$ 含量均显著高于其他断面。白河支流和干流水体 $NH_4^+ - N$ 含量差别不大 [图 4.4 - 3 (c)]，而下堡断面因水体泥沙含量相对较高，TP含量显著高于其余断面 [图 4.4 - 3 (d)]。由图 4.4 - 3 (e) 可见，自白河流域支流至干流，水体 COD_{Mn} 年平均浓度显著递减趋势。

在各类污染物中，水体 $NH_4^+ - N$ 浓度变化趋势未随流域面积增加而呈显著的递增或递减趋势 [图 4.4 - 3 (b)]。在上述采集的径流样品中，$NH_4^+ - N$ 浓度变化为 $0.026 \sim 0.339 mg/L$，平均为 $0.137 mg/L$，其含量相当于水体 TN 含量的 $1.0\% \sim 19.6\%$，平均仅为 5.3%，且这一比例在雨季高于枯季。这主要是因为在枯季期间，河流补给以地下水为主，水体中的 NH_4^+ 离子在土层下渗的过程中，已被土壤颗粒充分吸附，故其中 $NH_4^+ - N$ 含量明显降低。而在雨季期间，降雨强度大，易在短时期内形成大量地表径流，且流域汇水时间相对较短，径流深度也大于枯季，故其中的 NH_4^+ 离子未被土壤颗粒完全吸附，故 $NH_4^+ - N$ 在水体 N 元素中所占比重相对略高（图 4.4 - 4）。

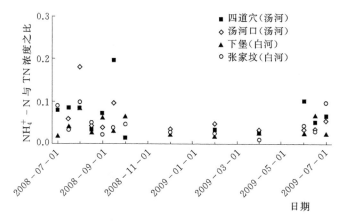

图 4.4 - 4　白河干流和支流各取样点水体 $NH_4^+ - N$ 与 TN 浓度之比

由图 4.4 - 5 (a)、(b) 可见，自白河支流至干流，TN 和 $NO_3^- - N$ 年平均浓度变化趋势与人口密度变化趋势保持一致，表明水体 N 元素含量与人类活动强度之间存在明显的正响应关系；但是，水体 TP 年平均浓度与人口密度变化趋势并不一致 [图 4.4 - 5 (c)]。

2009 年 7 月 19 日，下堡水文站以上的白河上游地区经历了自东向西的一次降雨过程，7 月 19 日 8 时至 20 日 8 时，流域面雨量为 26.4mm，虽然雨量仅刚达大雨级别，但由于降雨历时短，仍造成白河水位明显上涨。其中，临近下堡水文站，且位于其上游的南卜子流域（图 4.4 - 6），其日

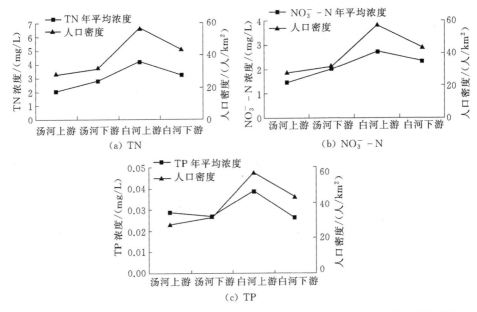

图 4.4-5　白河干流和支流 TN、$NO_3^- - N$ 和 TP 年平均浓度和人口密度变化趋势

图 4.4-6　下堡水文站上游示意图

降雨量为 34.0mm。由于降雨过程先于流域其他地区，且河道汇流历时较短，故该流域形成洪峰于 7 月 19 日 19:24 率先到达下堡水文站，流量为 15.0m³/s（图 4.4-7）；之后，下堡水文站断面水位迅速回落，至 7 月 20 日 0:00，流量仅为 1.6 m³/s，表明南卜子流域涨水过程基本完毕。在南卜子流域涨水的同时，其上游以上的白河干流部分，洪峰开始逐渐形成。7 月 20 日 1:12，其形成的洪峰通过下堡水文站，流量为 11.0m³/s。之

后，下堡水文站断面水位逐步回落，至 7 月 21 日 16：00，其流量为 1 m³/s，与洪水径流发生前的流量 0.34m³/s 相当，表明此次涨水过程完全结束。本次洪水径流过程中，支流南卜子和白河干流形成的洪峰先后通过下堡水文站，且无明显叠加的部分，故两次洪峰所携带的营养物质主要分别来自支流南卜子和白河干流。由于上述两部分河段对应的流域面积分别为 124km² 和 2440km²，故亦可分别体现中小尺度和大尺度流域洪水径流过程中水体污染物变化特征。

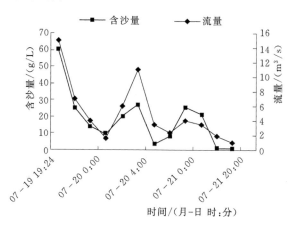

图 4.4 - 7 2009 年 7 月 19—21 日白河上游洪水径流
过程中流量和含沙量变化

在此次洪水过程中，水体 TN 浓度的变化趋势与流量的变化趋势基本相反 [图 4.4 - 8 (a)]。在洪水过程的后期，流量的下降使得水体对污染物的稀释作用明显降低，致使 TN 浓度明显增高；同时，在河道汇流过程中，由于在白河干流部分城镇分布和人口居住更为集中，污染源相对支流有所增加，致使水体中 TN 含量亦有所上升。南卜子河道 TN 浓度平均为 3.57mg/L，而白河干流 TN 浓度平均为 5.98mg/L。洪水过程中水体 $NO_3^- - N$ 浓度变化趋势与 TN 相似，随流量递减而增高 [图 4.4 - 8 (b)]。但总体而言，$NO_3^- - N$ 在水体 N 元素总量中所占的比重总体较为稳定 [图 4.4 - 9 (a)]，表明在地表径流中，$NO_3^- - N$ 为较为稳定的一种存在形式。而与之形成鲜明对比的是，在洪水过程中，$NH_4^+ - N$ 浓度及其在水体 N 元素中所占的比重均随流量的增大而增加 [图 4.4 - 8 (b)、图 4.4 - 9 (b)]，表明在汇流过程历时较短时，土壤颗粒对地表径流中 NH_4^+ 吸附作用相对有限，使水体中以 $NH_4^+ - N$ 形式存在的 N 元素有所增加。但总体而言，NH_4^+ 在水体 N 元素中所占比重仍较低，平均为 11.1%，

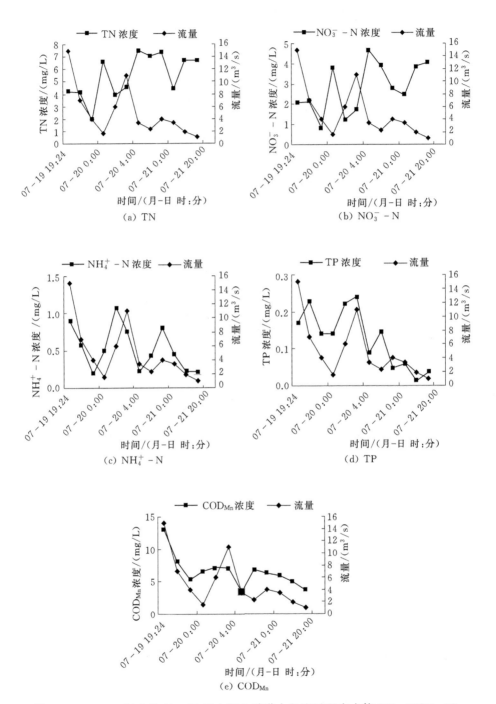

图 4.4 - 8　2009 年 7 月 19—21 日白河上游洪水径流过程中水体 TN、$NO_3^- - N$、

　　　　　$NH_4^+ - N$、TP 和 COD_{Mn} 浓度变化

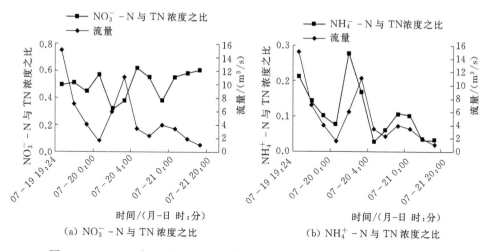

（a）NO$_3^-$-N 与 TN 浓度之比 　　（b）NH$_4^+$-N 与 TN 浓度之比

图 4.4-9　2009 年 7 月 19—21 日白河上游洪水径流过程水体中 NO$_3^-$-N
与 TN、NH$_4^+$-N 与 TN 浓度之比变化

且南卜子和白河干流浓度差异不大，分别为 0.450mg/L 和 0.559mg/L。在流域汇流过程中，P 元素大多需要以泥沙或有机物颗粒为吸附载体，实现自坡面经河道的迁移过程，故在悬移质含量相对较高的水流中，有更多的 P 元素自泥沙颗粒扩散进入水体中，致使 TP 浓度升高。在此次洪水过程中，径流含沙量随流量增加而升高，水体 TP 含量的变化均随流量和含沙量的升高而递增［图 4.4-8（d）、图 4.4-10］。上述分析也可以解释在河流

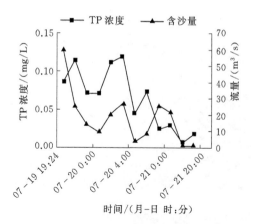

图 4.4-10　2009 年 7 月 19—21 日
白河上游洪水径流过程水体中含沙量
和 TP 含量变化

水体含沙量普遍较低的牤牛河流域，水体 TP 浓度普遍较低且各断面差异不大的原因。在此次洪水过程中，COD$_{Mn}$ 浓度也表现出随迁移距离和迁移时间增加而不断递减的特征。在洪水过程的后期，到达下堡断面的径流因汇流时间相对较长，其 COD$_{Mn}$ 浓度明显下降［图 4.4-8（e）］；同时，白河干流和支流南卜子水体 COD$_{Mn}$ 浓度分别为 5.64mg/L 和 8.20mg/L，前者明显低于后者。

第 5 章 水库非点源污染特征和 污染物运移模拟

5.1 水库非点源污染监测

5.1.1 典型水库选择

本研究在北京山区选择了官厅、半城子、栗榛寨和黑圈 4 个水库（图 5.5-1），进行水库非点源污染监测。其中官厅水库为大型水库，半城子水库为中型水库，栗榛寨和黑圈水库均为小型水库。各水库基本情况如下。

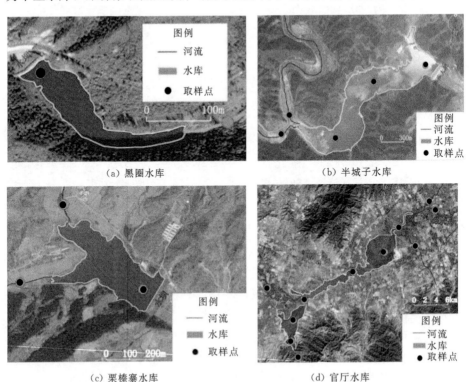

（a）黑圈水库   （b）半城子水库

（c）栗榛寨水库   （d）官厅水库

图 5.1-1 水库非点源污染监测取样点分布

（1）官厅水库。官厅水库位于北京西北约 80km 的永定河官厅山峡入口处，水库坝址控制流域面积 43402km²，占永定河流域总面积的 92.8%，是根治永定河水患及其流域开发的大型控制性工程。水库上游主要有发源于山西省宁武县的桑干河和发源于内蒙古自治区兴和县的洋河，以及发源于北京市延庆区的妫水河三条支流，流经内蒙古自治区、山西省、河北省、北京市汇入官厅水库。水库库区跨河北省怀来县和北京市延庆区，由永定河库区和妫水河库区组成，正常蓄水位 479m（大沽高程，下同），其对应的库区（含高程 479m 以下的水面和滩地、库中岛、库岸坡等）确权面积为 163km²，其中，怀来县境内面积为 120km²，延庆区境内面积为 43km²。水库库岸周长约 220km，其中，怀来县境内约 150km，延庆区境内约 70km。

官厅水库为大（Ⅰ）型综合利用水利枢纽，工程等级为一等工程，主要建筑由输水泄洪洞、拦河坝、溢洪道、水电站四部分组成，均为 1 级建筑物：①输水泄洪洞，洞径 8m，洞长 635.5m，闸门井安装 1 扇 5.5m×7m 弧形工作闸门和 1 扇 5.5m×7m 平板事故闸门，最大泄量 560m³/s；②拦河坝，为黏土心墙上接斜墙土石坝，坝顶高程 492.0m，最大坝高 52m，坝长 423m，坝顶宽 10m；③溢洪道，宽 52m，装有 4 扇 13m×14.4m 弧形工作闸门，最大泄量 6000m³/s；④水电站，装有 1 万 kW 发电机组 3 台，最大泄量 10^5m³/s。

工程于 1951 年 10 月开工建设，1954 年 5 月竣工，1955 年 7 月蓄水运用。这是我国在苏联专家的帮助下自行设计、施工的第一座大型综合利用水库。水库总库容为 41.6 亿 m³，是一座以防洪、供水为主，兼顾发电、灌溉等多种功能为一体的综合水利枢纽，是阻挡永定河洪水威胁北京的重要屏障，也是北京主要供水水源地。官厅水库主要技术指标见表 5.1-1。

水库建成以后，对下游地区的经济社会发展发挥了重要的作用。据统计，截至 2011 年底水库共拦蓄 1000 m³/s 以上的洪水 8 次，基本免除了永定河下游的洪水灾害；拦蓄泥沙 6.5 亿 m³；为下游的北京、河北、天津地区供水 409 亿 m³；累计发电 85 亿 kW·h。

（2）半城子水库。半城子水库是以防洪、灌溉、发电为主，兼综合利用的中型水库，于 1977 年建成。水库控制流域面积 66.1km²，总库容 1020 万 m³，兴利库容 701 万 m³；设计洪水位 258.5m，汛期限制水位 253.0m；最大坝高 29m，坝顶长度 185m；溢洪道堰顶高程 253m，最大泄量 703m³/s；设计灌溉面积 2.0 万亩。水库正常水面面积 0.372 km²，水

表 5.1-1　　　　　　　　　官厅水库主要技术指标

项　目		单位	数量	备注
水文	所在河流		永定河	
	坝址以上流域面积	km²	43402	
	多年平均径流量	亿 m³	8.8	
	多年平均输沙量	万 t	3426	
水库	校核洪水位	m	490	
	设计洪水位	m	484.84	
	正常蓄水位	m	479	
	汛期限制水位	m	476	
	总库容	亿 m³	41.60	
	调洪库容	亿 m³	29.90	
	汛限水位对应库容	亿 m³	5.00	
	兴利库容	亿 m³	2.50	
	设计年供水量	亿 m³	0.719	
拦河坝	坝顶高程	m	492	
	最大坝高	m	52	
	坝顶长度	m	423	
溢洪道	主要泄洪建筑物形式		岸坡式	
	闸门数量、尺寸	扇-m	4-13×14.4	弧形闸门
	最大泄量	m³/s	6000	
泄洪洞	闸门数量、尺寸	扇-m	1-5.5×7	弧形闸门
	洞长	m	635.5	含 92m 静水池
	最大泄量	m³/s	560	
水电站	装机容量	kW	3×10000	
	最大泄量	m³/s	10^5	

面呈狭长状（图 5.1-1），其所占据河道长度约 2100m，水库宽度为 100～250m，其深度自上游向下游递增，最大深度约 18m。半城子水库主要技术指标见表 5.1-2。

（3）栗榛寨水库。栗榛寨水库位于密云区栗榛寨村，处于栗榛寨沟上游，其工程规模为小Ⅱ型，拦河坝高 13.6m，总库容 84 万 m³。水库坝址

表 5.1－2　　　　　半城子水库主要技术指标

项　目	指标	项　目	指标
一、流域面积	66.1km²	坝顶宽	5.0m
二、年径流量		上游坝坡	1：2.25
$P=50\%$	1500万m³	基础混凝土防渗墙	760m²
多年平均	1289万m³	沥青混凝土防渗墙	1.15万m²
三、洪峰流量		2. 溢洪道：堰顶高程	253.0m
$P=2\%$（设计洪水）	324m³/s	长度	192.24m
$P=0.5\%$（校核）	412m³/s	闸门一孔	12×6.3m
$P=0.1\%$	500m³/s	最大泄量	703m³/s
河南"63·8"暴雨（非常）	1230m³/s	3. 隧洞：直径	1.8m
四、水库特征水位		洞长	175m
设计洪水位（$P=2\%$）	258.5m	洞底高程	244m
校核洪水位（$P=1\%$）	259.30m	4. 导流廊道高程	238m
非常洪水位	262.53m	尺寸	0.8×5.1m
兴利水位	258.5m	长度	137m
防洪限制水位（设计）	258.5m	5. 电站装机容量	500kW
防洪限制水位（非常）	253.0m	七、拆迁补偿	
死水位	244.0m	占地	43.3hm²
五、水库库容		搬迁房屋	42间
总库容（水位262.5m）	1020万m³	迁移人口	135人
防洪库容	688万m³	八、灌溉面积	1333.3hm²
兴利库容	701万m³	九、渠道工程	
死库容	100万m³	总长	13.1km
六、水库建筑物指标		建筑物数目	78座
1. 土坝：坝顶高程	262.0m	团山子电站	500kW
防浪墙顶高程	263.0m	十、主要工程量及投资	
最大坝高	29.0m	总工程量	85万m³
坝顶长	185.0m	总用工日	185.3万个
坝底宽	133.0m		

控制流域面积 2.47km²，入库河流为栗榛寨沟和栗榛寨沟右支。水库上游流域居民主要居住在萝卜峪村。

（4）黑圈水库。黑圈水库位于密云区阳坡地村上游，处于牤牛河上游，其工程规模为小Ⅱ型，拦河坝高 16m，总库容 41 万 m³。水库坝址控制流域面积 12.20km²，入库河流为牤牛河。水库上游仅有西坨古村 1 个行政村。

5.1.2　监测方法

栗榛寨和黑圈水库非点源污染监测期为 2015 年 5 月至 2016 年 10 月，包含了 2 个雨季；半城子水库监测期为 2009 年 6 月至 2010 年 11 月和 2015 年 5 月至 2016 年 10 月。官厅水库监测期为 2015 年 9 月至 2017 年 4 月。监测期内各水库水文特征见表 5.1 - 3。

表 5.1 - 3　　　　　　　　监测期内各水库水文特征

水库名称	水库等别	平均水面面积/hm²	平均蓄水量/万 m³	上游河流来水量/万 m³	上游集水区面积/km²
官厅	大型	6259	37503	34120	43402
半城子	中型	37.2	518.1	89.77	66.1
栗榛寨	小Ⅱ型	6.26	25.15	3.90	2.47
黑圈	小Ⅱ型	3.44	12.43	1.49	12.20

水库水样采集依据为水库占据河道长度，自上游至下游选取采样点（图 5.1 - 1）。依据水体深度，自上而下分为三个水层，分别在每一层采集水样。水库水样采集频度为冰冻期（12 月至翌年 3 月）采集 1 次，其余月份每月 1 次。在上游河流注入水库断面采集径流样品。采集时间为雨季（6—9 月）每月的 1 日和 16 日；枯季（10 月至翌年 5 月）每隔 1 个月采集一次；对于季节性河流，在来水期依据径流变化情况采集样品。水样采集后，尽快送往实验室，主要测定的污染物可分为营养物质和重金属两类。

测定营养物质为总氮（TN）、总磷（TP）、硝态氮（$NO_3^- - N$）、铵态氮（$NH_4^+ - N$）和高锰酸钾盐指数（COD_{Mn}）。具体测定方法为：pH 值测定采用玻璃电极法，TN 采用碱性过硫酸钾消解分光光度法（GB 11894—89），TP 采用钼酸铵分光光度法（GB 11893—89），$NO_3^- - N$ 采用紫外分光光度法（HJ/T 346—2007），$NH_4^+ - N$ 采用靛酚蓝比色法（王峰和李玉环，2002），COD_{Mn} 采用高锰酸钾氧化法测定（GB 11892—89）。测定的重金属为铁（Fe）、锰（Mn）、锌（Zn）、钡（Ba）、砷（As）等5种。采用ICP-AES法测定其中Fe、Mn、Zn和Ba含量，采用原子荧光法测定As含量。

为反映水体浮游植物状况，本研究于5—10月测定水库表层水体叶绿素a浓度。采用方法为分光光度法（国家环境保护总局，2002）。

5.2 水库水体污染物特征

5.2.1 水库水体污染物时间变化

5.2.1.1 污染物年内变化

表5.2-1为各典型水库各类水体污染物浓度年内变差系数（C_V）。总体而言，各类污染物浓度年内变差系数自大至小为 $Mn>Zn>NO_3^- - N>Ba>Fe>NH_4^+ - N>TP>As>TN>COD_{Mn}$。整体而言，重金属浓度年内变化幅度高于营养物质。各类污染物的 C_V 值呈现随水库储水量增加而递减的趋势。官厅水库为大Ⅰ型水库，监测期内储水量最大，各类污染物 C_V 值变化为 0.173～0.595，平均为 0.386；半城子水库为中型水库，各类污染物 C_V 值变化为 0.251～1.014，平均为 0.523；栗榛寨和黑圈为小型水库，监测期内储水量分别为 25.15 万 m^3 和 12.43 万 m^3。前者各类污染物 C_V 值变化为 0.150～0.794，平均为 0.498；后者水体污染物年内变化幅度高于其他水库，其 C_V 值变化为 0.447～0.907，平均达 0.689。水库储水量的增加可直接提升水环境容量，减缓污染物浓度变化。

表5.2-1　　　　各水库水体污染物浓度年内的变差系数

水库名称	$NO_3^- - N$	$NH_4^+ - N$	TN	TP	COD_{Mn}	Fe	Mn	Zn	Ba	As
官厅	0.484	0.270	0.383	0.350	0.173	0.354	0.595	0.523	0.359	0.351
半城子	0.574	0.384	0.388	0.454	0.251	0.563	1.014	0.608	0.595	0.398
栗榛寨	0.751	0.471	0.242	0.434	0.150	0.534	0.578	0.794	0.653	0.372
黑圈	0.655	0.810	0.507	0.753	0.447	0.535	0.827	0.907	0.819	0.632
平均	0.616	0.484	0.380	0.498	0.255	0.497	0.754	0.708	0.607	0.438

对于入库河流为常年性河流的水库，其地表径流补给相对充足，水库储水量的变化成为影响污染物浓度年内变化的重要因素之一。官厅水库水体 TP 和 Zn 浓度与水库蓄水量之间呈极显著线性递减关系（表5.2-2），

可见随着水库蓄水量增加，水环境容量也相应增加，其对部分污染物有稀释作用。但是，随着水库来水量增加，水面面积也相应扩大，在淹没土壤和植被的同时，其污染物也逐步扩散进入水体；因此，水体污染物浓度与水库蓄水量之间并非简单的线性关系，其涉及不同类型的污染物环境行为。水库水体 $NO_3^- - N$ 和 As 浓度则与水温之间呈显著的线性递减关系。表层水温的增加使得水体中藻类数量增加，由于 $NO_3^- - N$ 是其合成自身蛋白质所需物质，故其对 $NO_3^- - N$ 吸收量逐步增加，水体 $NO_3^- - N$ 浓度易出现递减。

表 5.2 - 2　　官厅水库蓄水量和水温对水体污染物浓度的影响

影响因素	每次监测污染物平均浓度									
	$NO_3^- - N$	$NH_4^+ - N$	TN	TP	COD_{Mn}	Fe	Mn	Zn	Ba	As
蓄水量	0.178	-0.023	0.027	-0.694**	0.305	0.476	-0.179	-0.762**	0.402	-0.494
水温	-0.627*	0.024	-0.292	0.357	-0.344	-0.048	0.429	0.207	0.052	0.626*

注　*、**分别表示在 $p = 0.05$ 和 $p = 0.01$ 水平上显著相关。

对于入库河流为季节性河流的水库，雨季大量径流的汇入会使水体污染物含量发生显著变化。半城子水库入库河流牤牛河和史庄子沟为季节性河流，河道来水持续时间较短。在 2009—2010 年监测期间，2009 年水库上游河道全年无水；2010 年古石峪来水时间约 4 个月，牤牛河来水时间仅 3 个月。上游来水之前，除 $NH_4^+ - N$ 外，水库水体各类营养物质浓度均呈逐步下降趋势（图 5.2 - 1）。可见沉降作用和水体浮游植物的吸收对水体营养物质的浓度变化起重要作用。

2010 年 8—12 月，水库上游来水期间，入库径流量总计 282.0 万 m^3，相当于来水前水库蓄水量的 68.0%。上游河道径流进入水库后，水库水体营养物质浓度发生了显著变化。上游河流水体 TN 和 $NO_3^- - N$ 浓度平均为 8.65mg/L 和 5.97mg/L，明显高于来水前水库水体 TN 和 $NO_3^- - N$ 浓度；致使来水后水库水体 TN 和 $NO_3^- - N$ 浓度显著升高（图 5.2 - 1）。上游河流水体 $NH_4^+ - N$ 浓度平均为 0.24mg/L，仅为来水前水库 $NH_4^+ - N$ 浓度的 49.3%；在上游来水的稀释作用下，水库水体 $NH_4^+ - N$ 浓度从 0.49mg/L 降至 0.34mg/L。上游河流水体 TP 浓度平均为 0.010mg/L，来水前水库水体 TP 浓度为 0.005mg/L，来水后水库水体 TP 浓度明显上升，之后迅速回落，接近来水之前浓度。上游河流水体 COD_{Mn} 浓度平均为 2.11mg/L，来水前水库水体 COD_{Mn} 浓度为 3.72mg/L，入库后，水库水体

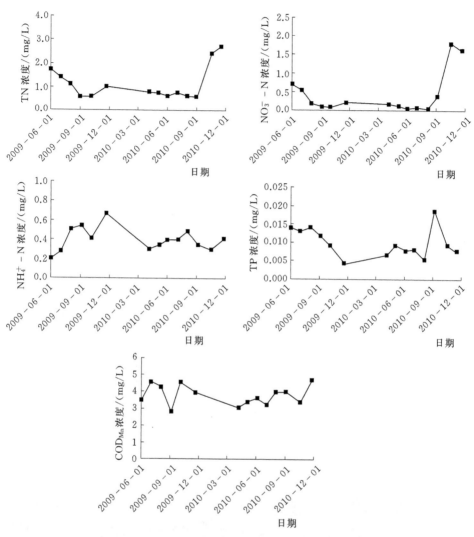

图 5.2－1 半城子水库水体营养物质逐月浓度变化

COD_{Mn}浓度并未因入库水体稀释而下降，反而略有增加，平均为 4.02mg/L。主要是因为牤牛河水体中携带的 N、P 等营养元素促进了藻类的生长繁殖，将水体中的无机营养盐转化为有机物，COD_{Mn}浓度相应升高。

5.2.1.2 污染物年际变化

研究所选取的典型水库中，仅有官厅水库具备时间序列较长的水质观测资料。在收集历史观测资料和已有研究成果的基础上，本节对官厅水库水体污染物年际变化做了分析。

官厅水库自 1955 年开始蓄水运行，水库运行后的最初 16 年间，只有针对锅炉用水的矿化度，以及灌溉、水产养殖用水对硫化氢（H_2S）、溶解氧等少量水质监测指标。从感官和监测资料分析，没有发现水质恶化现象。从 20 世纪 70 年代初开始，官厅水库开始出现水污染事件，其水质演变先后经历了四个阶段，依次为：1972—1975 年以有机毒物和重金属污染为特征的水体污染，1981—1992 年以有机污染为主体的水体再污染，1992—1995 年增加了大肠杆菌污染的水体复合污染（梁涛 等，2003），以及 1996 年至今以氮磷污染为明显特征的水体有机复合污染。

1972 年春，由于上游工矿企业的大量排污和入库水量减少，官厅水库开始出现明显污染，水中鱼类大量死亡，当地居民饮用后出现头疼、恶心症状。国务院立即采取措施组织专家进行研究和治理。经过调查，发现库水主要是受到了有机毒物和重金属污染，主要污染物包括挥发酚、氰化物、DDT、六六六和砷、铬、汞等。此后经过 3 年的治理，污染物浓度显著下降，水库水质明显好转。

但自 1981 年起，由于上游工农业的迅速发展，城镇生活污水的大量排放以及来水量的剧减，官厅水库遭受有机污染。1986 以来，库区水表出现大量微囊藻形成的水华，覆盖面积达到全库区的 70%（图 5.2 - 2）。1990 年库区藻量仅 2.38 万个/L，1991 年剧增为 786.3 万个/L。1993 年汛期 COD_{Mn} 为 4.6mg/L，$NH_4^+ - N$ 为 0.67mg/L；非汛期 COD_{Mn} 为 5.8mg/L，$NH_4^+ - N$ 为 0.87mg/L，已成为蓝藻、绿藻型的富营养水体。

（a）局部库区水华　　　　　　　　　　（b）富营养化水体

图 5.2 - 2　官厅水库局部库区水华和富营养化水体

从 1992 年到 1994 年对官厅水库的细菌监测数据上看，水库已遭受不同程度的细菌污染，大肠杆菌和细菌总数都明显超出饮用水标准。究其来源主要是来自流域上游的沙城、宣化和延庆等城镇的生活污水和工业有机废水的大量排放。据监测结果（王永玲等，1997）知，永定河和妫水河汇入官厅水库断面上游细菌污染最为严重，属细菌污染多污带；坝前由于水库自身的稀释和自净作用，细菌浓度相对较低，属细菌污染寡污带；永定河口细菌浓度介于二者之间，属细菌污染中污带。

在细菌污染尚未得到有效控制的同时，以氮磷污染为主体的有机复合污染日益加剧。从 2000 年 10 月和 2001 年 4 月的实地监测结果上看，整个库区氮、磷污染非常严重，总氮含量高达 3.12mg/L，超出地表水环境 V 类水质标准（2.0mg/L）1.56 倍；总磷含量为 0.47mg/L，超出地表水环境 V 类水质标准（0.2mg/L）2.35 倍，库区水体已处于严重的富营养化状态。但库区大部分重金属（Cu、Zn、Cr、Pb）的含量仍低于地表水环境 III 类标准。入库河道水质较差是造成水库水质恶化的重要原因，其主要污染物为氨氮、总氮、BOD_5、氟化物、高锰酸盐指数、总磷。其中，洋河下花园桥来水水质为劣 V 类；桑干河涿鹿桥为 IV 类；八号桥为劣 V 类；妫水河延庆桥为劣 V 类。

面对日益严重的水库水污染问题，早在 1984 年 12 月，北京市、河北省、山西省政府联合颁布了《官厅水系水源保护管理办法》，其划定了水源保护区，对官厅水系内一、二、三级保护区都作了明确的规定，但由于范围大，涉及问题较复杂，当时还存在一些问题有待解决。2001 年 5 月，国务院批准了《21 世纪初期（2001—2005 年）首都水资源可持续利用规划》（国函〔2001〕53 号）。2006 年 6 月，北京市水务局、北京市环保局联合下文《关于加强官厅水库库区水环境建设与管理工作的通知》（京水务法〔2006〕37 号）。2007 年 1 月，国家环境保护总局批准了《饮用水水源保护区划分技术规范》（HJ/T 338—2007），规范规定了地表水饮用水水源保护区、地下水饮用水水源保护区划分的基本方法和饮用水水源保护区划分技术文件的编制要求；规范明确应在水库的管理和保护范围内划定一级保护区、二级保护区及准保护区。2012 年 7 月，北京市人大常委会通过了《北京市河湖保护管理条例》，2012 年 10 月 1 日起施行。围绕落实执行上述法规，官厅水库库区及周边先后实施了清淤应急供水工程、黑土洼人工湿地工程、水华防治、封库禁渔、库滨带生态涵养林、塌岸治理工程等项目，逐步进行水环境的生态修复。

（1）官厅水库清淤应急供水工程。官厅水库清淤应急供水工程（以下简称清淤工程）是为缓解北京市水资源紧缺状况，促进库内水体循环交换，采用机械疏挖方式，打通库区妫水河口"拦门沙坎"，从而实现利用被泥沙封堵的妫水河库容的应急工程。

官厅水库建在多泥沙河流上，长期蓄浑排清，泥沙淤积严重。泥沙大量注入永定河库区，在妫水河库区口门淤高，淤积成泥沙三角洲，形成"拦门沙坎"，其最低处高程已达 474.0m，导致永定河库区和妫水河库区流通连接不畅，阻碍了妫水河库区的水体向永定河库区输送，使妫水河库区 2.52 亿 m³ 的库容不能利用，直接影响了水库供水。为加大妫水河库区向永定河库区补水，稀释永定河库区水体，提高供水水质，实施清淤应急供水工程。工程主要是在妫水河库区与永定河库区之间开挖一条连通渠，设计流量 6m³/s，引用被淤堵在妫水河库区的 1.7 亿 m³ 水量，工程建成后，可利用妫水河库区水量同时，压缩官厅水库死库容，用优质的妫水河库区水体稀释永定河库区水体，提高水库供水水质。

（2）黑土洼人工湿地工程。黑土洼人工湿地位于官厅水库永定河入库口附近，是充分利用黑土洼沟的有利地形，借鉴德国在水生态修复方面的先进、成熟技术，运用生态工程原理，采用无污染、效率高的人工湿地技术来处理受污染的永定河入库水体的工程。黑土洼湿地工程分两期建设。

一期工程于 2003 年 9 月开工建设，2004 年 7 月完工，同年 8 月投入试运行。主要建设内容包括：永定河溢流坝 1 座、永定河引水渠涵 453m、黑土洼稳定塘 84hm²（官厅水库的一个天然沟汊，也叫氧化塘、人工湿地引水渠涵 446m、扬水泵站 1 座、人工潜流湿地 7.3hm² 分两排共四区：中方试验区第Ⅰ～第Ⅲ区及德方试验区第Ⅳ区）。

二期工程于 2006 年 12 月开工，2007 年 6 月投入运行。扩建了 9.3hm² 面流湿地，主要建设内容包括：S 型生物沟渠、挺水植物塘及末端植物碎石床工程。

（3）水华防治。官厅水库水华防治工作从 2008 年开始启动，至 2012 年连续五年开展水华防治工作。水华防治工作采取的主要措施是：修剪打捞沉水植物、水生植物种植、水面漂浮物清除、曝气增氧、投放生物载体和水质稳定砖等。

1）修剪打捞沉水植物。沉水植物在水中死亡腐烂，会污染水体，诱发水华。库区沉水植物主要由菹草和穗花狐尾藻、龙须眼子菜组成。每年 4—5 月处于优势种群的菹草，从进入 6 月开始逐渐死亡腐烂，植物体内的氮、磷等营养物质重新释放到水中，造成水体二次污染，为水华发生提供了有利条件。依据沉水植物的生长特性，采取旺季修剪，降低二次污染的危害。菹草生长从 4 月至 5 月开始进入生长旺季，因此在 5 月安排对其进行修剪。穗花狐尾藻生长旺季在秋季，因此在 10 月前后进行修剪。修剪后及时清理出库区，降低二次污染的危害。

同时，采取合理的收割方式，保证生态系统的稳定性。为了维持水体生态系统的稳定性，采用按顺序分条及分块间隔收割的办法收割，即每 2 个修剪区域之间保留 50m 宽的隔带，同时修剪水面下 0.5m 以上的水草，以利于水草来年继续生长，不要"铲草除根"。通过对沉水植物的及时收割，可以大幅度去除水中氮磷营养物质，经过计算估算每年可去除 TN 约 8.25t、总磷 TP 约 0.85t。

2）水生植物种植。官厅水库菹草等沉水植物可有效抑制浮游藻类生长，但是菹草在 6 月后便开始腐烂死亡，而水华主要在 7—8 月发生，即沉水植物抑制作用逐渐消失的时期。因此，需要通过水生植物种植，在 7—9 月起到抑制水华发生的作用。

3）水面漂浮物清除。水面污染物也是水库水体污染的重要组成。因此，有必要对水体中的水面污染物进行清理。每年对库区水面的漂浮物等面源污染物进行及时的打捞去除，每年清洁、维护水面面积约为 3.35km²。

4）曝气增氧。曝气增氧能在较短的时间内提高水体的溶解氧水平，恢复和增强水体中好氧微生物的活力。结合官厅水库水面面积较大、水体现状流动性差的特点，只能采用大范围水面曝气增氧措施，增加水体垂向交换及水平流动的曝气船作为主要曝气增氧措施。通过提高水体溶解氧含量和增加水体的流动交换，达到破坏水华发生条件的目的。

5）水质稳定砖和生物载体应用。水质稳定砖和生物载体技术属生物膜水质净化技术的一种。其原理是在受污染水体中放置高吸附性填料载体，使水体中的细菌、真菌类微生物和原生动物、后生动物类的微型动物附着在载体上生长繁育，并在其上形成生物膜，从而削减水体中氮、磷等污染物。

（4）封库禁渔。2005 年初，官厅水库管理处联合延庆区和怀来县政府向社会公开发布了禁渔令，明确规定官厅水库禁渔期为每年的 4 月 15 日至 8 月 15 日（冬季还有 3 个月冰封期，实际上是 7 个月），启动了"一库两县三方"联合封库禁渔工作。

官厅水库的封库禁渔工作，得到了农业部、国家渔政指挥中心、河北省、北京市相关部门的支持，在他们的帮助下，制定库区渔业管理制度，加强了"一库两县三方"的合作。官厅水库管理处与延庆、怀来两县的渔政、水产部门联合成立了水库渔政联合管理机构和禁渔联合执法队。在禁渔期开展联合执法行动，清退进入库区的渔船，收缴、清理了迷魂阵、地笼、渔网等，有效地解决了跨省市渔政执法在时间上、区域上执法难的问题，以及执法不能过界，盗捕越"境"流窜等难题。

从 2005 年开始，每年开展净水增殖放流，向官厅水库投放鲢鱼、鳙鱼、草鱼、夏花等鱼苗。2009 年在官厅水库首次尝试冬季投放鱼苗。

（5）库滨带生态涵养林。为了涵养水源、防风固沙、保持水土、改善生态，官厅水库通过合作共建和探索引入社会资金等多种模式，开展水源保护林和库滨带生态涵养林建设，为生态工程实行投资主体多元化提供有益模式和借鉴。从 2004 年开始，在延庆段实施库滨过滤带生态工程 4000余亩，栽植树木 30 余万棵，铺设防火通道 1000m，种植宿根植物 500 亩。怀来段实施库滨过滤带生态工程 4546.9 亩，栽植树木 50 余万棵，铺设防火通道超过 1800m。2011 年，延庆区在妫水河库滨，实施了万亩森林公园项目。上述工程实现了经济效益和环境效益的结合，成为京津沙尘源治理工程的一部分，同时规范了库区滩地使用秩序。

（6）塌岸治理工程。为了治理官厅水库库岸坍塌、改善水库蓄水条件、保护水库周边基础设施及耕地安全，采用工程和生态防护相结合的方法对库岸进行治理。塌岸工程治理总长度 54.8km，其中北京延庆段6.6km，河北怀来段 44.3km。工程于 2007 年 2 月由国家发改委批准立项，2010 年 8 月开工建设，现已完工。

图 5.2-3 为自 2000 年以来，官厅水库坝前水体污染物年际变化情况。TN、$NO_3^- - N$ 和 $NH_4^+ - N$ 年平均浓度（车胜华，2017）均呈明显的递减

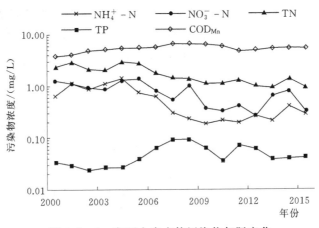

图 5.2-3　官厅水库水体污染物年际变化

趋势；自 2008 年库区水华以来，TP 和 COD_{Mn} 浓度也呈逐年递减趋势。目前，官厅水库除了上游水体营养物质负荷较大外，底泥中的 N、P 等营养物质也在缓慢释放；在风浪扰动条件下，底泥会发生再悬浮，加快表层污染物浓度梯度扩散。虽然自 20 世纪 90 年代末开始，官厅水库上游流域和水库库区内实施了大量的水污染治理措施，但水库水质要全面达到地表水源地要求，尚需要长期的生态修复过程。

5.2.2 水库水体污染物空间变化

图 5.2 - 4 为官厅水库水体污染物平均浓度自河流入库断面至坝前空间变化。营养物质中，水库水体 TN、TP、$NO_3^- - N$ 和 $NH_4^+ - N$ 浓度均低于入库的永定河和妫水河，且妫水河库区的浓度整体低于永定河库区；各库区内部，这 4 种污染物的浓度整体自上游段至下游段递减。库区内水体 $NH_4^+ - N$ 浓度最高值出现在永定河库区上游段，且高于永定河入库断面上游的 $NH_4^+ - N$ 浓度 [图 5.2 - 4 （a）]。永定河库区上游段库滨有连片耕地分布 （图 5.2 - 5）；观测期内，随着库水位逐步上涨，大片耕地被淹没，加之入库河流水体的冲刷扰动，土壤中施用氮肥所含的溶解铵态氮扩散进入水体，使 $NH_4^+ - N$ 浓度相应增高。水库水体 COD_{Mn} 整体高于入库河流。妫水河入库水体 COD_{Mn} 略高于永定河，妫水河库区和永定河库区的 COD_{Mn} 平均浓度分别为 6.80mg/L 和 6.05mg/L，前者略高。在各库区内部，其浓度仍自上游段向下游段递减。

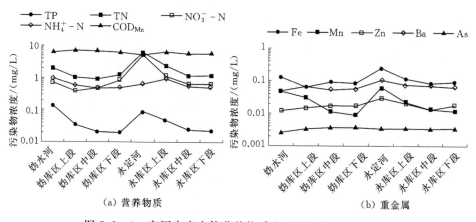

（a）营养物质　　　　　　　　　　（b）重金属

图 5.2 - 4　官厅水库水体营养物质和重金属含量空间变化

官厅水库水体各类重金属中，永定河库区 Fe 和 Ba 的含量均高于妫水河库区，且永定河入库断面的 Fe 和 Ba 的含量均明显高于妫水河入库断面

图 5.2-5　官厅水库永定河库区上游段库滨耕地

[图 5.2-4（b）]；妫水河库区处于妫水河入库断面和永定河入库段面之间，Fe 和 Ba 的含量自上游段向下游段递增，永定河库区这两种污染物浓度自上游段向下游段递减。永定河库区和妫水河库区水体 Zn 平均浓度较为接近；但因永定河入库断面 Zn 含量明显高于妫水河入库断面，永定河库区和妫水河库区 Zn 浓度空间变化趋势和 Fe、Ba 较类似。永定河库区和妫水河库区水体 Mn 平均浓度较为接近；永定河和妫水河入库断面水体 Mn 含量差异相对较小，妫水河库区水体 Mn 浓度自上游段至下游段递减。官厅水库内水体 As 浓度空间差异不显著。

自 1955 年官厅水库建成，特别是开始蓄水后约 30 年间，入库泥沙大量淤积在库区，并主要淤积在永定河库区，导致库容大量损失，永定河库区库容损失占 91.5%（胡春宏等，2003）。对于正常高水位 479m，水库总库容从 1955 年的 13.56 亿 m³ 分别减至 1965 年、1980 年、1997 年的 10.99 亿 m³、9.28 亿 m³ 和 8.81 亿 m³。对于死水位 471.47m，总库容从 1955 年的 5.0 亿 m³ 分别减至 1965 年、1980 年、1997 年的 3.3 亿 m³、2.05 亿 m³ 和 1.74 亿 m³。随着水库淤积三角洲向坝前不断推进，水库床面逐年抬高；早在 20 世纪 90 年代末，水库坝前淤积高程已达 461m，泥沙淤积厚度达 17m。监测期内，水库坝前水深平均为 11.9m。

图 5.2-6 为官厅水库坝前不同深度水体污染物浓度。整体而言，营养物质中，TN、TP 和 $NO_3^- - N$ 浓度均出现深度 2.5m 处，之后随深度增加而缓慢递减；$NH_4^+ - N$ 和 COD_{Mn} 浓度最大值则出现在深度 5.0m 处，之后随深度增加而缓慢递减；各类营养物质浓度均为水深 2.5m 处高于水深 0.5m 处。为了防治水体富营养化，库区采取了水面漂浮物清除和曝气增

氧措施（图 5.2 - 7），对于降低表层水体营养物质浓度起到了一定作用。各类重金属中，Fe 和 Mn 的浓度整体随深度增加而有所递增；Ba 浓度在水深 2.5m 处达到最大，之后缓慢递减；水体不同深度 Zn 浓度虽存在差异，但随深度增加其无显著变化趋势；各层水体 As 浓度差异不大。虽然水库坝前泥沙淤积厚度很大，但因水深超过 10m，底泥难以因风浪扰动发生悬浮，使污染物扩散进入水体，故底层水体污染物浓度较表层水体未出现明显升高。

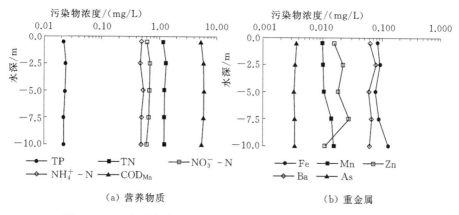

（a）营养物质　　　　　　　　　（b）重金属

图 5.2 - 6　官厅水库坝前不同深度水体营养物质和重金属含量

（a）水面漂浮物清除　　　　　　　（b）曝气增氧措施

图 5.2 - 7　官厅水库水面漂浮物清除和曝气增氧措施

对于其上游为季节性河流的水库，上游河流大量来水后，水体营养物质的空间分布特征可能出现显著变化。以半城子水库为例：上游来水前，水库表层和中层 $NH_4^+ - N$ 含量相当，但深层 $NH_4^+ - N$ 浓度明显高于前两者（图 5.2 - 8），后者比前两者平均值高 66.7%。这主要是因为深层水体可溶解氧含量相对表层水体较低，且水温基本稳定在 15℃，低温少氧的环境不利于硝化作用的进行，致使 $NH_4^+ - N$ 不易被转化为 $NO_3^- - N$，使 $NH_4^+ - N$ 含量相对较高。由于距离牤牛河入库断面越远，水体深度越大，处于低温少氧环境下的水体所占比例越高，故各点 $NH_4^+ - N$ 含量逐步增高。上游来水后，水库水体发生了扰动，促进了不同水层之间的流动交换，虽无法有效改变深层水体低温少氧状况，但仍可促进浓度梯度扩散，表层、中层和深层水体 $NH_4^+ - N$ 浓度更为接近，后者仅比前两者平均值高 25.3%，这也使得水平方向上 $NH_4^+ - N$ 浓度差异明显缩小。

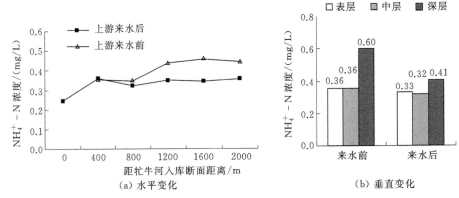

图 5.2 - 8　半城子水库上游来水前后水库水体 $NH_4^+ - N$ 浓度的水平和垂直变化

上游河流来水前，半城子水库水体 TP 浓度随与牤牛河入库断面距离的增大而递减（图 5.2 - 9）。主要因为靠近入库断面的取样点水体深度相对较浅，风浪扰动易引起底泥再悬浮，使得水库内源磷主要以底泥扰动的形式释放进入水库水体。离入库断面较远的取样点水层厚度大，风浪扰动不易使底泥再悬浮，内源磷主要以静态扩散的方式进入水体。而研究表明，底泥扰动释放内源磷的速率要明显高于静态释放（Li et al.，2011），故水体较浅处 TP 浓度较高。上游来水后，水流扰动易使距离牤牛河入库断面较近、水体较浅的区域底泥再悬浮，释放内源磷。距牤牛河入库断面400m 和 800m 处的两个取样点虽水深较浅，但 TP 浓度并未因底泥扰动而有所增加，而距入库断面 1200m、1600m 和 2000m 的三个点 TP 浓度则有所增加。半城子水库属山谷河流型水库，其水面呈狭长型，是上游河道的拓宽和延伸。在上游河道水流冲刷作用下，水库靠近上游河道部分因底泥再悬浮而释放的磷易在水流作用下，向下游靠近大坝的方向迁移，使其水体 TP 浓度增高。

上游河流来水后，距上游河流入库断面 1200m 和 1600m 的两个取样

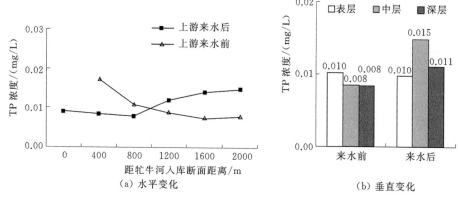

图 5.2-9　半城子水库上游来水前后水库水体 TP 浓度的水平和垂直变化

点 COD_{Mn} 浓度分别比上游来水前增加了 23.6% 和 18.2%（图 5.2-10），可能是因为水库上游水体较浅部分因底泥再悬浮释放的有机物迁移至下游水体所致。上游河流来水前后，水库深层水体 TN 浓度均略高于表层水体，但总体而言，TN 浓度在垂直方向上差异不明显，上游来水前后水体 TN 浓度在水平方向差异也不明显（图 5.2-12）。水库水体 $NO_3^- - N$ 浓度空间分布也与 TN 类似（图 5.2-11）。虽然底泥受扰动会导致水库内源氮释放，但由于 N 元素在水体中易于溶解扩散，故其在水库中整体分布相对较为均匀。

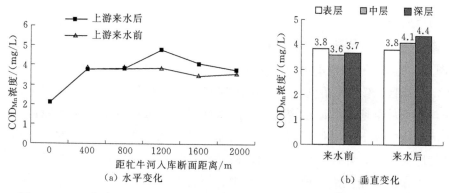

图 5.2-10　半城子水库上游来水前后水库水体 COD_{Mn} 浓度的水平和垂直变化

5.2.3　水库对上游来水污染物的响应

上游河流来水会使水库水体污染物浓度相应发生变化。官厅水库不同位置水体污染物浓度变差系数（C_V）如图 5.2-13 所示。相对于污染物浓

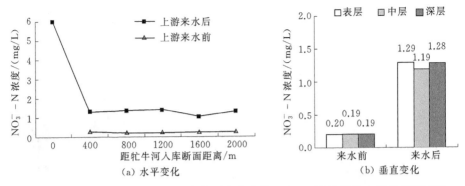

图 5.2 - 11　半城子水库上游来水前后水库水体 $NO_3^- - N$ 浓度的水平和垂直变化

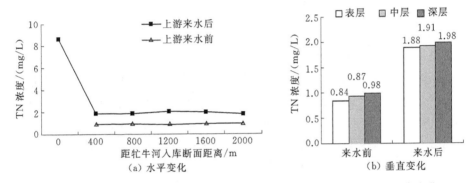

图 5.2 - 12　半城子水库上游来水前后水库水体 TN 浓度的水平和垂直变化

度的空间变化（图 5.2 - 4）而言，C_V 的空间变化规律并不十分明显。营养物质中，仅 TP 和 $NH_4^+ - N$ 的 C_V 呈现入库河流高于水库水体的特征 [图 5.2 - 13（a）]；永定河入库断面上游水体 $NO_3^- - N$ 和 TN 的 C_V 低于永定河库区；COD_{Mn} 的 C_V 最高值出现在妫水河库区中段，随着库水位上涨，此处林草地淹没面积较大。水库水体污染物浓度的变化是在内源和外源污染物运移下共同作用的结果，入库径流和风力作用下形成的水流运动可使底泥扰动，释放内源污染物，使得水体中污染物浓度时间变化更加复杂。水库出库径流流量较稳定，其中各类营养物质的 C_V 低于水库水体。

官厅水库水体各类重金属中，永定河库区 Fe、Mn、Zn 和 As 的 C_V 均高于妫水河库区 [图 5.2 - 13（b）]。永定河支流洋河中下游段集中了大量工业区和较大城镇（谭冰 等，2014），官厅水库永定河库区沉积物中重金属含量整体高于妫水河库区（张伯镇 等，2016），使得永定河库区潜在的重金属内源污染负荷更高，其释放可对水体重金属浓度变化含量造成更

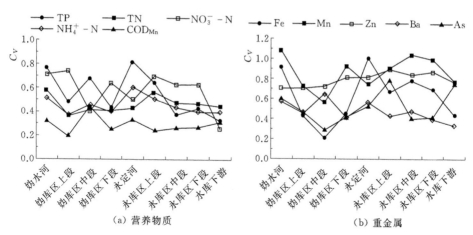

图 5.2-13 官厅水库水体营养物质和重金属浓度变差系数的空间变化

显著影响。除了 As 外，出库水体中各类重金属 C_V 均低于永定河库区水体。

整体而言，入库水体的污染物在水库内运移和沉降后，出库水体中多种污染物浓度明显降低。营养物质中，TN、TP、$NO_3^- - N$、$NH_4^+ - N$ 和 COD_{Mn} 平均浓度分别比入库水体减少了 80.4%、87.5%、83.5%、30.2% 和 29.3%，平均为 62.2% ［图 5.2-14 (a)］。重金属中，Fe、Mn 和 Zn 平均浓度分别比入库水体减少了 64.0%、69.8% 和 34.8%，平均为 56.2%；水体 Ba 和 As 的入库和出库浓度差异较小 ［图 5.2-14 (b)］。水体生物利用和转化营养物质和生长所需金属元素的能力明显高于其他物质。

研究将污染物自河流至水库迁移过程中，各类污染物在不同河流和水库不同位置的平均浓度作为变量，并将各类污染物在不同河流和水库不同位置的浓度变差系数作为变量，分别进行了聚类分析（图 5.2-15）。依据平均浓度分布差异，水体污染物可分为三类：各类重金属和 TP、TN 为一类，体现了水库上游流域和水库周边不同类型的外源污染源共同作用下，水体污染物浓度的空间变化；$NO_3^- - N$ 和 $NH_4^+ - N$ 为一类，这两种污染物可在一定的水温、流场或浮游植物等条件作用下，相互转化；COD_{Mn} 单独为一类，可体现官厅水库表层底泥中有机物富集对于库区水质的影响。

依据污染物浓度变差系数的差异，水体污染物年内变化可分为三类：TN、$NH_4^+ - N$、Ba、$NO_3^- - N$ 和 COD_{Mn} 为一类，其浓度在水库中的季节变化幅度略高于或接近其在入库河流中的变化幅度；TP、As、Fe 和 Zn

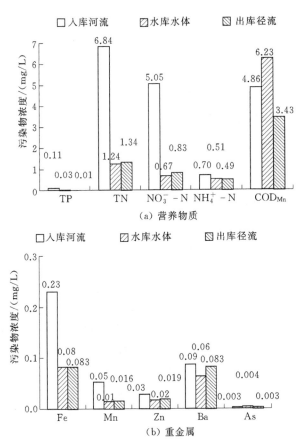

图 5.2-14　监测期内官厅水库入库和出库水体营养物质和重金属浓度

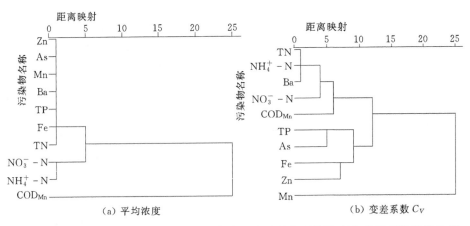

图 5.2-15　各类污染物自河流至官厅水库迁移过程中平均浓度和变差系数聚类分析

为一类，其浓度在水库中的季节变化幅度低于其在入库河流中的变化幅度。Mn 单独为一类，在河流和水库中，其季节变化幅度均整体高于其他污染物。

对于入库河流为季节性河流的水库，雨季短时期内大量径流入库可使水体污染物浓度的季节变化幅度出现显著变化。以半城子水库为例，2009年水库上游河道没有来水，各类污染物浓度的变差系数均随着与牤牛河入库断面距离的增加而递减，即水体深度较大处，污染物浓度变化较小（图5.2-16）。半城子水库周边集水区土地利用以林地和草地为主，植被覆盖

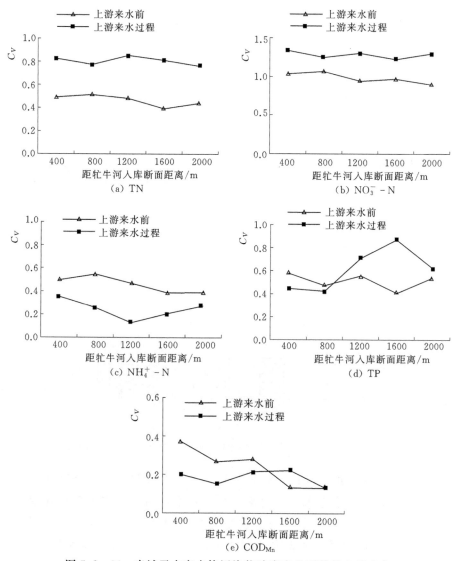

图 5.2-16 半城子水库水体污染物浓度变差系数的空间变化

好；除半城子水库管理除外，无其他居民点；通过地表径流冲刷和生活排污进入水库水体的污染物十分有限。在水体深度较大处，通过风浪扰动由底泥进入水体的污染物也十分有限，因此水体污染物浓度易处于相对稳定的水平。2010 年 8—12 月，水库上游来水期间，入库径流量总计 282.0 万 m³，相当于来水前水库蓄水量 的 68.0%。大量河道径流与水库水体混合后，因河道径流中 TN 和 $NO_3^- - N$ 浓度较高，水库水体中 TN 和 $NO_3^- - N$ 浓度的变化幅度显著增高，其 C_V 明显高于上游来水前；而水库不同位置 C_V 未呈现出显著的空间变化规律。

半城子水库至密云水库地下输水管道于 2006 年建成，所输送水主要来自坝前水库深层水体。监测期内，入库径流水体 TN 和 $NO_3^- - N$ 浓度较高，进入水库后，经过稀释和沉降作用，出库水体中 TN 和 $NO_3^- - N$ 浓度分别比入库水体降低了 70.6% 和 67.0%。入库河流和水库水体中 TP 浓度较接近，出库水体和入库水体 TP 浓度也较接近（图 5.2－17）。入库河流中 $NH_4^+ - N$ 浓度低于水库水体，出库水体中 $NH_4^+ - N$ 浓度略高于入库水体。相对入库水体而言，出库水体中 COD_{Mn} 升幅十分明显。主要是因为牤牛河水体中携带的 N、P 等营养元素促进了藻类的生长繁殖，将水体中的无机营养盐转化为有机物，COD_{Mn} 浓度相应升高。

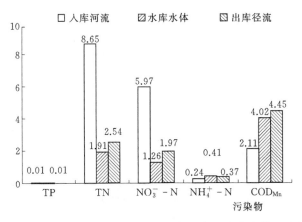

图 5.2－17　上游来水过程中半城子水库入库和出库水体污染物浓度

半城子水库接纳了大量上游来水后，水体污染物浓度显著变化，若选择不同月份通过地下输水管道向密云水库输水，出水水质可能存在显著差异。2010 年，半城子水库向密云水库输水时间选择在 11 月，水体中 TN 和 COD_{Mn} 浓度均超过了地表水环境质量标准中对于水库Ⅱ类水体的限值，其中，TN 浓度为该限值的 5.08 倍。如果依据水库水体污染物的逐月变化状况，选择在当年9月输水，则水体中 TN、$NH_4^+ - N$、$NO_3^- - N$ 和 COD_{Mn} 的浓度均低于11月时的浓度（图 5.2 - 18），均未超过地表水环境质量标准中对于水库Ⅱ类水体的限值；TP 浓度虽相对略高，但也未超过该标准限值，其输水水质整体好于11月。可见，在辨识水库水体污染物时间变化特征，分析其变化规律的基础上，选择水库径流调度的时间，可有效减少受水水体的污染负荷。

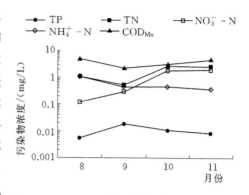

图 5.2 - 18 2010 年上游来水过程中半城子水库坝前深层水体污染物浓度变化

5.3 水库水体富营养化分析

5.3.1 水库水体富营养化现状分析

5.3.1.1 评价项目和分级标准

在水污染的类型中，水体富营养化是较为常见的形式之一，通常是指湖泊、水库和海湾等封闭性或半封闭性水体，以及某些河流水体内 N、P 等营养物质富集，水体生产力提高，某些特征性藻类异常增殖，水质恶化的过程（Agarwal，1988；Smol，2008）。研究在营养物质和浮游藻类监测的基础上，对水库水体富营养化状况进行分析评价。评价项目包括总磷（TP）、总氮（TN）、高锰酸盐指数（COD_{Mn}）、叶绿素 a（Chla）含量 4 项。

水体富营养化评价分级依据湖泊（水库）营养状态评分法（表 5.3 - 1）。其中，$0 \leqslant$ 营养状态指数 $EI \leqslant 20$ 为贫营养；$20 < EI \leqslant 50$ 为中营养；$50 < EI \leqslant 100$ 为富营养。富营养状态中，$50 < EI \leqslant 60$ 为轻度富营养；$60 < EI \leqslant 80$ 为中度富营养；$80 < EI \leqslant 100$ 为重度富营养。依据表 5.3 - 1 将参数浓度值转换为评分值。监测数值处于表列值两者中间者可采用相邻点内插，将几个评价项目评分值计算平均值；求得的平均值查表得出营养状态等级。

表 5.3-1 湖泊（水库）营养状态评价标准及分级方法

营养状态	EI	TP /(mg/L)	TN /(mg/L)	Chla /(mg/m³)	COD_{Mn} /(mg/L)
贫营养	10	0.001	0.02	0.5	0.15
	20	0.004	0.05	1	0.40
中营养	30	0.010	0.10	2	1.00
	40	0.025	0.30	4	2.00
	50	0.050	0.50	10	4.00
富营养	60	0.100	1.00	26	8.00
	70	0.200	2.00	64	10.00
	80	0.600	6.00	160	25.00
	90	0.900	9.00	400	40.00
	100	1.500	16.00	1000	60.00

5.3.1.2 水体富营养化现状分析结果

表 5.3-2 为各水库水体营养状态指数 EI。各水库 TN 的 EI 值变化为 56.64～63.11，较为接近，整体介于轻度富营养和中度富营养之间；各水库 TP 的 EI 值变化为 37.64～49.09，均为中营养状态；各水库 Chla 的 EI 值变化为 45.79～58.42，整体介于中营养和富营养状态之间；各水库 COD_{Mn} 的 EI 值变化为 53.38～61.66，整体为轻度富营养。将上述 4 类物质对应的 EI 值求平均，可见除半城子水库水体处于中营养状态外，其他水库水体均为轻度富营养。

表 5.3-2 典型水库水体营养状态指数

水库名称	营养状态指数 EI				
	TN	TP	Chla	COD_{Mn}	平均
官厅	60.55	41.68	48.07	58.46	52.19
半城子	56.64	37.64	45.79	53.38	48.36
栗榛寨	58.10	49.09	55.25	61.66	56.03
黑圈	63.11	41.27	58.42	56.52	54.83
各水库平均	59.60	42.42	51.88	57.51	52.85

水体氮磷浓度比（TN∶TP）对藻类的生长程度具有重要的指示意义，其为水中浮游生物营养结构特点的重要反映。Redfield 定律认为，若水体环境中 TN∶TP＞16∶1，则限制因子为磷元素；若水体环境中 TN∶TP≤10∶1，则限制因子为氮元素；若水体环境中 10∶1＜TN∶TP＜16∶1 时，则无法确定限制因子（Klausmeier et al.，2004）；生长在海洋及湖泊等淡水中的藻类植物的增殖情况普遍适用于这一规律。4 个典型水库中，官厅水库、半城子水库和黑圈水库水体 TN∶TP 分别为 48.6、48.5 和 51.1，栗榛寨水库为 18.6。可见，磷是各水库藻类增殖的限制性营养盐。防止水库出现富营养化，需要重点限制磷的入库量。

将不同类型水体的营养状态进行对比（图 5.3-1），可见大气降水中 TN 的 EI 值平均超过 70，多为中度富营养状态，虽然经过汇流过程，河流和水库水体中 TN 的 EI 值有所降低，但仍整体介于轻度富营养和中度富营养之间。半城子水库大气降水、入库河流和水库水体中 TP 的 EI 值

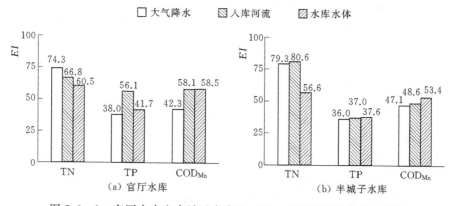

图 5.3-1　官厅水库和半城子水库流域不同类型水体营养状态指数

较接近；官厅水库大气降水中 TP 含量整体为中营养状态，入库河流中 TP 含量整体为轻度富营养状态，水库水体 TP 含量整体为中营养状态。大气降水经过流域汇流进入水库后，其 COD_{Mn} 含量逐步增加，对应的 EI 值也相应增加，逐步从中营养变为轻度富营养状态。

图 5.3-2 为藻类活动期内水

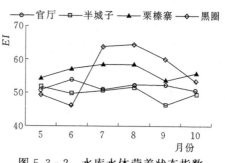

图 5.3-2　水库水体营养状态指数年内变化

库水体营养状态指数变化。官厅水库 EI 最高值出现在 6 月，其他 3 个水库 EI 最高值出现在 7—8 月，即一年内表层水温最高的月份。就 EI 变化幅度而言，官厅水库最小，黑圈水库最大，其随着水库蓄水量的增加而降低。

5.3.2　影响水体叶绿素 a 浓度变化的主要因素

5.3.2.1　分析方法

水体叶绿素 a 是表征浮游藻类生长状况的重要指标。已有研究表明，水体中总磷等营养物质浓度与水体叶绿素 a 浓度呈一定相关关系。因此，在湖库水质模型中，通过营养物质浓度变化模拟水体中叶绿素 a 浓度变化，从而体现水体富营养化状况，已成为水质模拟的一个重要模块（Neitsch et al.，2005）。国外已有的水质模型中，多通过建立总磷浓度与叶绿素 a 浓度的关系，表征水体富营养化状况。但也有研究表明，其他营养元素，或是水深、水温等物理特征，与叶绿素 a 浓度也有可能呈相关关系（Valeriano‐Riveros et al.，2014；刘霞 等，2016）。我国自 20 世纪 80 年代末以来，水体富营养化问题越来越严重（Zhao et al.，2013；孔范龙 等，2016）。有关水体营养物质与藻类增殖之间联系的报道逐渐增多，一些学者建立了水体总磷等营养物质浓度与叶绿素 a 浓度之间的联系。但这些研究多集中于大型湖泊水库，有关中小型水库水体营养物质浓度对藻类影响的报道较少。

水体富营养化是北京山区水库面临的首要水环境问题。自 20 世纪 70 年代中期开始，随着入库河流污染物负荷的增加，官厅水库浮游藻类迅速增长。1958—1973 年间每升水体中藻细胞数量的增加速率为 2.9 万个/a；1973—1985 年间每升水体中藻细胞数量的增加速率为 56.5 万个/a（杜桂森，1989）；1988—2005 年间每升水体中藻细胞数量从 967.1 万个/L 增至 1599.4 万个/L；而且藻类群落结构也从甲藻、硅藻占优势转变成蓝藻、绿藻占优势（刘培斌和李其军，2010）。水体富营养化等水污染问题导致水库水质恶化，官厅水库于 1997 年退出北京市地表水源地，目前水库水体处于轻度富营养化状态。密云水库是北京最重要地表饮用水水源地。随着人口增长和经济发展，进入水库水体的营养物质逐渐增加。自 20 世纪 90 年代以来，密云水库水质呈自中营养化向富营养化发展趋势（Wang et al.，2008；Jiao et al.，2015）。目前已有研究初步分析了密云水库水体营养物质浓度与叶绿素 a 浓度之间的联系（王晓燕 等，2011）。但是，对于水库上游水源保护区内众多中小型水库，有关水体营养物质与富营养化之间关联的研究很少。水源保护区内水库水体是密云水库入库径流的重要来源，明确水体营养物质浓度与藻类增殖之间的关联，对于明确水体富营养化潜在诱因，提出相应防治对策，具有重要的意义。

为了建立水体叶绿素 a 浓度（Chla）与营养物质浓度和水温之间的定量联系，本文分析了 Chla 与总氮浓度（C_{TN}）、硝态氮浓度（C_{NO_3}）、铵态氮浓度（C_{NH_4}）、总磷浓度（C_{TP}）、高锰酸钾盐指数（C_{COD}）和表层水温（T）之间相关关系；选取在 $p < 0.05$ 的置信区间内与 Chla 呈显著相关的影响因素，作为主要自变量，建立利用水体营养物质浓度或水温计算 Chla 的方程。

5.3.2.2 营养物质浓度对叶绿素 a 浓度变化的影响

表 5.3 - 3 为典型水库表层水体叶绿素 a 浓度（Chla）与各类营养物质浓度之间相关系数。各水库 Chla 与 C_{TP} 之间均呈显著或极显著正相关，两者之间整体呈极显著正相关；半城子水库、栗榛寨水库和黑圈水库的 Chla 与 C_{TN} 之间呈显著正相关，但各水库 Chla 与 C_{TN} 之间相关关系并不显著；Chla 与 C_{COD} 之间也呈显著正相关，且在官厅水库和黑圈水库两者相关关系更为显著，但相较 C_{TP} 而言，其整体相关系数有所降低。Chla 与 C_{NO_3} 和 C_{NH_4} 均无显著相关。

表 5.3 - 3　叶绿素 a 浓度与营养物质浓度和温度之间相关系数

Chla	C_{TN}	C_{NO_3}	C_{NH_4}	C_{TP}	C_{COD}	T
官厅水库	−0.103	−0.213	0.094	0.457**	0.499**	0.291
半城子水库	−0.239	0.199	0.193	0.529*	0.007	−0.661**
栗榛寨水库	−0.405	0.501	0.112	0.913*	−0.205	−0.151
黑圈水库	0.597	−0.496	−0.166	0.902*	0.882*	0.777
所有样品	0.324**	−0.100	−0.114	0.577**	0.436**	0.174
中小型水库样品	0.640**	0.031	−0.015	0.682**	0.588**	0.167

注　*、**分别表示在 $p = 0.05$ 和 $p = 0.01$ 水平上显著相关。

在监测期内，半城子水库、黑圈水库和栗榛寨水库水体 TN 与 TP 质量比分别为 48.5、51.1 和 18.6，因此磷元素成为水库水体浮游藻类生长的主要限制元素，其浓度变化对于叶绿素 a 浓度变化的影响更为显著。各水库的 Chla 均随 C_{TP} 的增加而显著递增（表 5.3 - 3），半城子水库和栗榛寨水库的递增趋势较为相近。相对而言，C_{TN} 的变化对于 Chla 的影响并不十分显著。虽然整体而言，半城子水库、栗榛寨水库和黑圈水库的 Chla 随 C_{TN} 的增加而递增，但是各个水库 C_{TN} 与 Chla 的相关关系差异显著，在半城子和栗榛寨水库，两者呈不显著负相关；在黑圈水库两者呈正相关。

　　整体而言，各水库的 Chla 随 C_{COD} 的增加而递增，但是各个水库 C_{COD} 与 Chla 之间的相关性却存在差异。半城子水库和栗榛寨水库的 C_{COD} 与 Chla 之间均无显著关系；官厅水库和黑圈水库 C_{COD} 与 Chla 呈显著正相关（表 5.3-3）。叶绿素 a 存在于浮游植物中，浮游植物通过光合作用产生大量有机物，当水中 Chla 升高时，高锰酸盐指数也相应增加，可见 C_{COD} 是 Chla 浓度变化的被动因子。

5.3.2.3　水温对叶绿素 a 浓度季节变化的影响

　　由于藻类进行光合作用和营养物质运输转换的酶的活性直接与温度相关。在藻类适宜生长的温度范围内，温度的上升会促进其生长；若超过或低于适宜生长的温度范围，藻类生长会受到抑制。但不同藻类的适宜生长温度存在显著差异：硅藻适宜生长温度为 13～25℃，绿藻适宜生长温度为 20～30℃，蓝藻生长温度为 25～35℃（Tilman，1997；柴小颖，2009）。水温的变化可能造成浮游植物数量变化，也可能引起其群落结构变化。总体而言，各水库 Chla 与 T 变化之间作用关系较为复杂：黑圈水库 Chla 与 T 之间存在正相关（$p < 0.1$）；在一定温度范围内，半城子水库 Chla 与 T 之间呈现负相关。

5.3.3　水体叶绿素 a 浓度计算方程

5.3.3.1　单变量方程

　　整体而言 Chla 与 C_{TP}、C_{TN} 和 C_{COD} 相关程度较高，考虑到营养物质含量趋近于零则藻类含量也接近于零，拟合的方程应通过坐标轴原点，计算方程应采用幂函数形式。因黑圈水库 Chla 与 C_{TP}、C_{TN} 和 C_{COD} 的线性关系与另外 3 个水库存在显著差别，本节分别拟合计算方程。对于官厅、半城子和栗榛寨水库，以 Chla 为因变量，分别以 C_{TP}、C_{TN} 和 C_{COD} 为自变量，拟合的方程决定系数分别为 0.27、0.02 和 0.19，C_{TP} 明显优于其他自变量（图 5.3-3），且拟合方程 $p < 0.01$；对于黑圈水库，分别以 C_{TP}、C_{TN} 和 C_{COD} 为自变量，拟合的方程决定系数分别为 0.73、0.65 和 0.88，采用 C_{TP} 和 C_{COD} 效果均较好 [图 5.3-3（a）、（c）]。考虑到方程自变量尽量一致，故选用 C_{TP} 作为计算方程的自变量（Chla 单位为 mg/m³，C_{TP} 单位为 mg/L，

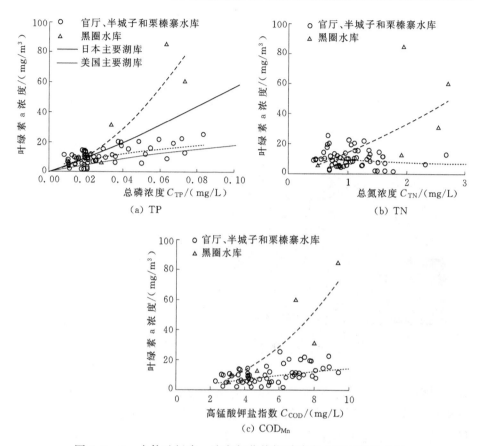

图 5.3-3 水体叶绿素 a 浓度与营养物质浓度之间幂函数关系

下同）：

$$\mathrm{Chla} = 76.2 C_{\mathrm{TP}}^{0.575}, n = 60, r^2 = 0.27, p < 0.01 \qquad (5.3-1)$$

$$\mathrm{Chla} = 5582 C_{\mathrm{TP}}^{1.636}, n = 6, r^2 = 0.73, p < 0.05 \qquad (5.3-2)$$

式（5.3-1）为官厅、半城子和栗榛寨水库的拟合结果，式（5.3-2）为黑圈水库的拟合结果。在不同营养类型的湖库中，根据水体中初级生产者植物的种类，可分为藻型、草型和藻—草混合型 3 种类型。半城子和栗榛寨水库水草较少，官厅水库水面面积大，水草仅分布在浅水区，这 3 个水库均属藻型水库；黑圈水库水深较浅，水草较多，附着于底质上的水草大多出露漂浮水面（图 5.3-4），属于草型水库；该水库单位面积上初级生产量相对较高，水体中磷元素的增长可加速浮游藻类的增殖，因此拟合的 Chla 与 C_{TP} 关系方程斜率更大。总体而言，北京山区水库水体中初级生产者植物类型以藻类为主，因此式（5.3-1）可用于大多数水库 Chla 的计算；对于草型水库，其 Chla 的计算可用式（5.3－2）。

5.3.3.2　双变量方程

对于官厅、半城子和栗榛寨水库，以 Chla 为因变量，C_{TP} 和 C_{COD} 为自变量，拟合方程：

$$\text{Chla} = 168.70C_{TP} + 0.71C_{COD} + 1.70, n=60, r^2=0.49, p<0.01$$

（5.3－3）

图 5.3－4　黑圈水库水面状况

方程决定系数为 0.49，其拟合效果略优于式（5.3－1）。对于黑圈水库，由于样本量较少，未考虑拟合多因子计算方程。

将本节拟合的 Chla 与 C_{TP} 关系方程与国外水质模型中 Chla 与 C_{TP} 关系方程（Neitsch et al.，2005）进行对比〔图5.3－3（a）〕，发现国外水质模型中的关系方程与本节拟合的北京山区草型水库的关系方

程差异较大；对于大多数水库，拟合的关系方程虽和美国主要湖库的关系方程相对接近，但采用美国的湖库关系方程计算 Chla 浓度，预测值仍整体偏低。可见在北京山区，国外已有的 Chla 计算模型不能直接应用于水库水体富营养化模拟，应利用实测资料对模型参数进行率定。

5.3.3.3　风场对水体叶绿素 a 变化的影响

图 5.3－5 为官厅水库水体叶绿素 a 平均浓度和变差系数的空间差异，水库水深分别自妫水河库区和永定河库区的上游段向其下游段递增，各库区上游段水体营养物质含量相对较高，加之水体相对较浅，在太阳辐射作用下升温至藻类生长适宜温度所需时间相对较短，Chla 年平均浓度高于中游和下游段。永定河库区 Chla 变差系数明显高于妫水河库区，且中游和下游段高于上游段。官厅水库库区以北风为主，永定河库区主河道为南北走向；春、秋季上游段浅水区水温先达到藻类适宜生长温度，藻类生长速度较快；随着深水区温度逐渐升高，藻类浓度逐渐向深水区扩散（刘培斌和李其军，2010）；同时，藻类在水面漂浮，在风作用下有聚集作用，永定河库区浅水区产生的藻类会漂浮至中游段和下游段，使表层水体 Chla 浓度变化更加复杂。

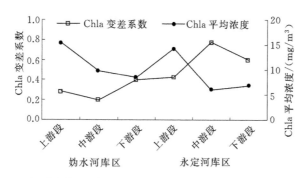

图 5.3-5 官厅水库不同位置水体叶绿素 a 平均浓度和变差系数的变化

监测期内，官厅水库平均水面面积达 $6259hm^2$，半城子和栗榛寨水库水面面积仅 $37.2hm^2$ 和 $6.26hm^2$；半城子和栗榛寨水库无大面积宽广水面，风力作用对表层水体藻类分布和变化的影响有限。分别拟合其 Chla 与 C_{TP} 关系方程［图 5.3-6 (a)］，可见在官厅水库，这一关系方程的斜率明显低于半城子和栗榛寨水库；官厅水库 Chla 与 C_{TP} 关系图的点分布相对比较分散，拟合方程式（5.3-5）决定系数也相对较低。分别拟合 Chla 与 C_{COD} 关系方程［图 5.3-6 (b)］，也可见在官厅水库，方程的斜率明显低于半城子和栗榛寨水库。

$$\text{Chla} = 140.1 C_{TP}^{0.701}, n = 24, r^2 = 0.71, p < 0.01 \qquad (5.3-4)$$

$$\text{Chla} = 54.58 C_{TP}^{0.507}, n = 36, r^2 = 0.15, p < 0.05 \qquad (5.3-5)$$

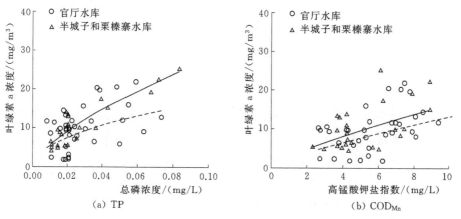

图 5.3-6 官厅、半城子和栗榛寨水库叶绿素 a 浓度与总磷浓度和高锰酸钾盐指数关系

研究表明，官厅水库水体中，蓝藻和绿藻为优势藻类，两者细胞密度之和达到总细胞密度的 75.33%，静水环境利于其快速繁殖。在风浪扰动

下，表层水体流速加快，不利于其快速生长；因此随着 TP 等营养物质浓度增加，Chla 增长速率也有所减缓。若采用 C_{TP} 和 C_{COD} 拟合双变量方程，半城子和栗榛寨水库［式（5.3-6）］与官厅水库［式（5.3-7）］也存在显著差别。

$$Chla = 270.86 C_{TP} - 0.23 C_{COD} + 4.81, n = 24, r^2 = 0.81, p < 0.01$$

$$(5.3-6)$$

$$Chla = 114.91 C_{TP} + 1.03 C_{COD} + 0.69, n = 36, r^2 = 0.36, p < 0.01$$

$$(5.3-7)$$

5.4　表观沉降速率

5.4.1　表观沉降速率计算方法

研究在利用径流小区观测资料建立了坡面径流量计算模型、土壤流失量计算模型、污染物随径流流失模型、污染物随泥沙流失模型等 4 个子模型，以构成坡面污染物负荷计算模型的基础上，在北京山区官厅、半城子、栗榛寨和黑圈等 4 个工程等别不同的水库，开展水库非点源污染监测，获得由入库河流和大气降水进入水库水体的污染物量，结合由坡面污染物负荷计算模型获得的水库周边集水区入库污染物量，完成物质平衡分析，计算水库水体污染物的总表观沉降速率。为从表观沉降速率中定量分离出内源和外源污染物运移分别对应的部分，研究通过室内模拟实验，分析扰动过程中和扰动结束后，底泥中污染物向水体释放状况，计算内源污染物释放对应的表观沉降速率，进而推算外源污染物运移沉降对应的表观沉降速率。

上游河流水体进入水库后，流速明显减缓，水体中泥沙和胶体颗粒等携带吸附的污染物易逐步沉积在水库底部。许多流域非点源污染模型都采用了表观沉降速率（apparent settling velocity）这一参数，定量描述污染物通过不同过程，输移进入水库沉积物的净效果。假设水库水体深度均一，水土界面面积与水体表面积相等（图 5.4-1），则水库中污染物沉降速率可表示如下（Neitsch et al.，2005）：

$$\nu = \frac{M_{settling}}{c_0 \cdot A_s \cdot dt} \tag{5.4-1}$$

式中：ν 为表观沉降速率，表示污染物输移进入水库沉积物的净效果，m/d；A_s 为水库水面面积，m^2；c_0 为水体中初始污染物质平均浓度，kg/m^3，为

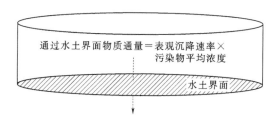

通过水土界面物质通量＝表观沉降速率×污染物平均浓度

水土界面

图 5.4－1　沉淀损失的污染物质量计算示意图

各取样点浓度的平均值；dt 为时间步长，d；$M_{settling}$ 为沉淀损失的污染物质量，kg，由下式计算获得：

$$M_{settling} = M_{in} + V_0 c_0 - V_t c_t - V_{out} \cdot c_{out} \qquad (5.4-2)$$

式中：M_{in} 为模拟时段内，通过河道径流和降雨进入水库水体的污染物质总量，kg；V_0 和 c_0 为模拟时段开始时，水库蓄水量（m³）和水体污染物平均浓度（kg/m³）；V_t 和 c_t 为模拟时段结束时，水库蓄水量（m³）和水体污染物平均浓度（kg/m³）；V_{out} 和 c_{out} 为模拟时段内，水库出库水量（m³）和出库水体中污染物平均浓度（kg/m³）。表 5.4－1 为各典型水库水体污染物平衡计算结果。

表 5.4－1　　　　　典型水库水体污染物平衡计算

水库名称	污染物运移过程	各类污染物总量/kg						
		TN	TP	Fe	Mn	Zn	Ba	As
官厅水库	监测开始时	264557	9983	26029	8725	6351	11165	1559
	大气降水	193914	914	10264	433	1068	154	45
	上游河流输入	1612370	35856	108716	19002	9640	29577	824
	周边集水区输入	222228	2454	17243	3337	2719	1515	121
	出库	100111	821	9767	752	1109	4842	150
	沉淀和吸收	1226757	39277	74346	25538	14424	2638	1156
	监测结束时	966201	9109	78139	5207	4244	34930	1243
半城子水库	监测开始时	5537.8	145.8	278.9	136.5	49.8	169.3	9.46
	大气降水	735.9	2.5	13.4	0.8	5.6	3.7	0.10
	上游河流输入	8128.8	13.1	123.5	3.6	124.3	68.1	0.30
	周边集水区输入	107.9	1.5	14.6	1.6	1.6	0.8	0.05
	出库	0	0	0	0	0	0	0
	沉淀和吸收	5595.9	11.3	−597.9	−223.5	−176.9	9.9	3.82
	监测结束时	8914.5	151.7	1028.3	366.0	358.2	232.1	6.08

水库名称	污染物运移过程	各类污染物总量/kg						
		TN	TP	Fe	Mn	Zn	Ba	As
栗榛寨水库	监测开始时	295.2	14.6	60.0	10.5	3.8	6.3	0.20
	大气降水	116.0	0.7	2.5	0.4	0.6	0.5	0.03
	上游河流输入	294.4	3.3	40.4	0.8	1.5	0.9	0.12
	周边集水区输入	62.6	0.5	13.5	0.4	0.7	0.4	0.03
	出库	0	0	0	0	0	0	0
	沉淀和吸收	583.7	−1.4	87.7	−2.0	−0.9	1.9	−0.13
	监测结束时	184.5	20.6	28.7	14.0	7.5	6.3	0.50
黑圈水库	监测开始时	60.3	3.4	6.0	1.5	1.2	0.5	0.37
	大气降水	69.4	0.2	1.3	0.2	0.3	0.3	0.02
	上游河流输入	241.3	0.3	1.0	0.4	1.1	0.9	0.03
	周边集水区输入	89.8	0.5	4.4	0.4	0.2	0.1	0.01
	出库	0	0	0	0	0	0	0
	沉淀和吸收	292.3	1.4	−7.7	1.8	0.6	−4.2	0.12
	监测结束时	168.5	3.1	20.4	0.6	2.3	6.0	0.30

注　负值表示底泥中污染物扩散进入水体。

5.4.2　总表观沉降速率

5.4.2.1　总表观沉降速率值

研究将不同类型污染物表观沉降速率值从小到大排序，以第 20、第 40、第 60 和第 80 百分位为分界点，将表观沉降速率值相应分为低、较低、中、较高和高 5 级，分级结果见表 5.4-2。

图 5.4-2 为监测期内，各水库 TN、TP 等营养元素和 Fe、Mn、Zn、Ba、As 等重金属总表观沉降速率 ν。官厅水库为大型水库，水体各类污染物 ν 均为正值，且较其他水库而言，污染物沉降速率较快。栗榛寨和黑圈水库为小型水库，其 ν 的绝对值整体低于官厅和半城子水库，各类污染物呈自水体中缓慢沉降或从底泥中缓慢释放状态。半城子水库内源污染物 Fe、Mn、Zn 释放速率较快，主要是因为监测期结束时，为该水库上游来水过程结束后 6d，上游来水导致底泥污染物释放，部分再悬浮污染物还未完全沉降进入底泥。

表5.4-2　　　　　　　　总表观沉降速率分级　　　　　　　单位：mm/d

分级	污染物种类						
	TN	TP	Fe	Mn	Zn	Ba	As
低	<-42.9	<-5.7	<-28.4	<-16.3	<-19.6	<-24.2	<-1.2
较低	-42.9~24.4	-5.7~-0.5	-28.4~-2.6	-16.3~-0.6	-19.6~-1.0	-24.2~-3.3	-1.2~-0.02
中	24.4~116.6	-0.5~3.3	-2.6~14.1	-0.6~5.1	-1.0~3.0	-3.3~2.7	-0.02~0.13
较高	116.6~225.2	3.3~25.2	14.1~40.1	5.1~24.9	3.0~55.0	2.7~17.6	0.13~7.7
高	≥225.2	≥25.2	≥40.1	≥24.9	≥55.0	≥17.6	≥7.7

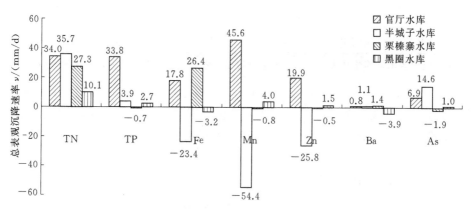

图5.4-2　各水库水体污染物总表观沉降速率

5.4.2.2　上游来水过程中污染物运移沉降

表5.4-3是2009年6月至2010年11月期间半城子水库水体污染物平衡计算。2009年6月初，水库水体TN总量为7425.1kg；2009年6月至2010年11月，通过大气降水和上游河流进入水库的TN总计23575.1kg，以上两者之和为31000.2kg。而2010年11月底，水库水体TN总量为18070.3kg，相当于前者的58.3%。2009年6月初，水库水体TP总量为60.9kg；2009年6月至2010年11月，通过大气降水和上游河流进入水库的TP总计30.3kg，以上两者之和为91.2kg。而2010年11月底，水库水体TP总量为47.2kg，相当于前者的51.8%。2009年6月初，水库水体COD_{Mn}总量为15143.0kg；2009年6月至2010年11月，通过大气降水和上游河流进入水库的COD_{Mn}总计6531.8kg，以上两者之和为

21674.8kg。而 2010 年 11 月底，水库水体 COD$_{Mn}$总量为 30788.8kg，比前者增加了 42.0%。水库水体 COD$_{Mn}$总量的变化趋势与 TN 和 TP 相反，其增加量超过了入库水体中 COD$_{Mn}$质量总和。这主要是因为输入水体的 N、P 等营养元素促进了藻类的增长和繁殖，其将大量的无机养分转化为有机物。

表 5.4-3　　　　　　　　半城子水库水体营养物质平衡计算

营养物质循环过程	营养物质总量/kg		
	TN	TP	COD$_{Mn}$
2009 年 6 月初水库水体营养物质	7425.1	60.9	15143.0
2009 年 6 月至 2010 年 11 月大气降水	2112.5	6.4	1152.3
2009 年 6 月至 2010 年 11 月上游河流输入	21462.6	23.9	5379.5
2009 年 6 月至 2010 年 11 月沉淀和吸收*	−12929.9	−44.0	9114.0
2010 年 11 月底水库水体营养物质	18070.3	47.2	30788.8

*　负值表示营养物质发生沉淀，或被浮游植物吸收；正值表示营养物质总量增加。

由图 5.4-3 可见，半城子水库水体 TN 和 TP 表观沉降速率逐月变化幅度较大。在观测期间，TN 表观沉降速率平均为 55.5mm/d，TP 表观沉降速率为 25.2mm/d。本节所指的营养物质表观沉降速率是不同过程输移营养物质进入水库沉积物的净效果，体现了营养物质在水库中沉淀及水体生物对其吸收作用的共同结果。

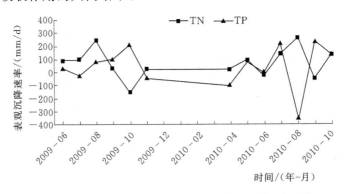

图 5.4-3　半城子水库水体 TN 和 TP 表观沉降速率

水库水体 TN 表观沉降速率高于 TP。相对于世界其他地区的湖泊水库而言，半城子水库水体营养物质表观沉降速率较慢。以 TP 为例，Higgins 和 Kim（1981）研究 P 表观沉降速率在田纳西州的 18 个水库的变

化范围为 $-246.6 \sim 737.0 \text{mm/d}$，其平均值为 115.6mm/d。对于美国中西部 27 个水库，Walker 和 Kihner（1978）研究 P 表观沉降速率变化范围为 $-2.7 \sim 342.5 \text{mm/d}$，其平均值为 34.8mm/d。Panuska 和 Robertson（1999）归纳了内源磷释放通量高低与湖泊水库 TP 表观沉降速率的对应关系（表 5.4-4），观测期间半城子水库 TP 表观沉降速率为 25.2mm/d，属于内源磷释放通量较低的水库。半城子水库底部淤泥中的磷除了来自死亡的藻类外，还来自上游流域的土壤侵蚀过程。半城子水库上游流域位于燕山南麓的迎风坡，夏季降水多以暴雨形式出现；加之地形上坡陡沟深，易在短时期内形成大量地表径流，冲刷地表土壤。例如 1976 年 7 月 23 日，密云北部山区普降大暴雨，日雨量大于 200mm 的暴雨区达 320km^2，半城子水库上游洪水最大洪峰流量达 $745 \text{m}^3/\text{s}$，使水库河床被泥沙淤高，占去库容 60 万 m^3，约为总库容的 6%（北京市潮白河管理处，2004）。自 20 世纪 90 年代中期以来，水库上游地区将坡耕地逐步改种经济林，保护植被，牤牛河径流含沙量逐步降低。但水库泥沙中的内源磷仍在缓慢释放。

表 5.4-4　内源磷释放通量高低与湖泊水库 TP 表观沉降速率的对应关系

内源磷释放 通量的高低	TP 表观沉降速率 /(mm/d)	内源磷释放 通量的高低	TP 表观沉降速率 /(mm/d)
高	<0	低	13.7~43.8
中	0~13.7	很低	>43.8

半城子水库水体营养物质表观沉降速率的高低受温度和水流条件的共同影响。水库上游来水前，水库 TP 和 TN 表观沉降速率均随表层水温的升高而递增（图 5.4-4），相对 TP 而言，TN 沉降速率增加趋势更为明显，且与表层水温相关系数更高。TN 表观沉降速率与表层水温的相关系数为 0.61，明显高于 TP 的 0.15。随着表层水温的增高，藻类数量逐步增加，其生长代谢更加旺盛，对水体 N 元素吸收相应增加，使其含量降低。

上游河道径流注入水库后，由于水流扰动作用，使得水库底泥再悬浮，释放 N、P 等营养物质，对其表观沉降速率产生影响。上游来水之前，TN 和 TP 表观沉降速率相对接近；上游来水之后 TN 表观沉降速率明显高于 TP（图 5.4-5）。上游来水后，底泥再悬浮产生的 P 元素进入水体，但其多为难溶的磷酸盐颗粒，易附着于固体或有机物颗粒上，不易被藻类等浮游植物吸收（Chung et al.，2009；Berretta et al.，2011）；此段时期牤牛河径流多为暴雨径流，其中 P 元素易以颗粒态形式存在，也不易在短

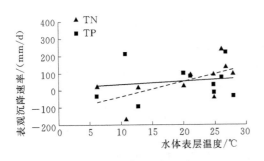

图 5.4-4　TP 和 TN 表观沉降速率与
表层水温关系

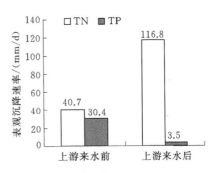

图 5.4-5　上游来水前后 TN 和 TP
表观沉降速率

期内被藻类吸收。由图 5.4-5 可见，2010 年 8 月牤牛河径流进入水库后，TP 表观沉降速率为－356.7mm/d，水库内源磷的释放十分显著。之后的 9 月和 10 月，随着上游来水量的减少和水库水深的增加，牤牛河径流对底泥的扰动有所减弱，有利于降低内源磷的释放。同时，悬浮的底泥开始逐步沉降，附着于底泥颗粒上的 P 元素也随之沉降；在这一过程中，底泥颗粒还会吸附水体中溶解态 P（Li et al.，2011），促进其沉降，使水体中 TP 含量明显降低。2010 年 9 月和 10 月，水库水体中 TP 表观沉降速率显著增加，分别为 258.0mm/d 和 124.3mm/d，明显高于上游来水之前的 TP 表观沉降速率。

上游来水后，TN 表观沉降速率约为上游来水前的 3 倍（图 5.4-5）。虽然上游来水会导致底泥扰动，释放内源 N，但因湖库底泥中的 N 主要以有机氮的形式存在（He et al.，2011），其扩散进入水体后，相对颗粒态的 P 而言，更易被浮游植物吸收；同时，此段时期水库外源 N 中，有 92.7% 来自上游河流水体，其中含有大量易被藻类吸收的 $NO_3^- - N$。2010 年 8 月水库上游来水期间，水体表层温度处于全年最高时段，多在 26～28℃ 之间，藻类生长代谢旺盛，可大量吸收水体中 N 元素，特别是来自上游河流水体的 $NO_3^- - N$，致使 TN 表观沉降速率有所增加。之后的 9 月和 10 月，悬浮的底泥开始逐步沉降。在这一过程中，底泥颗粒还会吸附水体中的 N 元素，促进其沉降，故此时段 TN 表观沉降速率亦高于底泥未扰动之前的静态沉降。

研究推算了典型水库水体污染物表观沉降速率，并定量描述了水库上游流域水体污染物自河流向水库迁移过程。此外，需对三个问题进行说明。首先，在计算表观沉降速率时，本节将水库视为一个整体，未深入探讨不同深度水体污染物沉降特征差异。实际上，就水库内部而言，不同深度光照、温度、溶解氧条件的差异，可能使污染物沉降速率存在差异。其次，TN 在水体中主要有三种形态：水体中的溶解态、颗粒表面的吸附态以及浮游植物形态的 N。本节所测定的 TN 含量为其溶解态和颗粒态之和。今后应加强水体浮游植物生长变化动态监测，以明确藻类等浮游植物与水体营养物质之间相互作用，从而为水体营养物质模拟进一步提供理论支持。再次，除了发生沉降和被浮游植物吸收外，水体中 N 元素也可被反硝化细菌利用，在缺氧条件下，还原硝酸盐，释放出分子态氮（N_2）或一氧化二氮（N_2O），以气态形式进入大气。但研究选择的典型水库位于华北北部山区，水温较低，反硝化作用较弱（北京市水土保持总站，2004），因此研究未对反硝化损失的 N 进行详细探讨。

　　水库水体中营养物质在沉淀和被浮游植物吸收的同时，不同形态营养物之间也发生相互转化。随着表层水温的增加，$NO_3^- - N$ 表观沉降速率不断增加（图 5.4 - 6）。这主要是因为表层水温的增加使得水体中藻类数量增加，由于 $NO_3^- - N$ 是其合成自身蛋白质所需物质，故其对 $NO_3^- - N$ 吸收量逐步增加。而 $NH_4^+ - N$ 表观沉降速率随表层水温增加，呈抛物线变化。由于藻类在排泄和生物残体分解过程中，会产生 $NH_4^+ - N$（图 5.4 - 7），故水温较高时，藻类生理活动旺盛，排放的 $NH_4^+ - N$ 不断增加；水温较低时，藻类大量死亡，其残体被细菌和真菌分解，产生的 $NH_4^+ - N$ 逐步增加。当表层水温约 20℃ 时，藻类可较为稳定地存活，且生理活动受抑制，故其通过排放、分解进入水体的 $NH_4^+ - N$ 相对较少。此段时期 $NH_4^+ - N$ 在水体中的沉淀效果可表现出来，其表观沉降速率到达峰值。

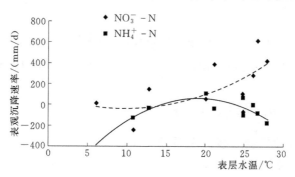

图 5.4 - 6　水体表层水温与 $NO_3^- - N$ 和 $NH_4^+ - N$ 表观沉降速率关系

　　实际上，上述 $NO_3^- - N$ 和 $NH_4^+ - N$ 相互转化的现象贯穿水体营养物质自河道向水库迁移的全过程。在水库上游河道的干流和支流中，NO_3^- -

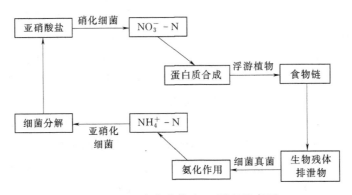

图 5.4 - 7　水库水体中 N 循环示意图

N 和 NH_4^+ - N 占 TN 总量的比重均较为稳定，其中 NO_3^- - N 所占比重处于绝对优势（图 5.4 - 8）。上游河流水体进入水库后，由于浮游植物吸收 NO_3^- - N，排泄和自身残体分解产生 NH_4^+ - N，使 NO_3^- - N 在 TN 总量中所占比重显著下降，而 NH_4^+ - N 显著增加，但在水库表层和中层，NO_3^- - N 比重仍略高于 NH_4^+ - N。在水库深层，低温少氧的环境使浮游植物残体分解产生的 NH_4^+ - N 不易被硝化形成 NO_3^- - N，故其在 TN 总量中所占比重进一步增长，超过了 NO_3^- - N。

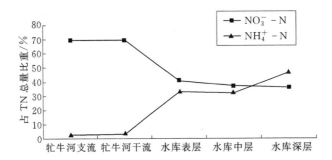

图 5.4 - 8　半城子水库流域 NO_3^- - N 和 NH_4^+ - N 占 TN 比重

5.4.3　表观沉降速率组成

5.4.3.1　内源污染物运移对应表观沉降速率

1. 内源污染物释放模拟实验

通过室内模拟实验，分析在扰动过程中和扰动结束后，底泥中污染物向水体释放的状况，进而计算获得内源污染物释放对应的表观沉降速率 ν_i。

在冬季采集水库上覆水和底泥，此时水温低，水体中浮游植物含量很少，其对污染物运移转化的影响十分微弱。将采集的底泥和上覆水先后置于容器内，采用恒速搅拌器对底泥进行持续搅拌，使底泥发生悬浮。实验从搅拌结束的瞬间开始。自第0h开始，于第0、第1、第2、第3、第6、第12、第24、第72、第120、第168和第240h分别采集上覆水样，分析水体中营养元素和重金属含量。

2. 内源污染物释放对应的表观沉降速率计算

内源污染物释放对应的表观沉降速率通过式（5.4-3）～式（5.4-5）计算：

$$\nu_i = -24\nu_{ins} \tag{5.4-3}$$

$$\nu_{ins} = \frac{M_i}{c_0 \cdot A_s \cdot dt} \tag{5.4-4}$$

式中：ν_i 为内源污染物释放对应的表观沉降速率，表示底泥中污染物输移进入水库水体，mm/d；ν_{ins} 为内源污染物释放速率，mm/h；A_s 为实验所在的圆柱体容器底面积，m^2；C_0 为水库上覆水中初始污染物浓度，mg/L；dt 为时间步长，h；M_i 为释放进入水库水体的污染物量，mg，由下式计算获得：

$$M_i = V_t c_t - V_0 c_0 \tag{5.4-5}$$

式中：V_t 为模拟时段结束时容器内水量，L；c_t 为模拟时段结束时水体中污染物，mg/L；V_0 为模拟时段开始时，容器内水量，L。

由图 5.4-9 可见，扰动过程中，附着于底泥的污染物快速释放；扰动结束后，污染物发生沉降，但沉降量大多低于释放量，使得底泥中仍有一部分污染物进入水体。

5.4.3.2 外源污染物运移沉降对应表观沉降速率

总表观沉降速率 ν 为内源污染物释放对应的表观沉降速率 ν_i 和外源污染物运移沉降对应的表观沉降速率 ν_0 之和（两者单位均换算成 mm/d），因此在获得 ν 和 ν_i 之后，可将两者相减获得 ν_0。

图 5.4-10 分析了各水库外源污染物运移沉降对应的表观沉降速率 ν_0，及其与 ν_i 和 ν 的对比。图 5.4-10 中视污染物自水库水体沉降进入底泥的方向为正，故 ν_i 均为负值。半城子水库水体中 Fe、Mn 和 Zn 的 ν_0 为负值，可能是上游来水携带的有机物和泥沙颗粒中的污染物扩散进入水体。

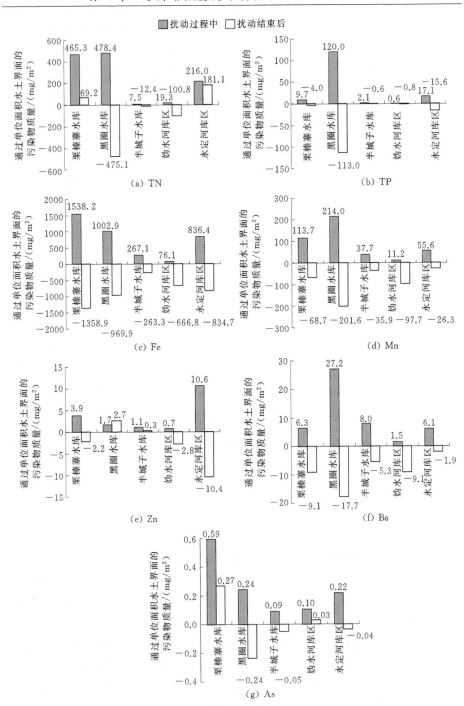

图 5.4 - 9　扰动实验不同阶段通过水土界面污染物分析

注：正值表示污染物从底泥中释放进入水体，负值表示污染物从水体沉降进入底泥。

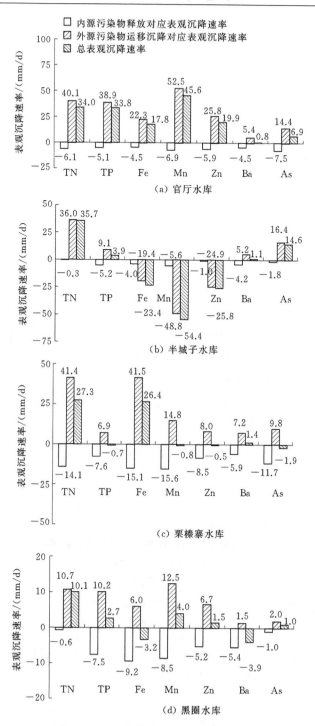

图 5.4－10 各水库表观沉降速率组成

5.4.4 表观沉降速率计算方程

本节研究分析了水温、水库库容、上游来水量、污染物初始浓度、水体浮游植物含量等因素对 ν 的影响；并分析了沉降时间、水库底泥污染物含量等因素对 ν_i 的影响；在 $p < 0.05$ 置信区间内选取与表观沉降速率呈显著相关的影响因素，作为主要自变量，提出利用影响因素计算表观沉降速率的模型。对于大型水库，建立了利用水温、水库蓄水量和上游来水量计算水体污染物总表观沉降速率的方程。对于中型和小型水库，建立了利用污染物初始浓度计算水体铁和锌的总表观沉降速率的方程，以及利用叶绿素 a 浓度计算小型水库水体磷的总表观沉降速率的方程。本节还提出了利用沉降时间计算内源污染物释放对应的表观沉降速率的方程。

5.4.4.1 总表观沉降速率计算方程

1. 大型水库

本节计算了官厅水库半年（6 个月）时段内水体污染物总表观沉降速率。监测期内第 1 个半年时段是指监测期第 1 个月第 1 天至第 6 个月最后一天；第 2 个半年时段是指监测期第 2 个月第 1 天至第 7 个月最后一天；依次类推，直至监测期结束。水体污染物半年总表观沉降速率 ν_6 受水温和入库径流量共同作用影响。研究分析了半年内（T_6）、半年时段内最后 3 个月（T_3）、2 个月（T_2）和 1 个月（T_1）平均水温（℃），以及半年内（V_6）、半年时段内最后 3 个月（V_3）、2 个月（V_2）和 1 个月（V_1）入库径流量（m^3）与模拟时段开始时水库蓄水量 V_0（m^3）的比值与 ν_6 的相关关系（表 5.4-5）。

表 5.4-5　　官厅水库水体污染物半年总表观沉降速率与影响因素之间相关系数

影响因素	半年总表观沉降速率 ν						
	TN	TP	Fe	Mn	Zn	Ba	As
T_6	0.910**	0.245	−0.677*	−0.119	0.312	−0.174	−0.028
T_3	0.599	0.010	−0.196	−0.517	−0.316	−0.466	−0.454
T_2	0.447	−0.169	−0.039	−0.612*	−0.421	−0.566	−0.581
T_1	0.130	−0.365	0.251	−0.696*	−0.633*	−0.607*	−0.732*
V_6/V_0	0.278	0.245	−0.733*	0.598	0.818**	0.330	0.609*

续表

影响因素	半年总表观沉降速率 ν						
	TN	TP	Fe	Mn	Zn	Ba	As
V_3/V_0	0.624*	0.403	−0.859**	0.410	0.713*	0.127	0.539
V_2/V_0	0.739**	0.356	−0.786**	0.232	0.648*	−0.062	0.363
V_1/V_0	0.665*	−0.021	−0.633*	−0.216	0.274	−0.276	−0.149

注 * 和 ** 分别表示在 $p=0.05$ 和 $p=0.01$ 水平上显著相关。

结果表明，水体 TN 和 Fe 的半年总表观沉降速率受 T_6 和（V_2/V_0）共同作用影响；水体 Mn、Zn、Ba 和 As 半年总表观沉降速率均与 T_1 呈显著负相关；水体 Zn 和 As 半年总表观沉降速率还与（V_2/V_0）呈显著正相关。因此，对于 TN 和 Fe，研究提出了利用 T_6 和（V_2/V_0）计算 ν_6 的双变量方程；对于 Zn 和 As，研究提出了利用 T_1 和（V_6/V_0）计算 ν_6 的双变量方程；对于 Mn 提出了利用 T_1 计算 ν_6 的单变量方程（图 5.4-11）：

$$\nu_{6(TN)}=5.79T_6+0.38(V_2/V_0)-45.16, r^2=0.83, p<0.01$$

$$(5.4-6)$$

$$\nu_{6(Fe)}=-1.39T_6-0.32(V_2/V_0)+41.89, r^2=0.63, p<0.05$$

$$(5.4-7)$$

$$\nu_{6(Zn)}=-0.18T_1+2.25(V_6/V_0)-40.12, r^2=0.67, p<0.05$$

$$(5.4-8)$$

$$\nu_{6(As)}=-0.96T_1+0.26(V_6/V_0)+11.23, r^2=0.55, p<0.05$$

$$(5.4-9)$$

$$\nu_{6(Mn)}=-3.21T_1+85.83, r^2=0.48, p<0.05 \qquad (5.4-10)$$

式中：$\nu_{6(TN)}$、$\nu_{6(Fe)}$、$\nu_{6(Zn)}$、$\nu_{6(As)}$ 和 $\nu_{6(Mn)}$ 分别为水体 TN、Fe、Zn、As 和 Mn 的半年总表观沉降速率，V_2/V_0 和 V_6/V_0 的比值按 % 计。

以上 5 类污染物除了 TN 外，其 ν_6 值均随水温的升高而递减；当水温增高时，水体中含 Fe、Mn、Zn 等金属的可溶性盐溶解度普遍增高，其生成沉淀的量相应降低，故 ν_6 相应降低。水体中

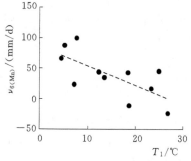

图 5.4-11　官厅水库水体 Mn 半年总表观沉降速率与水温关系

Mn、Zn 和 As 的含量均明显低于 Fe，故在相应半年时段结束前污染物浓度的变化可能引起 ν_6 出现显著变化，因此 T_1 与其相关度最高；水体 Fe 含量相对于其他金属较高，故需要相对较大幅度的浓度变化，才可能引起 ν_6 出现显著变化。水体 TN 的 ν_6 值随温度增高而递增。随着表层水温增高，藻类数量逐步增加，其生长代谢更加旺盛，对水体营养元素 N 的吸收相应增加，使其含量降低（焦剑 等，2014）。

由式（5.4-6）～式（5.4-9）可知，在水库总库容稳定的情况下，随着上游河流来水量增加，水体中除了 Fe 外，其他污染物 ν_6 均随来水量增加而增高，表明水库蓄水量的增加可适当增强其自净能力；但是，上游来水量中污染物浓度如果相对较高，且不易附着于泥沙或有机质颗粒发生沉降，则该类污染物浓度在较短时间内，不易出现显著降低。

2. 中小型水库

表 5.4-6 为中小型水库水体污染物逐月总表观沉降速率与污染物初始浓度 C_0 之间相关系数。可见各水库水体 Fe 和 Zn 的 ν 值与 C_0 之间呈显著或极显著正相关，黑圈水库 Zn 的 ν 与 C_0 之间显著水平也达到了 0.071。半城子水库 Mn 和 Ba 的 ν 值均与 C_0 之间呈显著相关；黑圈水库 TN 和 TP 的 ν 值均与 C_0 之间呈显著相关。各水库水体 pH 值略高于 7，Fe^{3+}、Fe^{2+}、Mn^{2+}、Zn^{2+} 等金属离子易与水体中 OH^-、CO_3^{2-} 等阴离子发生反应，形成沉淀。而当这些可溶性金属离子含量较高时，则沉淀量相对较高，致使污染物在较短时间内沉降，表观沉降速率相应增高；当金属离子含量低至一定范围时，沉淀速率有所减缓，其浓度变化相对较小。

表 5.4-6　　　中小型水库水体污染物总表观沉降速率与
污染物初始浓度之间相关系数

水库名称	TN	TP	Fe	Mn	Zn	Ba	As
半城子	−0.434	0.536	0.588*	0.604*	0.786**	0.618*	0.521
栗榛寨	0.45	0.341	0.746**	0.579	0.766**	0.322	0.308
黑圈	0.555*	0.642*	0.825**	0.494	0.538	0.451	0.406

注　*和**分别表示在 $p=0.05$ 和 $p=0.01$ 水平上显著相关。

半城子水库为中型水库，部分污染物 ν 值除受 C_0 影响外，还受到水库总蓄水量变化的影响。水体 TN 和 Fe 的 ν 值均与对应时段结束时和初始时水库总库容的比值 V_t/V_0 呈显著正相关。因此研究对于 Fe 提出了利用 C_0 和 V_t/V_0 计算 ν 的双变量方程；对于 Zn 提出了利用 C_0 计算 ν 的单变

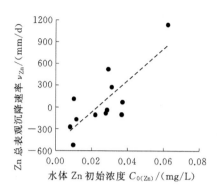

图 5.4 - 12 半城子水库水体 Zn 总表观
沉降速率与 Zn 初始浓度关系

量方程（图 5.4 - 12）：

$$\nu_{Fe}=2478C_{0(Fe)}+7336(V_t/V_0)-7693,$$
$$r^2=0.58, p<0.05$$

$$(5.4-11)$$

$$\nu_{Zn}=21.80C_{0(Zn)}-505.1,$$
$$r^2=0.63, p<0.01$$

$$(5.4-12)$$

式中：ν_{Fe} 和 ν_{Zn} 分别为水体中 Fe 和 Zn 的总表观沉降速率；C_0 单位均为 mg/L；V_t/V_0 的比值按%计。

栗榛寨和黑圈水库均为小型水库，研究对于水体 TP、Fe 和 Zn 均提出了利用 C_0 计算 ν 的方程（图 5.4 - 13）：

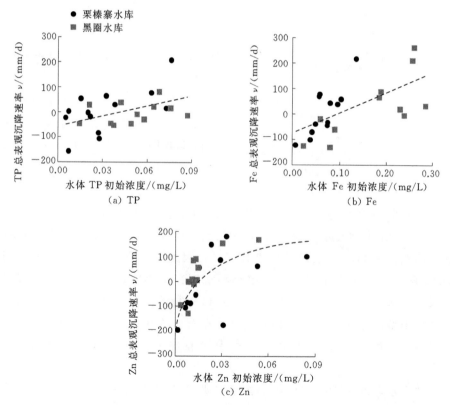

图 5.4 - 13 小型水库污染物表观沉降速率与污染物初始浓度的关系

$$\nu_{TP}=1346C_{0(TP)}-55.5, r^2=0.22, p<0.05 \qquad (5.4-13)$$

$$\nu_{Fe} = 798.2C_{0(Fe)} - 74.8, r^2 = 0.40, p < 0.01 \qquad (5.4-14)$$

$$\nu_{Zn} = 85.63\ln[C_{0(Zn)}] + 371.5, r^2 = 0.48, p < 0.01 \qquad (5.4-15)$$

式中：ν_{TP}、ν_{Fe} 和 ν_{Zn} 分别为水体中 TP、Fe 和 Zn 的总表观沉降速率；C_0 单位均为 mg/L。

式（5.4-13）决定系数仅为 0.22。TP 总表观沉降速率变化还受到叶绿素 a 浓度的影响，水库水体 TP 总表观沉降速率随叶绿素 a 浓度的增加，呈对数函数递增关系（图 5.4-14）：

$$\nu_{TP} = 56.2\ln(Chla) - 166.8, r^2 = 0.64, p < 0.01 \qquad (5.4-16)$$

式中：Chla 为水体表层叶绿素 a 浓度，mg/L。

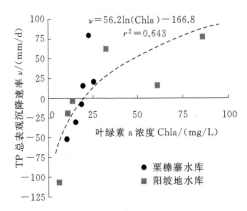

图 5.4-14　小型水库 TP 总表观沉降速率与水体叶绿素 a 浓度关系

水库水体表层浮游藻类可以吸收水体中总磷，增加水体自净能力；但如果水体中浮游植物数量过多，则会污染水体，使其自净能力显著降低（Heisler et al.，2008），对总磷的吸收也明显减弱。

对于库容差别较大的水库而言，影响其总表观沉降速率变化的主要因素存在差异。对于大型水库，其主要入库河流常年来水，其对于水库水流和水温有持续影响。监测期内官厅水库入库径流量相当于监测开始时水库蓄水量的 125.1%，而对于入库河流为季节性河流的半城子、栗榛寨和黑圈水库，这一比例仅为 17.8%、16.1% 和 12.1%；因此，大型水库入库径流量对于 ν 的影响明显高于中小型水库。中小型水库在 1 年中，至少有 8 个月无上游来水，水库水力特征相对稳定，其水体本身的污染物浓度对 ν 影响更为显著。小型水库受风浪影响相对较小，在营养物质充足的条件下，更适宜于浮游藻类增殖，藻类在生长过程中吸收磷元素，影响其运移和循环过程。

北京水源地保护区水体污染物运移研究自 20 世纪 90 年代后期就开始逐步开展，模拟对象侧重于营养物质（Wang et al.，2014；Jiao et al.，2015）；而在重金属方面，有关土壤和水库、河流底泥中重金属的报道较多（Luo et al.，2010；Qin et al.，2014），对于水体中重金属报道很少；

研究有关重金属表观沉降速率及其主要影响因素的分析有助于对水体中重金属环境行为的认知。

5.4.4.2 内源污染物释放对应表观沉降速率计算方程

图 5.4-15 为扰动停止后，各水库内源污染物释放速率 ν_{ins} 随时间 t 的变化曲线。ν_{ins} 随 t 的递增呈极显著幂函数递减趋势：

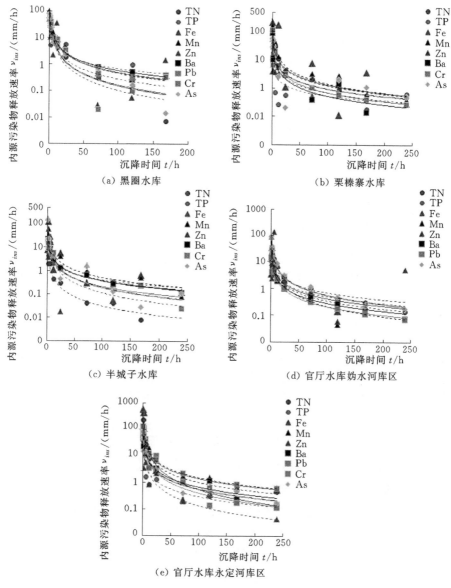

(a) 黑圈水库

(b) 栗榛寨水库

(c) 半城子水库

(d) 官厅水库妫水河库区

(e) 官厅水库永定河库区

图 5.4-15　内源污染物释放速率与沉降时间关系

$$\nu_{ins} = At^B \tag{5.4-17}$$

式中：不同类型污染物对应的 A、B 值，以及拟合方程决定系数 r^2 见表 5.4-7。

表 5.4-7　　　　　ν_{ins} 与 t 关系方程中参数 A、B 的取值

水库名称	参数和拟合效果	污染物种类								
		TN	TP	Fe	Mn	Zn	Ba	Pb	Cr	As
黑圈	A	123.4	33.9	92.9	117.8	63.1	74.3	89.6	108.0	121.4
	B	−1.547	−0.854	−1.146	−1.212	−1.187	−1.058	−1.145	−1.414	−1.456
	r^2	0.925	0.820	0.970	0.981	0.625	0.995	0.970	0.839	0.924
栗榛寨	A	96.1	8.9	105.0	169.5	33.5	51.4	—	63.1	45.0
	B	−0.962	−0.627	−0.966	−1.051	−0.857	−1.009		−0.992	−0.853
	r^2	0.983	0.496	0.548	0.949	0.948	0.862		0.941	0.694
半城子	A	12.8	18.0	43.6	67.0	75.6	36.5	—	35.0	69.8
	B	−1.324	−0.833	−1.051	−1.069	−1.426	−1.008		−1.122	−1.297
	r^2	0.971	0.939	0.703	0.900	0.510	0.979		0.909	0.896
官厅水库妫水河库区	A	32.5	23.7	29.5	75.9	38.3	24.4	25.1	—	91.7
	B	−0.999	−0.851	−0.936	−1.287	−0.880	−0.982	−1.053		−1.118
	r^2	0.973	0.948	0.952	0.859	0.495	0.950	0.957		0.987
官厅水库永定河库区	A	155.2	25.5	586.1	176.6	57.5	87.1	148.6	156.1	81.1
	B	−1.102	−0.982	−1.530	−1.044	−1.330	−1.065	−1.297	−1.033	−0.979
	r^2	0.979	0.904	0.936	0.979	0.900	0.949	0.933	0.979	0.969

注　"−" 表示因部分样品中该元素含量低于仪器检测下限，未能准确测得其含量，故未能拟合方程。

各类污染物释放速率在第 168h（第 7 天）之后，趋于平稳。研究表明，水深小于 3m 的水域底泥易受风浪扰动影响（Li et al.，2011）。获得 ν_{ins} 后，可利用式（5.4-3）得到 ν_i。计算各水库 ν_i 时，对于水深小于 3m 的水域，$t=120$；对于水深不小于 3m 的水域，$t=240$；获得不同水域 ν_i 后，通过水域面积加权平均获得整个水库的 ν_i。

将各水库通过内源污染物释放模拟实验计算获得的 ν_{ins} 值放在一起，拟合利用沉降时间 t 计算 ν_{ins} 的幂函数方程，如式（5.4-18）所示，其变化曲线见图 5.4-16。进而利用式（5.4-3）获得内源污染物释放对应表

观沉降速率 ν_i。

$$\nu_{ins} = mt^n \qquad (5.4-18)$$

式中：不同类型污染物对应的 m、n 值，以及拟合方程决定系数 r^2 见表 5.4-8。各方程显著水平 p 均小于 0.01。

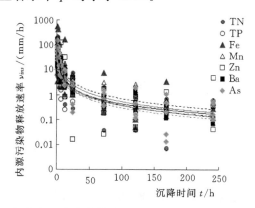

图 5.4-16 北京山区水库水体内源污染物释放速率与沉降时间的关系

表 5.4-8 利用沉降时间计算水库水体内源污染物释放速率的
方程参数取值

参数	污 染 物 种 类						
	TN	TP	Fe	Mn	Zn	Ba	As
m	54.9	20.3	91.5	105.0	45.5	49.8	75.8
n	−1.131	−0.832	−1.115	−1.086	−1.046	−1.030	−1.151
r^2	0.723	0.795	0.709	0.861	0.622	0.913	0.859

第6章 非点源污染过程的尺度效应

6.1 地球科学中的尺度问题

越来越多的研究者关注尺度效应在其研究领域的重要性（蔡运龙，2010）。大量研究证实，地理学研究对象格局与过程的发生、时空分布、相互耦合等特性都是尺度依存的（scale‐dependent）。也就是说，这些对象表现出来的特质是具有时间和空间或时空尺度特征的。因而，只有在连续的尺度序列上对其考察和研究，才能把握它们的内在规律。而在一个特定的时段，由于科学认知水平、财力、时间和精力等方面的限制，很多研究只能在离散或单一的尺度上进行。因此，尺度大小的选择、向下或向上转换是研究过程不可或缺的一个环节。

Lam 等（1992）提出了四种空间尺度类型，即制图尺度或地图尺度、地理尺度、分辨率和运行尺度。Schulze（2001）则把地学中的尺度分为研究尺度或观测尺度（research scale or observational scale）、过程尺度（process scale）以及操作尺度（optional scale）。李双成和蔡运龙（2005）将这几类尺度归并为本征尺度（intrinsic scale）和非本征尺度（non‐intrinsic scale）。所谓本征尺度是指自然本质存在的，隐匿于自然实体单元、格局和过程中的真实尺度。它也是个变量，不同的格局和过程在不同的尺度上发生，不同的分类单元或自然实体也从属于不同的空间、时间或组织层次。一般本征尺度可区分为空间尺度、时间尺度、组织尺度、功能尺度等。但事实上，要给本征尺度进行详尽的分类是非常困难的，原因在于本征尺度的叠加、耦合以及隐匿特性。尺度是与格局和过程紧密依附在一起的，而格局与过程在空间和时间上常常是连续的，通常难以辨识。因此，本征尺度的划分是相对的而不是绝对的。一般情况是，小空间尺度的事件与短时间尺度相联系，小尺度事件比大尺度事件呈现出更多的变化性。

随研究尺度的变化，景观格局和生态过程的表征发生变化，得出生态现象的规律性也会改变，进而改变对格局—过程相互关系结论与机理的理解，而且某一尺度的机理不能直接应用到其他尺度上，即尺度效应。尺度效应是导致景观现象研究复杂化的重要因素之一（Schneider，2002）。不同尺度上生态过程的影响因子与作用机理也不同，以水土流失过程为例，一系列研究表明，在不同尺度下，水土流失的影响机制并不相同（傅伯杰等，2010）：坡面、小流域与流域尺度上土壤侵蚀因子有差别，如降雨侵蚀力和土壤可蚀性在坡面尺度上可视为均一，但在空间分异较大的小流域与流域尺度上是必不可少的土壤侵蚀因子；中、小空间尺度范围内，土壤侵蚀的宏观状态与地形的变化关系密切，而降水因素往往在相当大的空间尺度才表现为主导因子地位；微观尺度上的土壤侵蚀问题与物理学研究的对象几乎一致，基于连续介质的力学原理，但当空间尺度扩大到一定程度时，原来的"机理"就模糊到一种几乎无法辨认的程度；随研究尺度的增大，由于拦蓄作用的产生和增加，径流量和泥沙含量一般都有降低的趋势，根据这一降低趋势线的凹/凸型可以判断拦蓄产生的尺度。

流域非点源污染过程中，径流和泥沙是污染物迁移的重要载体，流域产流产沙过程是污染物在流域尺度内实现迁移的基础条件。已有研究表明，流域产流和输沙过程各自具有空间尺度差异；污染物运移过程中亦可能存在尺度差异。同时，在污染物迁移过程中，还存在不同类型环境行为的主要影响因素尺度域耦合或离散的问题。再加上不同区域下垫面条件和人为管理活动的影响，污染负荷的排放存在复杂性（苏毅捷 等，2018）；开展不同时空尺度污染物产生和运移的研究，揭示不同尺度污染物产出、输移过程与机理，探索污染物运动的尺度效应现象，寻找尺度效应规律，对污染物控制与非点源污染管理具有重要的意义。

6.2 产流产沙尺度效应

6.2.1 流域产流尺度效应

径流过程是一个复杂的水文现象。由于不同时空尺度间存在多维性、变异性、多重性和层次复杂性等一系列问题，使得探求径流序列的非线性特性以及在不同的时空尺度下其非线性特性的变化规律，成为目前研究的热点和难点（李新杰 等，2013）。

国内外专家学者对不同时间尺度和不同空间尺度的径流系列非线性特征进行了研究，但是并没有形成不同尺度径流系列变化规律的共同性认识。从径流非线性特征空间尺度变化规律来看，Wang 等（1981）研究发现，随着流域面积的增加，径流序列的非线性减弱。然而，王文均等（1994）利用混沌特性量化指标，研究了长江干流屏山、寸滩、宜昌、汉口和大通 5 个水文站统计的年径流序列混沌特性，发现年径流时间序列状态空间维数从上游到下游呈现增大的趋势，关联维数也从上游到下游呈现增大趋势，径流序列的混沌特性有随流域面积增大而逐渐增强的规律。同时，Robinson 等（1995）研究发现，随着集水面积增加径流序列的非线性并没有减小。再从径流非线性特征时间尺度变化规律来看，Wang 和 Vrijling 等（2006）用关联维数方法对国际上 4 条河流径流流量序列进行了不同时间（日、旬、月和年）和空间尺度的非线性分析，算得这 4 条河流日、旬和月的径流序列的最优延迟时间，并发现径流序列时间尺度越小，非线性特征越明显，所有的日径流序列都是非线性的，季节因素影响到了旬和月径流序列的非线性。因此，进一步深入研究径流非线性特征的尺度变化规律具有重要理论与应用价值。

国内外已有很多关于降水-径流关系的研究。例如，在小区和坡面尺度上，降水量、降水强度和历时已被证明是影响径流的主要因素（王万忠和焦菊英，1996）；在小流域到大流域尺度上，人类活动（如土地利用变化）的作用愈加明显，并与气象因素（如降水）等协同交叉，对径流产生复合影响（Miao et al.，2011）。在不同区域条件或空间尺度上的研究成果，往往存在较大差异，使得直接比较和转换缺乏科学依据（Blösch et al.，2007）。例如，Wang 等（2011）在分析黄土高原 57 个大小不同的流域降水径流数据时发现，在 300～600mm 年降水量范围内，径流在降水多的流域反而低于降水少的流域，可见降水-径流关系因素受其他因素（如流域面积）的影响而变化。范晓梅（2009）在渭河流域研究表明，降水径流的线性回归系数随流域面积增加而减小。贺亮亮等（2017）研究表明，渭河重要支流-泾河流域子流域降水-径流线性关系参数（回归系数、截距）和径流系数的变异系数随流域面积增大而呈非线性减少，证实了降水-径流影响存在空间尺度效应。可见，流域面积作为可能影响降水-径流关系的一个空间尺度因子，已受到关注，但目前对其作用机制、尺度转换规律还缺乏深入研究，也尚未取得一致结论。

刘佳凯等（2017）利用北京山区潮白河流域 7 个集水面积不同的水文站点的径流观测资料，以及流域气象站点的降水观测资料，分析了不同空间尺度上降雨对径流变化的影响程度及径流对降雨的响应。径流对降雨的多尺度回归结果显示，随着流域尺度的增大，降雨-径流的关系逐渐减弱（图 6.2-1）。在较小尺度的流域，降雨与径流的联系更加紧密，气候因素在小尺度流域对径流的影响更为突出；而在大尺度的流域中，影响径流的因素则更为复杂，降雨量变化并不能很好的解释径流量的改变。此外，在不同时期降雨-径流关系仍然存在一定的差异性。径流变化处于平稳期与上升期时，对降雨响应更强，径流的下降，则受雨量变化影响较小，受其他气候因素与土地利用因素影响更多。一般认为，人类活动和气候变化是影响径流的两个因素，在较大尺度流域和径流下降的时期，人类活动对径流的影响更加显著。

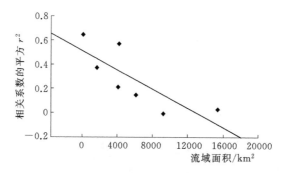

图 6.2-1 潮白河子流域面积与降雨-径流关系系数的回归图
（刘佳凯 等，2017）

6.2.2 流域产沙尺度效应

流域侵蚀产沙过程对空间尺度有着强烈的依赖性（Xu et al.，2005），侵蚀产沙模拟、预测研究的一个重要内容就是探析侵蚀产沙过程对尺度改变的响应。侵蚀产沙空间尺度效应产生的原因主要是影响侵蚀产沙过程的主要因子的空间异质性和不均匀性，以及新变量和新过程的出现。如小流域的侵蚀产沙计算，一般都假定流域内植被、地形、土质等下垫面因素相对均匀。事实上，尺度问题不仅是一个科学挑战，而且还是一个流域管理和侵蚀产沙模型中的实际问题（傅国斌 等，2001）。许多学者（Favis-Mortlock，1996；Kirby，1999）在土壤侵蚀的研究中都注意到了空间尺度的变化，尤其是注重对侵蚀产沙空间转换的研究。

产沙模数与流域面积之间的相关关系自 20 世纪后半期已开始研究（Brune，1951），之后引起更广泛关注，认为产沙模数与流域面积之间存在较好的相关性（Walling，1983；Krishnaswam et al.，2001）。另外，国际上也有部分研究涉及侵蚀产沙规律及主导侵蚀产沙因子随时空尺度上的变异（Lane et al.，1997；de Vente et al.，2005）。图 6.2-2 为 Owens 等（1992）对世界上地区的产沙模数与流域面积点绘的关系图。图 6.2-2 中流域产沙模数与流域面积呈显著的线性关系，且表现为负相关，展示了良好的"尺度依存性"。当然，许多学者认为产沙模数与流域面积存在正相关关系（Krishnaswam et al.，2001；Rondeau et al.，2000）、先增加后减小（Osterkamp et al.，1995；de Vente et al.，2005）或先减小后增加的非线性关系，这些都是客观存在的，是由研究对象及具体环境条件引起的，负相关关系的研究区主要以坡耕地为主，泥沙来自坡面；正相关关系的研究区以沟道侵蚀为主；当人类活动及地质地貌影响复杂时，产沙模数和流域面积的关系就更为复杂（闫云霞、许炯心，2006）。

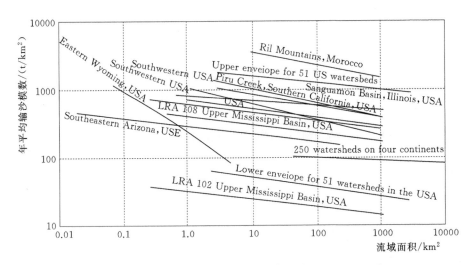

图 6.2-2　世界地区产沙模数与流域面积关系图（Owens et al.，1992）

景可和师长兴（2007）在探讨流域输沙模数与流域面积关系时，通过分别点绘黄河流域和长江流域各水文站点的输沙模数和流域面积关系图（图 6.2-3 和图 6.2-4）发现，二者之间没有任何趋势性关系，并认为流域面积仅仅是反映一个集水区的规模，没有其他含义。图 6.2-5 是黄河流域和长江流域不同支流的嵌套流域水文站点输沙模数和其面积关系图。从图 6.2-5 明显发现，各支流嵌套流域的输沙模数和其面积表现出很好的线性相关关系，黄河流域的泾、洛、渭河各嵌套流域均显示单调递减趋势，长江流域的嘉陵江、金沙江和岷江各嵌套流域显示了单调递增趋势。同样的数据源，当忽略区域环境要素差异而点绘在同一坐标下时，显然不会有任何趋势可言；而根据侵蚀类型或地质地貌类型划分不同区域分别点绘同类型下输沙与面积关系时，则展示了某种趋势。

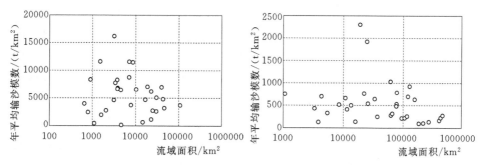

图 6.2-3 黄河流域各水文站输沙模数与　图 6.2-4 长江流域各水文站输沙模数与
　　　　　流域面积关系　　　　　　　　　　　　　流域面积关系

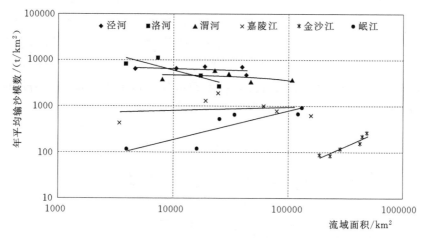

图 6.2-5 黄河流域和长江流域不同支流嵌套流域水文站
输沙模数与流域面积关系

流域产沙的尺度效应分为两种：离散尺度上和连续尺度上的尺度效应（方海燕 等，2007）。如图 6.2-2 所示，世界不同地区流域产沙模数相对于流域面积表现的是离散尺度上的尺度效应，图 6.2-5 中各支流嵌套流域表现的是连续尺度上的尺度效应。离散尺度上的尺度效应是指从流域尺度来考虑对产沙的影响，选择的流域是离散的，可以是不同侵蚀类型区；连续尺度上的尺度效应是指研究从小区、坡面、小流域、流域等尺度研究侵蚀产沙响应，研究区是某尺度流域下的嵌套流域或小区。显然，在排除研究的时间尺度影响之外，某空间尺度内黄河、长江支流以内流域侵蚀产沙具有连续的尺度效应；而若选择的某空间尺度下流域环境因素差异较小或人类活动影响不剧烈时，不同类型区的离散流域的输沙模数与其面积也可能表现出尺度相关性。因此，流域侵蚀产沙研究不能脱离"尺度"这一"域"，这应是基本的学术认知（张晓明 等，2014）。

许炯心（1999）曾参照黄河流域干支流 249 个站点的输沙模数与流域面积关系进行了分析，未发现明显的尺度效应。基于上述分析，可见对于自然条件复杂，区域地形地貌、土地利用差异较大，且降雨存在空间异质性的大尺度流域，只有考虑"尺度域"才能对流域输沙模数与面积有科学认识。

图 6.2-6 为潮白河流域水文站输沙模数（SY）与流域面积（A）关系。与 2008 年之前的多年平均输沙模数相比，2008—2017 年平均输沙模数明显降低，水土保持措施的实施和水利工程的兴建是流域输沙模数逐步递减的重要原因。而在这两个不同时段，流域面积和输沙模数的关系也存在显著差异：两者虽然都呈幂函数递增关系，但与前者相比，2008—2017年间两者拟合方程的决定系数明显降低。在水土保持措施未充分发挥减蚀作用，以及流域水利工程措施未实现河道径流调控之前，随着流域下游农业耕作等活动强度的逐步增加，流域输沙量相应增加。但在水土保持措施和水利工程充分发挥作用之后，流域下游植被覆盖度逐步增加，耕地侵蚀量显著减少，输沙模数随流域面积增大而递增的趋势不再显著。

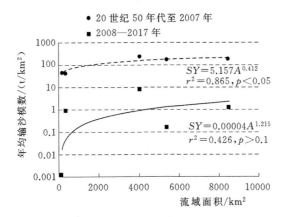

图 6.2-6　潮白河流域水文站输沙模数与流域面积关系

6.3　水体污染物尺度效应

6.3.1　空间尺度效应

本书在讨论非点源污染过程中水体污染物的尺度效应时，分离散的空间尺度域和连续的空间尺度域，分别进行讨论。其空间尺度域均可分为小尺度流域和大中尺度流域两类。其中，面积小于 $100km^2$ 的流域划分为小尺度流域，将面积大于 $100km^2$ 的流域划分为大中尺度流域。

在小尺度流域，流域面积、监测期降雨量等自然特征及人口密度、耕地占流域总面积比重等人类活动特征均与特定污染物浓度之间出现显著的相关关系（表 6.3-1）。在大中尺度流域，降雨量与污染物年平均浓度无显著相关关系，TN 和 $NO_3^- - N$ 浓度与流域面积呈显著正相关；人类活动强度是影响 $NH_4^+ - N$、TP 和 COD_{Mn} 浓度空间变化的重要因素，这 3 种污染物均与人口密度和耕地占流域总面积比重呈极显著正相关。由此可见，在不同的空间尺度上，影响流域水体污染物浓度的主要因素存在差异，其具有空间尺度依存性。

表 6.3-1 离散的空间尺度域中水体污染物年平均浓度影响因素分析

空间尺度	污染物	影 响 因 素			
		流域面积	年降雨量	人口密度	耕地比重
小尺度 ($n=19$)	TN	-0.495^*	0.501^*	0.001	-0.006
	$NO_3^- - N$	-0.519^*	0.533^*	-0.055	-0.058
	$NH_4^+ - N$	0.082	-0.469^*	0.382	0.683^{**}
	TP	-0.439	-0.064	0.629^{**}	0.300
	COD_{Mn}	-0.007	-0.507^*	0.201	0.943^{**}
大中尺度 ($n=12$)	TN	0.648^*	-0.111	0.209	0.281
	$NO_3^- - N$	0.727^{**}	-0.064	0.209	0.272
	$NH_4^+ - N$	0.406	-0.238	0.933^{**}	0.898^{**}
	TP	0.378	-0.169	0.940^{**}	0.900^{**}
	COD_{Mn}	0.463	-0.226	0.889^{**}	0.882^{**}
所有尺度 ($n=31$)	TN	0.130	0.351	0.007	0.007
	$NO_3^- - N$	0.189	0.353	0.001	-0.003
	$NH_4^+ - N$	0.169	-0.122	0.570^{**}	0.622^{**}
	TP	0.157	-0.045	0.619^{**}	0.460^{**}
	COD_{Mn}	0.167	-0.270	0.393^*	0.741^{**}

注 $*$、$**$ 分别表示在 $p=0.05$ 和 $p=0.01$ 水平上显著相关。

将离散的空间尺度域的小尺度和大中尺度流域年降水量进行对比，前者为 465.7～719mm，平均为 640.3mm；后者为 423.0～739.0mm，平均为 516.3mm。人口密度前者为 3～98 人/km²，平均为 44 人/km²；后者为 28～231 人/km²，平均为 80 人/km²。耕地占流域总面积比重前者为 0%～23.5%，平均为 3.8%；后者为 1.4%～39.4%，平均为 11.5%。研究选择的小尺度流域主要位于山前迎风坡，降水较为充沛，且不少河流为季节性河流，仅在雨季降雨集中时河流来水，降雨径流的多寡对于河流水体污染物浓度有显著影响。小尺度流域多为北京山区主要河流的支流，其人类活动强度低于干流沿岸及下游地区，而大中尺度流域则包含这些人类活动强度较大的地区，其人口密度和耕地占流域总面积比重明显高于小尺度流域，其对水体污染物浓度的影响作用明显强于降雨。

在离散的空间尺度域中，若不对空间尺度进行分类，则可发现 $NH_4^+ - N$、TP 和 COD_{Mn} 年平均浓度均和人口密度（D）及耕地占流域总面积比重（R_c）存在显著的线性递增关系，表明这两个影响因素的作用并不存在显著的空间尺度依存性。

研究布设的流域非点源污染监测点分布于 20 条河流上。分别位于永定河水系、潮白河上游的白河和潮河水系，以及潮白河中游的雁栖河水系。研究对所有监测河流的污染物年平均浓度特征进行了聚类分析（图 6.3-1），结果表明，监测河流的年平均污染物特征可分为 5 类。其中，第 1 类共 11 条河流，包括雁栖河水系全部 4 条河流、白河水系全部 4 条河流、潮河水系共 7 条河流中的 2 条，永定河水系共 5 条河流中的 1 条，这些河流水体污染物浓度整体相对较低。第 2 类共 3 条河流，包括永定河水系中的 3 条河流，整体而言，其 $NH_4^+ - N$ 和 COD_{Mn} 浓度明显高于其他河流。第 3 类共 4 条河流，包括潮河水系中的 3 条河流和永定河水系中的 1 条河流，除 TN 浓度高外，也出现了 TP 和 COD_{Mn} 浓度较高的情况。潮河水系中的牤牛河和栗榛寨沟右支分别属于第 4 和第 5 类。可见雁栖河和白河水系的河流水体污染物特征均属于第 1 类，永定河水系水体污染物特征分属第 1～第 3 类。潮河水系水体污染物特征较复杂，分属 4 个不同类别。

整体而言，同一水系内水体污染物年平均浓度变化特征具有一定的共性，也可能存在显著差别；因此需要在连续的空间尺度域内，对影响水体污染物浓度的主要因素进行分析。白河和潮河是潮白河上游的两条重要支流，两者均汇入密云水库，并在密云水库下游汇合形成潮白河。研究在白河和潮河的流域非点源污染监测点均位于密云水库上游，故将密云水库上

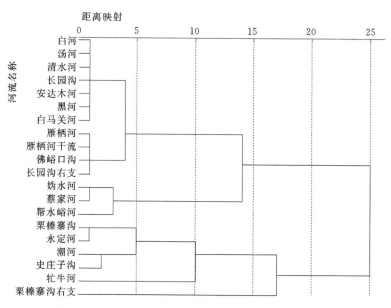

图 6.3-1　各条河流污染物年平均浓度特征聚类分析

游流域作为连续的空间尺度域，分析水体污染物浓度主要影响因素的空间尺度依存性。

在连续的空间尺度域中，存在着多个嵌套流域，其流域间的气候特征具有一致性、地形地貌特征具有自相似性，人类活动强度可能对水体污染物负荷变化具有更为显著的作用。整体而言，年降雨量与 $NO_3^- - N$ 和 $NH_4^+ - N$ 年平均浓度之间虽存在显著正相关，但在不同空间尺度上却具有明显差异（表 6.3-2）。COD_{Mn} 年平均浓度则随流域面积递增而递减。在小尺度流域，人口密度对水体污染物浓度影响不显著，耕地占流域总面积比重则与 $NH_4^+ - N$、TP 和 COD_{Mn} 年平均浓度均存在极显著正相关。在大中尺度流域，人口密度和耕地占流域总面积比重对于水体污染物浓度的共同影响作用开始显现。但这两个影响因素作用存在显著的空间尺度依存，仅耕地占流域总面积比重与 TP 浓度之间的显著正相关关系存在于不同空间尺度流域。

由此可见，流域面积与水体污染物浓度的关系不是简单意义上的相关与无关，它不仅具有严格的空间尺度依存性，而且与大规模的人类活动密切相关。以密云水库上游流域 TN 和 $NO_3^- - N$ 浓度变化为例，大中尺度流域 TN 的年平均浓度（C_{TN}）随着流域面积（S）的增大而增高 [图 6.3-2 (a)]。从表面上看，水体中 N 元素似乎在自流域支流至干流的迁移过程

表 6.3 - 2　连续的空间尺度域中水体污染物年平均浓度影响因素分析

空间尺度	污染物	影 响 因 素			
		流域面积	年降雨量	人口密度	耕地比重
小尺度 （$n=8$）	TN	0.317	−0.406	0.057	0.043
	$NO_3^- - N$	0.288	−0.365	−0.114	0.053
	$NH_4^+ - N$	−0.393	−0.692	−0.172	0.846**
	TP	−0.651	−0.883**	0.459	0.959**
	COD_{Mn}	−0.729*	−0.632	−0.179	0.890**
大中尺度 （$n=9$）	TN	0.384	0.055	0.750*	0.440
	$NO_3^- - N$	0.327	0.159	0.684*	0.423
	$NH_4^+ - N$	−0.165	−0.289	−0.048	0.420
	TP	0.192	0.199	0.575	0.830**
	COD_{Mn}	−0.785*	0.134	−0.630	−0.471
全部 （$n=17$）	TN	−0.415	0.623**	0.033	−0.186
	$NO_3^- - N$	−0.429	0.627**	−0.059	−0.185
	$NH_4^+ - N$	−0.369	0.332	−0.192	0.386
	TP	−0.050	−0.022	0.429	0.793**
	COD_{Mn}	−0.382	0.268	−0.240	0.444

注　*、**分别表示在 $p=0.05$ 和 $p=0.01$ 水平上显著相关。

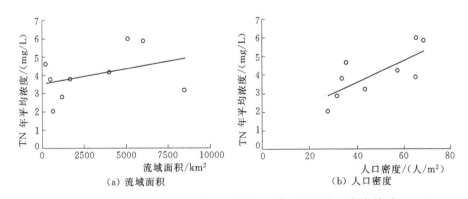

图 6.3 - 2　流域 TN 年平均浓度与流域面积和人口密度关系

中发生富集；实际上，这主要是潮河、白河干流及其主要支流的下游，有
更多的含 N 污染物进入水体所致。在流域的下游地区，地势相对平缓，更

适宜于人类居住和农业耕作，养殖业的规模也有所扩大。与上游地区相比，下游地区生活污水、垃圾和畜禽养殖污水的排放量明显增高；同时，规模更大的耕作活动可能使得水土流失进一步加剧，这些都导致进入河道的 N 元素显著增加。并且，在人口较多的村镇，其道路主要以沥青路面为主，相较土石路而言，路面透水性差，降雨产流后地表径流不易入渗，致使污染物更易被冲刷入河道（Neitsch et al.，2002；Torrecilla et al.，2005），加剧水体污染。由图 6.3 - 2（b）可见，各流域 TN 年平均浓度（C_{TN}）随着流域人口密度（D）的增大而递增，两者呈显著的线性关系：

$$C_{TN}=0.0594D+1.219, r^2=0.558 \qquad (6.3-1)$$

由于 N 元素活性较强，可以 NO_3^-、NO_2^-、NH_4^+ 等多种离子形式存在于水体中，因而相对于 P 元素和有机物而言，其受迁移距离和迁移载体影响较小，更易到达流域出口。在枯水期，N 元素不易因水体流速慢、泥沙含量少而在传播过程中大量损失。各流域 NO_3^- - N 年平均浓度（C_{NO_3}）亦随着流域人口密度（D）的增大而显著递增，但两者线性关系不如 TN 显著。

密云水库上游各水系水体 TN 浓度也因人口密度的不同而存在差异，其人口密度自高到低顺序为：潮河及主要支流（69 人/km²）＞水库周边河流（53 人/km²）＞白河及主要支流（43 人/km²），而 TN 年平均浓度则分别为 5.85mg/L、4.31mg/L 和 3.22mg/L，也呈相应递减（图 4.2 - 10）。

在密云水库上游流域，NH_4^+ - N（C_{NH_4}）和 COD_{Mn} 的年平均浓度（C_{COD}）则随着流域面积（S）的增加，呈显著的幂函数递减趋势，但在不同空间尺度流域，其变化趋势存在显著差异（图 6.3 - 3）。在小尺度流域，其 C_{NH_4} 和 C_{COD} 随 S 的增加而递减的趋势较为显著：

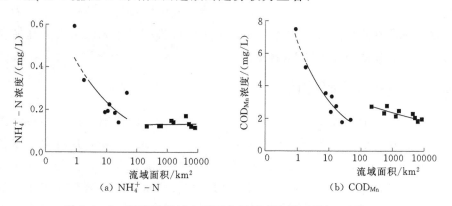

(a) NH_4^+ - N

(b) COD_{Mn}

图 6.3 - 3 连续尺度域内不同空间尺度流域面积与 NH_4^+ - N 和 COD_{Mn} 年平均浓度关系

$$C_{NH_4} = 0.422S^{-0.260}, R^2 = 0.582, p < 0.05 \qquad (6.3-1)$$
$$C_{COD} = 6.790S^{-0.348}, R^2 = 0.910, p < 0.01 \qquad (6.3-2)$$

在大中尺度流域，C_{NH_4} 随 S 增加而递减的趋势并不显著 [图 6.3 - 3 (a)]；C_{COD} 则随 S 的增加而递减，但相对小尺度流域，其递减幅度明显减弱 [图 6.3 - 3 (b)]。

$$C_{COD} = 4.677S^{-0.098}, r^2 = 0.656, p < 0.01 \qquad (6.3-3)$$

随着流域面积的增大，有机物和氨氮等污染物在水体中迁移时间进一步增加，其沉降、挥发和生物化学转化过程逐步完成；河流水体中污染物浓度不再显著递减。同时，在流域下游，人类活动强度有所增加，排入水体的有机物和氨氮等相应增加，进一步减弱其浓度随流域面积增加而递减的幅度。

水体污染物浓度不仅随着空间尺度的增大而出现显著变化，在不同类型水体中亦存在显著差异。将不同类型水体中各类污染物年平均浓度的空间变化进行聚类分析，可发现各类污染物环境行为特征的差异（图 6.3 - 4）。总体而言，各类重金属和 TP 的环境行为特征可归为一类，其在水体迁移过程中，水体酸碱度条件或迁移载体对其有显著影响。在大气降水过程中，TN、$NH_4^+ - N$ 和 COD_{Mn} 环境行为特征可归为一类；在流域产汇流过程中，TN、$NO_3^- - N$ 和 COD_{Mn} 环境行为特征可归为一类。TN 和 COD_{Mn} 在水体迁移过程中，水体酸碱度条件或迁移载体对其影响并不十分显著，$NH_4^+ - N$ 和 $NO_3^- - N$ 则在迁移过程中，发生一定的相互转化。在水库水体中，COD_{Mn} 环境行为特征单独归为一类，其他污染物均归为一类；相对其在上游流域迁移转化过程而言，各类污染物进入水库水体后，其时空变化幅度相对减小，且水体中泥沙和胶体颗粒等携带吸附的污染物易逐步沉积在水库底部。水体中浮游植物则可将可溶的无机及营养盐转化为有机物，使水体中 COD_{Mn} 含量增加。

6.3.2　时间尺度效应

在不同的时间尺度上，同一因素对水体污染物的影响作用可能存在差异。在白河和潮河注入密云水库的张家坟和辛庄断面，在日尺度上，水体污染物中，TP 和 COD_{Mn} 浓度与日平均流量呈显著正相关；但是，在年尺度上，水体污染物年平均浓度与年平均流量之间整体无显著相关关系，仅在辛庄断面，TN 浓度和年平均流量呈显著正相关（表 6.3 - 3）。在永定河入官厅水库断面，在日尺度上，水体污染物浓度与日平均流量之间无显著

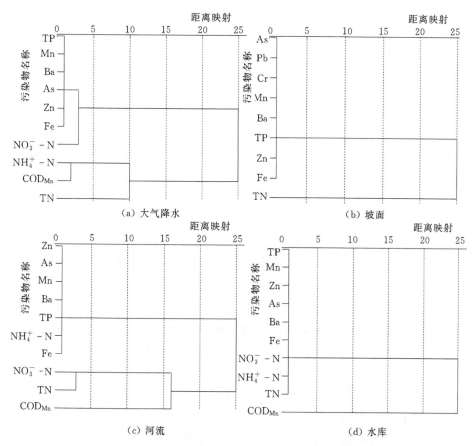

图 6.3-4 各类污染物在不同水体中年平均浓度聚类分析

表 6.3-3 不同时间尺度内平均径流量与水体污染物浓度相关关系

时间尺度	河流	断面名称	污染物平均浓度				
			TN	$NO_3^- - N$	$NH_4^+ - N$	TP	COD_{Mn}
日	白河	张家坟（$n=12$）	0.178	0.417	−0.049	0.630*	0.89**
	潮河	辛庄（$n=12$）	−0.167	−0.002	0.163	0.720**	0.576*
	永定河	八号桥（$n=28$）	−0.270	−0.032	0.144	0.131	0.135
年	白河	张家坟（$n=20$）	−0.211	−0.215	−0.393	0.225	0.092
	潮河	辛庄（$n=20$）	−0.564**	−0.265	0.048	0.131	0.221
	永定河	八号桥（$n=16$）	0.431	0.594*	−0.717**	0.534*	0.805**

注 *、**分别表示在 $p=0.05$ 和 $p=0.01$ 水平上显著相关。

相关关系；但在年尺度上，$NO_3^- - N$、TP 和 COD_{Mn} 年平均浓度均与年平均流量呈显著正相关，$NH_4^+ - N$ 则与年平均流量呈显著负相关。可见，径流量对水体污染物浓度的影响作用，也存在一定的时间尺度效应。

河道流量较大时，其汇集了流域内大量地表径流，水体中泥沙和有机物颗粒含量均相应增加，可为 TP 迁移提供载体。河道流量较小时，径流中泥沙含量明显降低，使得 P 元素在运移过程中缺少迁移载体，故水体 TP 含量明显降低。水体流量也是影响其 COD_{Mn} 浓度年内变化的重要因素，河道水流较快时，其中有机物和还原性物质的径流运移和与大气接触氧化的时间明显减少，其在迁移过程中的损耗也相应减少。但是在永定河流域，由于河流水体污染源来源复杂多样，且其中污染物含量和组成差异较大，再加之上游多个大型水库的径流调配，使得在较短时间尺度内，径流量与水体污染物浓度之间响应过程较为复杂。

在丰水年，永定河河流水体中污染物年平均浓度显著增加，径流量的增加对于污染物的稀释作用并不明显。在径流冲刷作用下，河道底泥中污染物逐步溶解释放；随着河道过水面积的增加，河道范围内耕地被冲刷或是淹没，土壤表层中的污染物进入河流水体，造成污染负荷的增加。

在丰水年，密云水库上游流域河流水体中污染物年平均浓度并未显著增加。整体而言，在较长时间尺度上，河道流量对水体污染物浓度直接影响并不显著；不同类型人类活动方式在显著影响流域产汇流过程的同时，也对流域水体污染物迁移过程产生作用。学者研究表明，土地利用变化、水库的拦截以及跨流域的水库补水是导致流域径流变化的主要原因（秦丽欢 等，2018）。其中，人类活动对白河流域、潮河流域影响分别达到 $89.90\% \sim 91.79\%$ 和 $72.36\% \sim 77.40\%$。流域用水量的增加，导致河道径流量减少；同时，密云水库上游流域自 1990—2010 年间，土地利用类型发生了显著变化，农田、草地和水体的面积分别减少了 30%、48%、61%，林地增加了 30%。由于林地相比农田和草地具有较强的水分蒸腾作用，导致地表径流量较少，径流冲刷造成的污染负荷相应降低。而小流域综合治理提高了植被覆盖率，增加了植被的截流量，在降雨产流过程中对地表径流污染物拦截作用较为显著。

在水库水体污染物的季节和年际变化过程中，入库径流量和蓄水量可能成为重要的影响因素。以官厅水库为例，在月尺度上，入库径流量或水库蓄水量与水体污染物浓度之间整体无显著关联，仅 TP 浓度与蓄水量之间呈显著负相关（表 6.3-4）。在年尺度上，入库径流量与 TN、$NO_3^- - N$

和 $NH_4^+ - N$ 年平均浓度之间均呈显著正相关；蓄水量与 TP 和 COD_{Mn} 年平均浓度之间均呈显著负相关。水库来水量需要达到一定的量，才可能对水库中污染物浓度变化产生直接影响；因此年入库径流量与污染物浓度之间相关关系更显著。

表 6.3 - 4　　　不同时间尺度内官厅水库入库径流量和蓄水量与水体污染物浓度相关关系

影响因素	时间尺度	污染物平均浓度				
		TN	$NO_3^- - N$	$NH_4^+ - N$	TP	COD_{Mn}
入库径流量	月	−0.513	−0.332	−0.299	0.089	0.177
	年	0.556*	0.499*	0.647**	−0.555*	−0.473
蓄水量	月	0.027	0.178	−0.418	−0.694**	0.305
	年	0.468	0.415	0.454	−0.599*	−0.793**

注　*、**分别表示在 $p=0.05$ 和 $p=0.01$ 水平上显著相关。

　　相对官厅水库而言，密云水库上游来水量与水库水体污染物浓度之间的相关关系有所减弱（图 6.3 - 5），仅 TP 年平均浓度与上游来水量之间呈

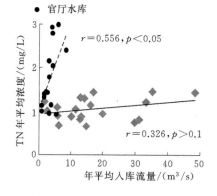
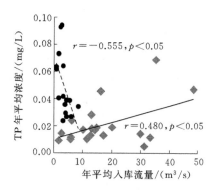
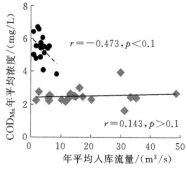

图 6.3 - 5　密云水库和官厅水库上游来水量与水库水体污染物浓度之间相关关系

显著正相关。2001—2015 年，官厅水库和密云水库年平均来水量分别为 0.98 亿 m³ 和 2.10 亿 m³，后者为前者的 2.14 倍；年平均蓄水量分别为 1.98 亿 m³ 和 10.36 亿 m³，后者为前者的 5.23 倍。密云水库蓄水量相对较大，对于上游来水中污染物的响应过程相对较长。

但是，在密云水库分析上述相关关系时，若将分析的时间尺度继续延长，可发现上游来水量和水库蓄水量对水库污染物浓度的影响作用逐步显现。研究分析了 1992—2009 年间，1 年、2 年和 3 年内上游来水量和水库蓄水量与水库污染物平均浓度之间相关关系（表 6.3－5），发现随着时间尺度增加，相应时段内 TN 和 TP 平均浓度与入库径流量和水库蓄水量之间相关关系逐渐增强。

表 6.3－5　　　**不同时间尺度内密云水库入库径流量和**
蓄水量与水体污染物浓度相关关系

影响因素	时间尺度	污染物平均浓度		
		TN	TP	COD$_{Mn}$
入库径流量	1 年	0.423	0.522*	0.183
	2 年	0.589*	0.639**	0.209
	3 年	0.517*	0.691**	0.282
蓄水量	1 年	0.544*	0.492*	0.235
	2 年	0.666**	0.581*	0.147
	3 年	0.658**	0.625**	0.259

注　＊和＊＊分别表示在 $p=0.05$ 和 $p=0.01$ 水平上显著相关。

第7章 非点源污染防治措施

7.1 已有水体非点源污染治理措施

7.1.1 水土保持措施

7.1.1.1 水土保持措施体系

北京山区的水土保持措施和技术主要包括针对坡面治理的梯田、坡面径流截排工程、水土保持林、水蚀林地治理、水土保持种草和封禁治理，针对沟道治理的沟头防护工程、谷坊、拦砂坝、护地堤。其中，梯田包括水平梯田和隔坡梯田；坡面径流截排工程包括截水沟和排水沟；水土保持林主要包括乔木林、灌木林和乔灌混交林；水蚀林地治理的主要措施包括树盘、水平阶、水平埂、植物绿篱等；水土保持种草主要在陡坡退耕地、轮荒地及退化草地上进行；封禁的重点区域则是残次林地、疏林地、采伐迹地和坡度较大、土层较薄的陡坡区域；沟头防护工程多与沟边埂配合发挥效用；谷坊则布设在比降较大的小支沟或切沟内；拦砂坝更多设在多沙和易发生山洪泥石流的沟道内；小流域沟道两侧分布有耕地且常受山洪冲淘的地段，则修建护地堤。

通过长期持续的水土保持措施，北京市水土流失面积 20 世纪 80 年代的 4830km² 下降到当前 3202km²。全市每年各项水土保持措施累计保水 4.2 亿 m³，减少土壤流失 1876 万 t，减少流失总磷 558t、总氮 1120t、COD_{Mn} 6044t。通过坡、村、沟的综合修复，改善了流域水质，提高了生物多样性。

7.1.1.2 主要水土保持工程

北京山区水土保持工程主要以京津风沙源治理工程（涉及其中的北京段）、"三北"防护林工程（涉及其中的北京段）和小流域综合治理工程为主。

（1）京津风沙源治理工程。据统计，20 世纪 50 年代我国北方共发生大范围强沙尘暴灾害 5 次，60 年代 8 次，70 年代 13 次，80 年代 14 次，90 年代 23 次。沙尘暴直接危害西北和华北地区，并影响我国南方和整个东亚地区，成为东北半球一个重要的环境问题。2000 年春天，华北地区连续发生多次沙尘暴或浮尘天气，其频率之高，范围之广，强度之大，是中华人民共和国成立以来罕见的。党中央、国务院对此高度重视，2002 年 3 月，国务院正式批准实施《京津风沙源治理工程规划》。京津风沙源治理工程建设区西起内蒙古自治区达尔罕茂名安联合旗，东至河北省平泉县，南起山西省代县，北至内蒙古自治区东乌珠穆沁旗，地理坐标为东经 109°30′～119°20′，北纬 38°50′～46°40′，范围涉及北京、天津、河北、山西及内蒙古等五省（自治区、直辖市）的 75 个县（旗、市、区），总面积为 45.8 万 km²（高尚玉 等，2008）。

　　针对治理区生态环境与社会经济现状，采取的治理对策包括：①封山育林，杜绝一切经营性采伐活动，最大限度保护现有植被；②对流域内的陡坡耕地和库区周围坡耕地，实行退耕还林；③开展飞播造林；④在山前险地区实施爆破造林；⑤营造农田防护林，改造残网破带；⑥开展小流域综合治理，减少入库泥沙量；⑦结合产业结构调整，人工种植牧草，增加地面覆盖，变放牧为圈养；⑧开展生态移民，巩固生态建设成果，防止边治理边破坏。

　　该工程建设期 10 年，即 2001—2010 年，分两个阶段进行：2001—2005 年为第一阶段，2006—2010 年为第二阶段。工程采取以林草植被建设为主的综合治理措施。到 2010 年，规划治理沙化土地及严重水土流失总面积 20.5 万 km²，退耕还林 262.91 万 hm²，其中退耕 134.17 万 hm²、荒山荒地荒沙造林 128.74 万 hm²、营造林 494.41 万 hm²；草地治理 1062.78 万 hm²，其中，禁牧 568.45 万 hm²，建暖棚 286hm²，购买饲料机械 23100 套，建水源工程 66059 处，节水灌溉 4783 处，完成小流域综合治理 234.45 万 hm²；生态移民 18 万人。为保证该项工程的实施，国家林业局先后出台一系列文件，包括《京津风沙源治理县级作业设计技术规程》（2002）、《京津风沙源治理工程林业建设技术规定（试行）》（2003）以及《关于加快京津风沙源治理工程促进区域新农村建设的实施方案》（2006）。截至 2010 年年底，一期工程建设任务已全部完成。

　　为进一步减轻京津地区风沙危害，构筑北方生态屏障等需要，2012 年 9 月，国务院常务会议讨论通过了《京津风沙源治理工程二期规划（2013—2022 年）》，决定实施京津风沙源治理工程二期。根据规划，工程总投资达 877.92 亿元，工程区范围由北京、天津、河北、山西、内蒙古 5 个省（自治区、直辖市）的 75 个县（旗、市、区）扩大至包括陕西在内 6 个省（自治区、直辖市）的 138 个县（旗、市、区）。

（2）"三北"防护林工程。"三北"防护林工程是指在中国西北、华北和东北地区建设的大型人工林业生态工程。为了从根本上改变我国西北、华北、东北地区的风沙危害和水土流失状况，国务院批准上马了"三北"防护林工程。1978 年 11 月 25 日，国务院以国发〔1978〕244 号文件批准国家林业总局《关于在西北、华北、东北风沙危害和水土流失重点地区建设大型防护林的规划》，决定把这项工程列为国家经济建设的重要项目。"三北"防护林体系东起黑龙江宾县，西至新疆的乌孜别里山口，北抵北部边境，南沿海河、永定河、汾河、渭河、洮河下游、喀喇昆仑山，包括新疆、青海、甘肃、宁夏、陕西、山西、河北、辽宁、吉林、黑龙江、北京、天津等 13 个省（自治区、直辖市）的 551 个县（旗、区、市），总面积 406.9 万 km^2，占我国陆地面积的 42.4%。从 1978 年到 2050 年，分 3 个阶段、8 期工程进行，规划造林 0.36 亿 hm^2，到 2050 年，"三北"地区的森林覆盖率将由 1977 年的 5.05% 提高到 14.95%。

到 1995 年，"三北"防护林已圆满完成了一、二期工程，共人工造林 1815 万 hm^2，使"三北"地区森林覆盖率由原来的 5.05% 提高到 8.2%，12% 沙漠化土地得到治理。到 20 世纪末，第三期工程也基本完成，从东北西部和内蒙古东部、京津与河北东北部、黄土高原、新疆绿洲等地区建成了一批不同等级的区域性防护体系，使"三北"地区环境质量有了很大改善。在京津地区，新增森林 178 万 hm^2，森林覆盖率达到 29.1%，大风日数和扬沙日数分别由 20 世纪 70 年代的 37d 和 21d 减少到现在的 17d 和 8d，北京周围的生态环境明显改善。2001 年，"三北"防护林四期工程正式启动，四期工程涉及"三北"地区的 13 个省（自治区、直辖市）的 590 个县（旗、市、区），按照规划到 2010 年，在有效保护好工程区内已有 2787 万 hm^2 森林资源的基础上，完成造林 950 万 hm^2，工程建设区内的森林覆盖率净增 1.84 个百分点，建成一批比较完备的区域性防护林体系，初步扭转"三北"地区生态恶化的势头。

（3）小流域综合治理工程。我国的水土保持重点建设工程就是典型的以小流域为单元的综合治理工程。随着国家对水土保持的重视，从 1983 年国家开始安排专项基金进行水土流失专项治理，为水土流失提供了可靠的经费来源。我国的水土保持重点建设工程截止到目前已规划实施到了第五期工程（2013—2017 年）（邢伟，2016）。北京山区对小流域的治理均早于 1983 年启动的全国八片重点治理区国家水土保持重点工程。

北京生态清洁小流域为该区域小流域治理提供了成功范例。在遵循"山、水、林、田、路统一规划，工程、治污、生物、农艺相结合，拦、蓄、灌、排、节综合治理"的原则下，北京小流域综合治理重点强调"三道防线"建设，使生态清洁型小流域建设取得明显成效。

第一道防线是生态修复防线。在中山、低山及人烟稀少地区，主要是土层浅薄，遭遇暴雨易造成严重水土流失或泥石流、滑坡等灾害的山区，采取封（禁）、移（民）、补（助）等措施，实行全面封禁，充分依靠大自然的力量进行自然修复，达到保水保土的目的。

第二道防线是生态治理防线。该防线针对人口相对密集的浅山、山麓、坡脚等农区。该区的主要特点有以下几点：一是生态环境脆弱，水土流失严重，是泥沙的主要产区；二是村镇及旅游业集中区域，人类活动频繁，生活污水和垃圾排放问题严重；三是农药、化肥使用量大；四是开发建设活动，人为因素造成的水土流失严重。根据上述特点采取以下措施：①在坡面上建设基本农田，开展节水灌溉，营造水土保持林和水源涵养林；②在沟道内修建谷坊、小塘坝、护村（地）坝等工程；③建设小型污水处理及资源化设施和小型垃圾处理设施，治理污水、垃圾；④开发建设项目编报水土保持方案，并按照方案落实水土保持措施；⑤调整农业种植结构，减少农药化肥的使用量。最终达到如下目标：生产、生活污水达标排放，治理率达到 80% 以上；处理后的中水 90% 得到资源化利用，节水灌溉率达到 80% 以上；固体废弃物等垃圾集中堆放，定期清理和处理；开发建设活动人为造成的水土流失得到控制。

第三道防线是生态保护防线。该道防线针对河道两侧及湖库周边，该区是挖沙、采沙集中的区域，也是湿地萎缩、水体自然净化能力差的地段。采取库滨带水源保护工程建设（以植物措施为主建设林草生物缓冲带）、清淤疏浚、生态护坡（岸）、封河育草、湿地保护等措施，最终达到有效发挥灌木和水生植物的过滤和水质净化功能、维系河（沟）道及湖库周边生态系统、控制侵蚀、改善水质、美化环境的目标。在构筑三道防线、建设生态清洁型小流域思路的指导下，北京市重点开展了南天门、甘涧峪、前西沟、西栅子、曹家路、西庄子、上甸子、峨眉山、上镇、麻峪沟、苇甸沟下游、响潭等 12 条小流域的综合治理工作，成效显著。如怀柔区甘涧峪小流域，水土流失治理程度 90%，林草覆盖率达到 75% 以上，增加蓄水能力 8000m³。

7.1.1.3 水土保持工程量统计

根据北京市第一次水务普查数据（2013），截至 2011 年，主要位于北京山区的门头沟、房山、昌平、怀柔、平谷、密云和延庆 7 个区水土保持措施统计见表 7.1 - 1。其中包括梯田 9826hm²，水土保持乔木林 148179hm²，经济林 72902hm²，种草 1378hm²，封禁治理 178108hm²，小型蓄水保土工程点状 42404 个和线状 769km，树盘 8579260 个，节水灌溉 40052hm²，挡土墙 430253m，护坡 341028m，村庄排洪沟（渠）518628m，田间生产道路 1657693m，湿地恢复 70586hm²，沟（河）道清理整治 999 处，防护坝 265658m，拦砂坝 866 座，谷坊 40101 座，河岸带（库滨带）治理 211097m。

表 7.1 - 1　　　　　　　　北京山区水土保持措施统计

水土保持措施		门头沟	房山	昌平	怀柔	平谷	密云	延庆
基本农田 /hm²	梯田	417.7	646.8	340.2	2421.8	258.2	2838.6	2902.5
	其他	249.0	3511.7	1880.2	3659.5	10.7	14692.0	21297.5
水土保持乔木林/hm²		11415.1	17384.2	10693.0	19244.1	1030.4	54941.3	33470.8
经济林/hm²		7355.9	9720.5	15219.4	6160.7	355.4	22416.0	11673.9
种草/hm²		626.1	1.9	19.0	701.2	4.7	1.7	23.0
封禁治理/hm²		34620.8	2000.0	6912.0	77009.3	25193.0	14141.0	18232.2
小型蓄水 保土工程	点状/个	898	1260	122	31132	261	771	7960
	线状/km	39.5	284.1	69.2	14.2	211.5	85.5	65.4
土地整治/hm²		878.2	1316.0	34.8	866.6	77.5	0.0	4983.8
树盘/个		149948	2148368	32214	1347672	102000	3631000	1168058
节水灌溉/hm²		1594.9	14615.9	1537.0	3697.9	2431.4	970.0	15204.6
挡土墙/m		37003	237175	22216	65985	19001	11175	37698
护坡/m		52510	191272	20080	29221	7870	4985	35090
村庄排洪沟（渠）/m		18723.5	284100	69150	14161	6130	20860	105503
田间生产道路/m		185958.5	493789.0	162917.8	155915.0	167636.0	178670.0	312807.0
湿地恢复/hm²		6.5	34.0	3.0	5079.1	3.1	0.0	65460.0

续表

水土保持措施	门头沟	房山	昌平	怀柔	平谷	密云	延庆
沟（河）道清理整治/处	186	271	19	22	22	235	244
防护坝/m	13567	108671.0	42390.0	4390.3	10878.0	21380.0	64382.0
拦沙坝/座	5	209	62	96	5	5	484
谷坊/座	580	1051	60	30101	80	753	7476
河岸带（库滨带）治理/m	80826	7350	40495	28050	1586	34290	18500

7.1.2　村镇污水处理

7.1.2.1　村镇污水综合处理技术分类

农村生活污水由于村庄在地理上具有分布广和分散的特点，同时污水的产排量较小，水量波动明显，变化系数较大。农村生活污水的主要组成为生活污水、餐厨废水和洗涤废水，含一定量的氮、磷、病原菌等，可生化性较好。与城市相比，农村经济条件差距较大，污水管网和污水处理设施建设相对滞后，我国不同地域的农村由于地理条件、经济水平、生活习惯等方面存在较大差异，对应的污水水质也存有差异，因此针对农村生活污水处理技术的选择，需要结合当地自然条件现状、经济承受能力等情况，因地制宜地进行选取。鉴于农村地区缺少污水处理设施的运行维护人员，因此对于农村分散型生活污水的治理，利用高度集成化、自动化的污水处理工艺设施已成为新技术的研发趋势，各类一体化污水处理设备产品也应运而生。一体化设备通常具有占地面积小，结构紧凑，安装方便，可采用全自动控制，操作维护简单等优点，可有效避免农村分散型污水处理装置建成后因运行维护不当造成的无法正常运行问题。

在现有的农村生活污水处理技术方法和专利中，涉及污水处理工艺类型主要分为生物法、湿地处理法、过滤法 3 种。其中包含生物法的比例高达 78.3%（彭澍晗 等，2018），说明生物法对于农村生活污水的处理占据主导地位。另外，由于农村在土地资源上具有得天独厚的优势，使得含有湿地处理单元的污水处理技术专利也达到了 40.6%。同时包含生物法和湿地法 2 个处理单元的技术专利比例达到 30.8%，接近 1/3。以上所述的技术专利中所采用的传统生物法主要包括厌氧-好氧工艺法（A/O）、厌氧-缺氧-好氧工艺法（A/A/O）、序批式活性污泥法（SBR）、膜生物反应器（MBR）等处理工艺，其中又以 A/A/O 和 A/O 处理工艺居多。

7.1.2.2 传统生物处理技术在村镇污水综合处理中的应用

1. A/O 工艺

A/O 是 Anoxic Oxic 的缩写，A/O 工艺法也叫厌氧好氧工艺法，A（Anacrobic）是厌氧段，用与脱氮除磷；O（Oxic）是好氧段，用于除水中的有机物。它的优越性是除了使有机污染物得到降解之外，还具有脱氮除磷功能，是将厌氧水解技术用为活性污泥的前处理，所以 A/O 工艺是改进的活性污泥法。

A/O 工艺将前段缺氧段和后段好氧段串联在一起，A 段 DO 不大于 0.2mg/L，O 段 DO 为 2～4mg/L。在缺氧段异养菌将污水中的淀粉、纤维、碳水化合物等悬浮污染物和可溶性有机物水解为有机酸，使大分子有机物分解为小分子有机物，不溶性的有机物转化成可溶性有机物，当这些经缺氧水解的产物进入好氧池进行好氧处理时，可提高污水的可生化性及氧的效率；在缺氧段，异养菌将蛋白质、脂肪等污染物进行氨化（有机链上的 N 或氨基酸中的氨基）游离出氨（NH_3、NH_4^+）。在充足供氧条件下，自养菌的硝化作用将 $NH_3 - N$（$NH_4^+ - N$）氧化为 $NO_3^- - N$，通过回流控制返回至 A 池，在缺氧条件下，异氧菌的反硝化作用将 $NO_3^- - N$ 还原为分子态氮（N_2），完成 C、N、O 在生态中的循环，实现污水无害化处理。

污水由排水系统收集后，进入污水处理站的格栅井，去除颗粒杂物后，进入调节池，进行均质均量，调节池中设置预曝气系统，再经液位控制仪传递信号，由提升泵送至初沉池沉淀，废水自流至 A 级生物接触氧化池，进行酸化水解和硝化反硝化，降低有机物浓度，去除部分氨氮，然后入流 O 级生物接触氧化池进行好氧生化反应，在此绝大部分有机污染物通过生物氧化、吸附得以降解，出水自流至二沉池进行固液分离后，沉淀池上清液流入消毒池，经投加氯片接触溶解，杀灭水中有害菌种后达标外排。由格栅截留下的杂物定期装入小车倾倒至垃圾场，二沉池中的污泥部分回流至 A 级生物处理池，另一部分污泥至污泥池进行污泥消化后定期抽吸外运，污泥池上清液回流至调节池再处理。

2. 膜生物反应器

膜生物反应器（MBR）把膜分离技术和生物处理技术相结合，利用膜的分离、截留功能代替活性污泥法中的二次沉淀池，在生物反应器中处理污水。

在膜生物反应器污水处理技术发展过程中，主要有萃取生物反应器、固液分离型生物反应器、曝气膜生物反应器等几种类型。现阶段应用范围较广的是固液分离型膜生物反应器。膜生物反应器污水处理工艺在实际运行中可通过生物反应器内部相关填料的添加、颗粒污泥形成、微生物附着、微生物生长繁殖、生物膜形成等工序，溶解污染废水中的氧气，并吸收污染废水中的有机污染物，从而达到有效的废水分离效果。在实际运行过程中，膜生物反应器污水处理工艺具有较好的祛除效率及脱氮除磷效果，通过膜分离截留作用及适当填料的添加，可为硝化菌生长营造一个良好的厌氧环境，同时也增加了生物膜上附着微生物群落的多样性，便于生物膜后续产物的有效处理。但在生物膜污水处理工艺运行过程中，由于现阶段仍缺乏有效的膜处理技术，且周边环境温度不稳定、生物膜制造工艺不完善等问题也影响着生物膜污染水体处理速率的变化。

　　膜生物反应器在生活污水处理中的应用，主要为厌氧膜生物反应器、好氧膜生物反应器、缺氧膜生物反应器，同时为了与生物脱氮除磷工艺相符，需在以往生物膜反应器污水处理工艺的基础上进行适当更新优化，如分流式膜生物反应器、倒置膜生物反应器、多级膜生物反应器等，在膜生物反应器污水处理工艺的具体更新优化操作中，可利用 A/O 池排布方式的更改或者给水分配方式更改、混合料回流线路更改等措施进行。同时，由于生活污水中氮磷比普遍较低，可在膜生物反应器污水处理工艺前期设计时对内源碳应用进行合理控制，便于碳源的合理应用及反硝化效率的提升。同时针对污染物质存在时间较长导致的生物除磷效果不等问题，可在膜生物反应器污水处理工艺运行的基础上进行化学除磷方式的应用，主要通过物化方式的应用降低污染物质内部可生化性质，便于反渗透、生物滤池等后续污水处理工艺的正常运行，常用的化学除磷物质主要为臭氧。而对于粪便等生活污水，以往常用的膜生物反应器污水处理措施主要为反硝化法，而由于反硝化法具有固液分离不稳、浓度过高等特点，现阶段利用超滤膜过滤的方式代替了反硝化技术，超滤膜过滤的方式主要为接收模块、高效脱氮生物反应设备、深度处理消毒模块等几个部分，基本脱氮生物反应器设计运行参数可依照以往反硝化设施进行设计，控制整体设备运行率，最后采用 NaClO 进行生物膜清洗措施。

　　3. 速分生化污水处理工艺

　　速分生化技术是浸没式固定床生物膜的变形，是将流体力学中的"流离"原理与微生物处理技术结合在一起，形成一种新型污水处理技术。利用特殊的固－液－气三相运动，使污水中的悬浮固体颗粒，富集在速分生化球表面和内部，在一定长度距离的速分生化球内、外表面生成的完整生物链及反复进行的好氧-厌氧-好氧的生物处理系统的作用下，使得污水中各种污染物得到充分降解，并在系统内部直接进行了污泥消化，排泥量很小。

速分生化技术原理主要包括流离作用和速分。流离作用采用特殊结构及表面改性技术的"速分球"为形成流离功能提供水力条件和微生物大量繁殖的条件。由污水的水平推流和气体的竖向流的共同作用形成对水中悬浮颗粒的推动旋转，并使其富集在速分生化球表面及内部。沿污水流动方向形成完整的微生物链，处理效率高，不拍泥。微生物被固定在载体上做到污染物停留时间与水力停留时间的分离。速分作用集中在速分生化球内，经过厌氧状态使其水解酸化、流出、再被好氧分解。因此，污泥通过速分生化球连续不断地速分，产生分解和消化。不需设置污泥处理系统。

速分生化污水处理工艺基本上是采用物理作用预处理＋生物作用深度处理＋物理作用澄清，工艺流程为"进水→格栅→调节池→生化池→二沉池→消毒→排放"。速分生化污水处理系统包括调节池、生化池、清水消毒、自控系统共四个功能区。与接触氧化处理方式不同是将生化池将厌氧池、曝气滤池两部分合为一起。因生物膜法工艺处理的污泥量少，在综合排放标准条件下可直接排放，在中水回用标准要求时可在清水池中完成消毒。消毒同样采用二氧化氯或次氯酸钠消毒。自控系统采用控制泵机启停、反冲洗启停和加药，PLC控制可以配备上位机，还可以实现远程监测和技术支持。

速分生化池多采用推流式进水方式。水从球体梭进出，要求水体流动以层流均匀流动，气体从速分球底部向上，竖向鼓气，以气、固、液三位一体混合在水中的推流，使黏附在速分生化球上的絮状物，随水波冲动渐渐流出。

7.1.2.3　村镇污水综合处理新型技术的应用

1. VFL 垂直流迷宫工艺

VFL工艺在厌氧区和缺氧区采用垂直流迷宫式结构，从结构上大大延长了厌氧区和缺氧区的流程，消除回流活性污泥对厌氧区和缺氧区的不利影响，并大幅度地提高其脱氮效率，同时有利于除磷，控制和适应厌氧区、缺氧区对碳源的利用，提高脱氮除磷的效果。该工艺可实现有机污泥近零排放、污水污泥同步处理、具有应对进水水质变化灵活调整运行参数，保障系统的强抗冲击负荷能力。

该技术适用于农村分散型生活污水处理、村镇集中型生活污水处理、小区楼宇生活污水处理等领域。自 2013—2017 年，VFL 技术在北京、安徽、福建、湖南、湖北等省份共建成 17 个污水处理工程，在建 42 个污水处理工程。该技术在北京市昌平区流村镇北流村生活污水处理站工程（500m³/d）得以应用，该工程 2014 年 4 月开工建设，于 2014 年 7 月建成并投入运行。主要工程内容包括：化粪池、提升泵井、VFL 组合池等的土建工程、安装工程及设备采购，工程占地面积 480m²。工程总投资为 630 万元。出水可稳定达到北京市地方标准《城镇污水处理厂水污染物排放标准》（DB 11/890—2012）的 B 排放限值要求（COD≤30mg/L、NH₃-N≤1.5mg/L、TN≤15mg/L、TP≤0.3mg/L，SS≤5mg/L）。

2. 强化低耗型 UCT 污水处理技术

强化型 UCT 技术是耦合活性污泥法和生物膜法污水处理工艺，通过厌氧单元进行释磷与氨化，缺氧单元进行反硝化脱氮，好氧池用来去除有机物、彻底硝化和吸磷，达到污水深度净化处理的污水处理系统。通过在好氧单元配置高密度硬质填料，实现微生物富集，强化系统硝化功能；通过气提大比例回流实现污泥输送至缺氧单元，以及缺氧单元混合液部分回流至厌氧单元，减省动力消耗和设备投资，有效保障系统对有机污染物和氮磷的高效去除。

该工艺的关键技术主要为：①微生物高密度富集技术，通过在好氧单元配置高密度硬质填料，实现微生物富集，强化系统硝化功能。②气提大比例回流技术，实现污泥和硝化液自回流，同时减省其他工艺常用的水下推流搅拌器、回流泵及刮吸泥机等装备，可最大限度节约占地。③污水稳定达标技术，通过耦合活性污泥法和生物膜法耦合工艺，使系统兼具两大主流工艺优点，确保系统运行稳定达标。

该技术适用于农村分散型生活污水处理、村镇集中型生活污水处理、分散工业点源污水处理、餐饮污水处理、畜禽养殖污水处理等领域。该技术已在北京市昌平区延寿镇、顺义区龙湾屯镇和大兴区魏善庄镇等 40 余项村庄污水治理项目中应用，污水总处理规模 1.2 万 m³/d，出水水质稳定达到北京市地方标准《水污染物综合排放标准》（DB 11/307—2013）的 B 排放限值要求。

3. 强化 AO 耦合循环生物滤池污水处理技术

强化 AO 耦合生物滤池污水处理技术即通过增强型 AO 和循环生物滤池组合工艺，实现污水深度净化处理的污水处理系统，通过在曝气池配置硬质生物填料，提高系统微生物浓度，实现有机物高效去除和氨氮彻底硝化，通过回流至厌氧池实现反硝化。出水进入新型循环生物滤池，通过优化工艺控制，实现系统对氮磷的深度净化去除，保障系统出水水质稳定达标。

该工艺的关键技术主要为：①好氧单元微生物富集，采取弹性立体填料，其弹性丝能剪切水中气泡，提高氧气利用效能。②稳定达标运行，通过 AO 单元最大限度降低有机物和氮磷污染物，耦合循环生物滤池作为稳定达标运行保障，组合工艺兼具活性污泥法和生物膜法处理技术，可实现节约占地同时稳定达标运行。

该技术适用于农村分散型生活污水处理、村镇集中型生活污水处理、水产养殖废水处理等领域。目前该技术已在北京市通州区、大兴区城乡结合部农村治污试点项目、昌平区延寿镇、顺义区龙湾屯镇和大兴区魏善庄镇等 20 余项村庄污水治理项目中应用，出水水质稳定达到北京市地方标准《水污染物综合排放标准》（DB 11/307—2013）的 B 排放限值要求。其中，在昌平区延寿镇辛庄村投资建设污水处理站 1 座，设计规模 $80m^3/d$，工程总投资为 35 万元，主要工程内容包括：预处理单元、强化 AO 生物单元、循环生物滤池等内容，占地面积为 $45m^2$。水处理成本仅为 0.6 元/m^3。

4. 好氧厌氧反复耦合（rCAA）污泥减量化污水处理技术

"好氧-厌氧反复耦合污泥减量污水处理技术"（rCAA 技术）是在污水处理装置内添加自主研发的结构可控的多孔微生物载体，通过微生物种群设计和控制技术，将微生物停留与水力停留时间分离、提高反应器内生物量，保证生物反应速率，提高污水处理效率，并通过微生物死亡及溶胞环境的强化等在污水净化的同时实现剩余污泥的原位减量化。

进水中的有机物首先进入好氧区，好氧污泥利用这些有机物进行代谢并生成新的增殖污泥，这部分污泥随水流作用进入下游的厌氧区；在厌氧区，好氧污泥由于环境的变化以及厌氧区胞外酶的作用，发生死亡溶解从而释放出胞内蛋白质、脂肪和多糖，而这些高分子物质在水解细菌及酸化细菌的作用下被降解成低分子量物质；这些低分子量物质流入下游的好氧区而被好氧污泥再次利用；未被捕获的污泥在厌氧区发生内源代谢，消耗体内的 ATP，流到好氧区后除了部分用于合成细胞内物质外，还形成细胞合成代谢及分解代谢的解耦联；同时随着水平流动距离的增加及下游环境的改善和稳定变化，原生动物和微型动物在在下游的好氧区内的密度逐步升高，而且稳定存在，强化了污泥的捕食效应，进一步稳定了出水水质。同时，系统在好氧-厌氧反复耦合的过程中，发生多种微生物协同反应，使污水中的污染物转化成无害气体释放，在达到污水污染物高效去除的同时，实现剩余污泥的原位减量化。

该技术适用于农村分散型生活污水治理、村镇生活污水治理、旅游景区、农家乐河湖治理、市政污水处理等领域。2015 年，本技术在通州区梨园镇完成通州区试点项目 450m³/d、800m³/d 和 5000m³/d 污水处理站 3 座，出水水质满足《通州区水环境乡镇跨界断面考核及补偿办法（试行）》；其中，COD≤40mg/L，NH₃-N≤8mg/L，TP≤0.5mg/L。2016 年，本技术在通州区宋庄镇完成通州区农村污水治理试点项目 60m³/d、90m³/d 和 150m³/d 污水处理站 3 座，出水水质达到北京市地方标准《水污染物综合排放标准》（DB 11/307—2013）的 B 排放限值要求。

5. 高效生物转盘技术

高效生物转盘分为一体化高效生物转盘和模块化高效生物转盘。

一体化处理系统由初沉阶段、污泥储存阶段、缺氧阶段、好氧阶段、二沉阶段以及过滤消毒段构成，以上各阶段集成于一座玻璃钢池体。整套系统在工厂内定制而成，产品直接发往项目所在地。

模块化高效生物转盘处理系统由初次沉降区段、生化区段、二次沉降区段。以上每个功能区段设置在单座池体内，生化段可由多组生物转盘处理单元串/并联来满足大流量的工艺需求。可以实现营养物质（N/P）的去除，凭借高效率的流量管理与均衡扩散生物负荷的理念从而确保达到最优的工艺效果，同样具有工艺稳定性。

该工艺适用于农村分散型生活污水处理、村镇集中型生活污水处理等领域。该工艺已在门头沟区农村生活污水处理试点示范工程的水峪嘴村得以应用，日处理污水量为 100m³/d，工程总投资为 200 万元。工程主要采用模块式高效生物转盘，包括初沉池、高效生物转盘、二沉池、生化过滤，占地面积为 300m²。出水水质达到北京市地方标准《水污染物综合排放标准》（DB 11/307—2013）的 B 排放限值要求，排入北京市Ⅲ类水体及汇水范围内的污水执行 A 标准，水处理成本仅为 0.6 元/m³。

7.1.3　河道生态修复

7.1.3.1　防洪空间拓展

河道防洪空间拓展的程度制约生态修复的程度，根据河/沟道防洪标准、洪水淹没范围现状及防洪空间可拓展潜力，进行防洪空间拓展措施配置。若防洪空间拓展范围小,可局部拆除硬质护岸,减缓坡度,采用植物护坡;若防洪空间拓展的足够大,可全部拆除硬质护岸,采用植物及自然块石护坡护脚;如防洪空间可拓展的很大,可完全按照生态河流在平面、纵断面和横断面上的技术要求及生态修复方法配置河流行洪空间拓展措施。

7.1.3.2 河流连续性和连通性修复

河流纵向连续性影响着河流水体的流速和流量,进而决定了河流的泥沙输移、冲淤变化。纵向延伸的河流是生物通道之一,影响着河流的生物多样性。北京山区部分河流上分布着许多小型拦水建筑,影响了河流的纵向连续性,甚至造成洪水灾害。河流纵向连续性修复的主要措施是拆除横向拦水建筑物或改造为透水性的码石散水坝等。设计中,应根据河道纵坡、流速、流量及水位等条件,合理确定散水坝的形式、高度、沿水流方向的宽度、散水坝的坡度及单块石头粒径等。

河流纵向连通性修复要求河堤蜿蜒自然,避免直线化、直墙或人工痕迹很强的岸坡形式。在河流子槽、坡脚等水流湍急的部位采用石块或堆石防护,不应采用浆砌石防护形式。防护标准不达标时,应扩大河流的防洪空间,尽量不采用防护堤的形式。山区河道既要排导流域上游的洪水,也要排导河道两侧山体产生的雨水径流;为使河道两侧山体产生的径流顺利排入河道,外侧地面高程不得低于河流堤顶高程。河道周边地带应保持自然状态,形成自然的植物过渡带,净化雨水径流,削减非点源污染。

7.1.3.3 生态驳岸

生态驳岸是指河流驳岸在具有护堤和防洪的基本功能的同时,通过人工措施手段可以重建或修复水陆生态结构,使岸栖生物多样化,景观节点丰富。满足游人对自然岸线景观和生态性需求,实现"驳岸生态化"。生态驳岸的主要形式有以下几类:

(1) 自然植被。此类驳岸形式主要是自然形态的驳岸,完全利用植物栽植进行护坡,主要依赖于植物的地上茎叶及地下根系的作用来保护岸线堤防,充分发挥植被的优势。草本植物根系在表层,起到固定表土的作用;木本植物根系较深,对土体起支撑作用。在自然岸坡上种植不同类型的植物,不但起到很好的护坡效果,而且还可以为水体其他生物提供一个栖息地,对于改善生态环境具有十分重要的作用。

(2) 石笼覆盖。此类驳岸形式是一种对水位变动区域采用的护坡方式，是根据边坡的高度按照一定的角度堆放、铺设铅丝砾石笼，能够保证岸坡比较稳定，并且能够与周边绿化景观协调，同时在表面覆盖种植土壤，过水后植物生长，植物根系生长后将砾石笼团团连接，有效起到固定岸坡的作用，石笼后铺设无纺土工布，可有效防止土壤流失。

（3）叠石、山石等石料。叠石、山石等石料护坡是水景岸坡最传统的方式，一般就地取材，利用本地的石料，不经过人工修饰，顺其自然。修筑时，利用护脚处浇筑浆砌石基础，上面用景观石堆砌。石与石之间的缝隙，用碎石填充，促进水体、土体的相互循环和交换，同时可为微生物、小动物等提供生存栖息地。山石缝隙之间还可以栽植耐水湿的草本、灌木，点缀岸线，形成优美的坡岸景观。

（4）生态砖。生态砖是由无砂混凝土制成的具有保水性、透水性的多孔性砖块，生态砖堆砌护坡，层间用钢筋穿插连接，生态砖的后背铺设砂砾料和无纺布，能够起到排水和反滤作用。生态砖的空隙中撒播耐水湿的植物种子，主要是草本植物种子，几个月后植物从砖块空隙中穿入到土壤，可以巩固坡岸土体。多孔的生态砖具有较好的透水性，可以解除或缓解背面的水压和土壤压力，有效防止坡岸的塌陷和变形。

（5）仿木桩、树桩。有些坡岸比较陡，在坡脚采用钢筋混凝土仿木桩或木桩护坡，以维护岸线的稳定，防止岸线底角被强烈的水流冲刷从而侵蚀岸线。在仿木桩或木桩间隙、桩与堤脚之间、桩与土坡之间可用卵石、石块等填充，其后可采用装土生态袋、无纺布作为仿木桩或木桩的填充和反滤层。

7.1.3.4 河道生态修复应用实例

2009 年北京市水务局与北京市园林绿化局合作开展了中德财政合作项目"小型水体生态修复研究与示范"。项目采用欧盟水框架指令的标准，在位于北京北部山区的密云区、怀柔区、延庆区和昌平区地表水源涵养地开展 6 条河流（段）共 88.3km 长河道的生态修复工程（北京市水土保持工作总站，2016）。截至 2014 年年底，在德国专家的指导下，已完成项目的生态监测、评价、规划、设计、施工、验收和后评估等工作，形成了一套符合北京山区河流生态修复的技术和方法。

7.1.4 人工湿地建设

7.1.4.1 河流水质净化技术分类

河流污染的水质净化技术通常分为物理技术、化学技术、生物技术/

生态技术 3 大类。它们在作用机理、有效性、适用条件、经济性上各有特点（见表 7.1-2）。

表 7.1-2　　　　　　　河流水质净化技术分类及其适用范围

分　类	技　术　名　称	适用河流污染类型	治理机理
物理技术	人工增氧	严重有机污染	促进有机污染物降解
	底泥疏浚	严重底泥污染	移除河流内源污染物
	引水冲污	富营养化	直接改善河流水质
化学技术	化学除藻	富营养化	直接杀死藻类
	絮凝沉淀	底泥内源磷污染	将溶解态磷转化为固态
	重金属化学固定	重金属污染	抑制重金属从底泥溶出
生物生态技术	微生物强化	有机污染	促进有机污染物降解
	植物净化	富营养化	提高河流生态系统稳定性
	稳定塘	有机污染、富营养化	促进污染物稳定化
	人工湿地技术	非点源污染输入	促进污染物迁移转化
	渗流生物膜净化技术	有机污染	促进有机污染物降解
	多自然型河道构建	生态破坏、水土流失	恢复河流生态系统

　　物理技术通常需要特定设备，实施费用较高，只适用于小型河流和景观价值较高的城市河流。河流底泥疏浚有时对改善河流水质的效果并不明显，实施前需慎重研究。引水冲污适用于缓流河流，但也只是转移了污染河流河水而非将其净化，且易对下游造成污染。

　　化学技术的优点在于见效快，短期内即可产生显著的水质净化效果，但它需要向河流投加杀藻剂、石灰等各种人工化学物质，容易在净化水质的同时对水生动植物和微生物产生毒害作用，生物安全性和生态安全性较差。有些化学物质投加浓度过高，本身也会成为污染物，产生二次污染。而且化学物质在流动的河流中很容易扩散稀释，在短期内消耗消失，难以维持发挥水质净化作用。物理技术和化学技术存在许多不足，在实际应用中受到许多限制，通常只作为河流污染的应急治理措施。

　　与物理技术和化学技术相比，生物/生态技术在污染河流治理中有许多优点，主要有以下几个方面：

　　（1）所需投入的能源、物质少，人为管理控制少，更为经济。生物/生态技术可以利用太阳能作为污染净化系统的能源，通过微生物和动植物的自然生长来降解、吸收、转移河水中的污染物。较少需要输入人工的能源和物质。另外，微生物和动植物在一定条件下都能按照一定规律自行生长繁殖，发挥水质净化作用，较少需要人为管理以维持净化系统的运行。

（2）能维持发挥河流污染净化作用。生物/生态技术所利用的微生物和动植物在一定条件下能够自动生长繁殖，生物量不会因为净化作用的发挥而消耗，反而可能逐渐增加。生物水质净化作用的发挥与其自身的生长繁殖有着直接的联系，在生物的整个生命活动周期中都可能发挥水质净化作用。

（3）副作用小，对环境没有危害或者危害很小。生物/生态技术利用自然界原有的或者经过略微改造的生物，而非人工物质来净化河水，环境相容性好，不存在对环境的二次污染。稳定的河水生物/生态净化系统其内部的物质转换和能量流动处于平衡状态，各种生物之间互相依存，相互制约，不容易对外界环境造成冲击。

（4）能自我调整，适应环境的变化。微生物有很强的变异能力，植物也有一定的自我调节能力，因此当河水的污染物发生改变时，生物/生态技术在一定程度上仍能够发挥水质净化作用，同一种技术对不同类型的河流水质污染有较好的适用性。

（5）可与亲水景观建设相结合，外在表现形式自然亲切，更富人性化。生物/生态技术利用天然的生物，而非人工的化学物质或机械等来净化河水，能较为容易地与原有自然环境相融合。

由于具有以上优势，生物/生态技术在污染河流治理中得到越来越多的重视和实际应用，在选择污染河流治理技术时，生物/生态技术应首先被考虑。生物/生态技术中，人工湿地是一种适用性很广的污水净化系统，它利用湿地植物的吸收富集作用、微生物的降解作用和湿地介质的过滤、吸附、络合、离子交换等作用去除污染物。在某些特定的湿地系统中还能发生硝化、反硝化反应去除导致水体富营养化的氮元素。北京山区中许多水库是北京市重要的地表水源地，非点源污染是其上游河流面临的较突出的水环境问题。对于已进入河流的污染物，人工湿地技术是安全性较高、可操作性较强、经济和维护成本相对较低的河流水质净化技术。

7.1.4.2　人工湿地净化原理

人工湿地是一个非常复杂的系统，通过物理、化学及生物等过程分离、转化污染物。分离过程包括重力沉淀、过滤、吸收、吸附、离子交换、汽提和浸出等过程。转化可以是化学过程，包括氧化/还原反应、絮凝、酸/碱反应、沉淀，或是在好氧、缺氧、厌氧条件下发生的生化反应。

（1）有机物降解。有机污染物在进入湿地单元后，绝大多数难溶性有机污染物在湿地前端即以固体悬浮物（SS）的形式通过沉淀、过滤、吸附等作用被截留在填料中。随后，这部分有机污染物逐渐被微生物降解、矿化，或向底部沉积而趋于稳定，从而首先从污水中被去除。有机物的去除既有填料截留、微生物降解等的单独作用，又有植物、微生物、填料在根际系统内的协同净化。湿地系统的各组成部分通过这种协同配合实现了对有机污染物的去除。

（2）人工湿地脱氮机理。人工湿地的脱氮途径主要有三种：植物和其他生物的吸收作用，微生物的氨化、硝化和反硝化作用，以及氨气的挥发作用。其中，微生物的硝化和反硝化作用是人工湿地主要的脱氮方式，特别是当污水中 $NO_3^- - N$ 含量比较高时，它是最主要的脱氮方式。在人工湿地处理系统削减的氮中，约有 90% 的氮是通过微生物的硝化、反硝化作用去除的，10% 的氮通过植物吸收和沉积物的积累去除，氨气的挥发作用可以忽略。

（3）人工湿地除磷机理。人工湿地通过水生植物、填料以及微生物的共同作用完成对磷的去除。水生植物对磷的去除主要是通过其自身的吸收作用，不同植物及植物的不同部位对磷的去除能力不同，另外对湿地植物的收割频度也会影响对磷的去除率。微生物可将有机磷分解成无机磷酸盐。当污水流经湿地时，填料可通过吸附、过滤、沉淀、离子交换功能等使污水中的磷得以去除。可溶性的磷化物可与湿地填料中的 Al^{3+}、Mg^{2+}、Ca^{2+} 等发生反应，形成不溶性的磷酸盐，一般认为磷酸盐与填料中的金属离子发生配位体交换反应，从而沉淀在填料表面。

（4）SS 的去除机理。在人工湿地中，湿地中的水流速度较小且水深较浅，加上填料和植物茎秆的阻挡，有利于物理沉降，使得 SS 有充分的时间和环境条件去除。SS 的去除主要是依靠在湿地系统中的物理沉降和过滤来完成的。

（5）重金属离子和病菌的去除机理。人工湿地与重金属相互作用，并以不同方式有效地去除重金属，其过程主要体现在：在基质、微生物和植物三者的协调作用下，利用物理、化学和生物方法，通过过滤、吸附、离子交换、微生物分解和植物吸收来实现对重金属的处理。

病原菌是由 TSS 水中的悬浮物带入湿地中的。它的去除与 TSS 的去除和水力停留时间等因素有关。由 TSS 带入的病原菌的去除机理与去除 TSS 一样，通过沉淀、拦截等过程去除。当污水通过基质层时，寄生虫卵被沉降、截留。细菌和病原体在湿地中的去除主要通过紫外线照射等实现，另外植物根系和某些细菌的分泌物对病毒也有灭活作用。

7.1.4.3　人工湿地应用实例

（1）黑土洼人工湿地。官厅水库黑土洼人工湿地位于官厅水库永定河入库口附近。工程于 2003 年建成，采用人工湿地技术来处理受污染的永定河入库水体。黑土洼人工湿地系统主要由黑土洼稳定塘和人工湿地组成。黑土洼稳定塘系统主要利用由溢流坝围成的水体来沉淀和初步净化永定河高浓度来水，黑土洼沟是理想的湿地沉沙池和氧化塘，可以作为入库水体的天然的前置库。人工湿地为该工程主要部分，位于月亮岛南侧水库滩地上，通过围堤与水库隔离，由潜流湿地和复合面流湿地构成。其中，潜流湿地占地 7.3hm^2，复合面流湿地 9.3hm^2。人工湿地运行后，主要水体污染物去除率平均达到 40％以上，水质由进水Ⅴ～劣Ⅴ类水质，达到出水水质Ⅲ～Ⅳ类，整体水质净化效果较为明显（郭文献 等，2010）。在潜流湿地单元，一级植物碎石床净化水质，水体污染物去除率可达 50％以上。

（2）妫水河生态建设工程人工湿地。为了保障排放到妫水河的水质，按生态化治理思路，采用人工湿地技术，对延庆区井庄污水处理厂出水进一步深度处理（魏艳秀和武佳，2014）。人工湿地污水处理系统是由在湿地中生长的植物、微生物和细菌等各种湿地生物的共同参与下，将进入湿地系统的污染物经过系统内各环节的"新陈代谢"，包括物理过滤、生物吸收和化学合成与分解等，将生活和生产污水中的污染物和有毒物质吸收、分解或转化，使湿地水体得到净化。污水处理系统的植物选择是根据耐污性能、生长能力、根系发达程度及经济价值和美观等因素来确定，有芦苇、席草、大米草、水葫芦、水花生等，插植 密度为 1～3 株/m^2，采用碎石作基质。

7.2　今后应采取或强化的治理措施

7.2.1　植被缓冲带

植被缓冲带是介于水体和陆地之间的植被带，其类型通过构建方式不同分为天然植被带和人工植被带（付婧等，2019），通过构建植被不同分为草地、灌木、林木缓冲带以及由其中两种或两种以上植被构成的复合缓冲带。植被缓冲带（VFS）是美国农业部（USDA）自然资源保护署

(NRCS) 推荐用于非点源污染物过程阻控最为有效的一种新型生态工程措施，最早在美国的农业非点源污染防治中得到应用 (Dillaha, 1989)，之后加拿大将植被缓冲带列入相关环境规划和水土管理措施当中，欧洲的许多国家也开展了关于植被缓冲带的相关研究 (Sabater et al., 2003)，并开始将缓冲带作为水质净化的一种措施推广使用。植被缓冲带非点源污染防治是通过物理、化学和生物功能效应，控制、减少污染物排入水体的总量，减弱其毒性，从而达到降解环境污染、净化水质、保护河湖水体的目的 (周思思和王冬梅，2014)。

物理功能效应主要体现在植被的过滤拦截和促渗作用方面，是指在污染物流经河岸缓冲带时，缓冲带的植被以自身的阻挡作用降低了水流速度，致使大多数固体颗粒发生沉积，起到过滤拦截的作用。同时，由于植被的存在，有效增加了土壤有机质，而土壤中有机质的含量又是影响营养盐、除草剂运移的主要因素，且植被还可通过改善土壤的渗透性增径流的入渗。此外河岸缓冲带内一定厚度的枯落层和疏松的土壤结构也有助于可溶解性氮、磷渗透到更深层的土壤层中，降低了地表径流对可溶性氮、磷的转运能力，为植物吸收、土壤吸附、反硝化作用创造了条件。

化学功能效应主要体现在植物的吸收转化作用以及土壤的吸附作用方面。植物的吸收转化作用是指径流中含有的植物生长或生命过程所需的营养元素流经缓冲带时，植物根系对其进行吸收并转化贮存在植物体内；而土壤吸附作用是指径流流经的被浸湿的土壤颗粒表面通常带负电荷，径流中含有大量的离子，如钾离子 (K^+)、钠离子 (Na^+)、铵根离子 (NH_4^+)、硝酸根离子 (NO_3^-) 等。由于这种带电性，土壤能够吸附大量离子，所以，当径流流经河岸缓冲带时能起到净化水质的作用，吸附其中的一部分污染物，避免其流入水体。

生物功能效应则主要体现在微生物的硝化作用和反硝化作用方面。反硝化作用在河岸缓冲带净化污染物的贡献更为突出。硝化作用是指硝化细菌将氨氧化为硝酸的过程，通常发生在通气良好的土壤、厩肥、堆肥和活性污泥中；而反硝化作用，也称脱氮作用，是指反硝化细菌在缺氧条件下，还原硝酸盐，释放出分子态氮 (N_2) 或一氧化二氮 (N_2O) 的过程，可降低径流中氮素的含量从而达到河岸缓冲带去污的目的。

近年来，河流、湖泊等水体缓冲带的布设开始与潜流型人工湿地的设计相结合，进一步发挥削减污染物负荷、净化水体的作用。水体缓冲带作为介于水体与陆域之间的生态过渡带，是陆地生态系统与水生生态系统交错带的一种类型，特殊的地理位置和植物生理活动特征使其具有防治非点源污染、营造滨岸景观、提供生物栖息地、连接生态廊道、改良土壤生境、保持水土等多种功能（吴健 等，2008）。国外研究与实践表明，水体缓冲带是截留陆域非点源污染物、改善河道水质和生态环境的有效手段。

植被的存在是水体缓冲带的特点所在，植被通过自身吸收、输送溶解氧、为微生物提供栖息地、疏松土壤、滞缓径流等功能来实现其对水体缓冲带非点源污染防治和生态环境改善作用。河流两岸的坡度又是决定缓冲带拦蓄沉积物和滞留养分的重要变量。坡度越小，地表水流流速越低，流经缓冲区的时间越长，污染物截留和降解速率也越高。在众多自然河道的实践应用中可发现：一方面，水体缓冲带形成的天然坡度是多种多样的，对其进行大规模工程改造不切实际；另一方面，受到河流两岸土地资源的限制，水体缓冲带建设不能无限制扩大其宽度。因此，水体缓冲带技术在实际应用中可与潜流型人工湿地的布设相结合，因地制宜，减少占地，利用有限资源充分发挥其环境功能。

7.2.2　化肥农药管理

7.2.2.1　化肥减量化

化肥不合理施用是导致水体氮、磷等营养物质增加的重要原因之一。在保证作物产量的同时，对化肥施用过程采取有效的管理和控制，可有效削减进入各类水体的营养物质负荷，有助于水体富营养化防治。

（1）缓控释等新型肥料技术。缓控释肥料中养分的释放与作物养分需求比较吻合，养分的释放供应量前期不过多，后期不缺乏，具有"削峰填谷"的效果，可以大大降低向环境排放的风险。田琳琳等（2011）在太湖流域大田蔬菜地的试验结果表明，在蔬菜生产中，"低量控释肥＋低量化肥"是兼具经济效益和环境效益的施肥模式。但是目前缓控释肥费用相对普通化肥较高，限制了其广泛使用。

（2）施加土壤改良剂控制氮磷流失

生物质炭（biochar）由于其良好的吸附性能、低廉的成本以及良好的生物亲和性，将其运用于农田营养盐释放控制，受到研究人员的关注（Xu et al.，2012）。Ding 等（2010）在农田表层 20cm 的土壤施加 0.5％的生物质炭，可以减少 15.2％的 $NH_4^+ - N$ 损失量。姬红利等（2011）以滇池设施农业土壤和坡耕地土壤为研究对象，采用外源施用土壤改良剂（硫酸亚铁、硫酸铝和聚丙烯酰胺）和土壤消毒剂（五氯硝基苯）的办法，研究了土壤改良剂对土壤解吸过滤液中 TP 和 TDP 浓度变化的影响。野外田间试验表明：施加改良剂后，径流雨水中 TP 和 TDP 值明显降低，上述土壤改良剂的施用对降低 P 流失具有明显效果。但是其经济性与环境风险如何尚待进一步研究。

（3）加大对农户化肥施用技术的培训力度。要促进农户的减量化施肥，必须为农户提供一定的化肥施用技术培训，并指导农户将技术应用到实际的农业生产中。可以通过农业技术推广部门直接下乡入户为农户提供技术培训和实施指导或农技部门对种植大户、农业种植示范户、农民专业合作社代表等农户代表进行培训，然后由农户代表向其他农户进行培训和指导的方式提升精准施肥、测土配方施肥等科学施肥技术在农户生产中的采用率；考虑到农户的相关技术能力相对较低，也可通过各地区农技部门深入田间采取该区域的样土，进行分析并配出配方肥后，让农户直接施用配方肥的措施来达到让农户采用化肥施用技术的目的。

（4）加强农户生产的规模效应及其与市场的对接紧密度。鼓励种植类型相近的农户成立或加入农民专业合作社，有利于加强农户与农业生产产前、产中、产后市场的对接紧密度，提升农户商品有机肥、高效化肥等生产资料及施肥技术获得的便利性、订单农业形成的易达性和农产品销售渠道的畅通性，从而降低农户的农业生产风险，提高其化肥施用的规范性及和理性（尚杰和尹晓宇，2016）。对农户的种植规模进行监管，鼓励有能力的农户通过流转的方式经营管理更多耕地，从而将大量粗放经营的土地集中起来进行规范管理，进而降低化肥的平均施用强度，实现化肥施用减量化，减少化肥非点源污染。

7.2.2.2 农药减量化与残留控制

在化学农药减量施用方面，当前主要发展趋势是由化学农药防治逐渐转向非化学防治技术或低污染的化学防治技术。近年来，在水稻化学农药污染控制技术研究方面，针对水稻螟虫、灰飞虱、条纹叶枯病与纹枯病等重大病虫害，研究开发了多项无公害关键技术，在水稻核心示范区减少了30％农药用量。卢仲良等（2012）选用高效低毒的三唑磷、丙溴磷、井冈霉素、噻嗪酮等药剂进行施药，增产 6.97％。在农药残留生物降解方面，国内外做了很多研究工作，包括细菌、真菌、放线菌等各种降解农药的微生物菌株相继被分离和鉴定，用以降解有机磷、有机氯和三嗪类除草剂、氨基甲酸酯类、拟除虫菊酯类等多种农药。近年来伴随着基因工程和分子生物学的发展，构建高效工程菌是当前研究的热点（杨林章 等，2013），将高效降解农药酶的基因构建到载体上，经转化获得工程菌，以期提高具降解作用的特定蛋白或酶的表达水平，从而提高降解活性。但是目前的研究仍然存在不足，大多数研究以实验室研究为主，降解机理研究不够深入，技术零散、集成度低和配套性差等仍然是目前我国集约化农田农药减量化与残留控制需求中的突出问题。

7.2.3　小型人工湿地构建

7.2.3.1　设计思路

在出水水质较差的小流域和中小河流，以及规模较大的污水处理厂（站）的出水口河道下游，可建设人工湿地，净化污水。人工湿地主要包括沿岸潜流人工湿地和河道表流人工湿地，其工程设计思路如下：

人工湿地依据所在河道断面的变化，在沿程适当的断面位置上布置，不影响河道的正常行洪。

潜流人工湿地按照人工湿地"线型"设计思想，沿两岸岸线的岸坡、岸边的结构层以下构建碎石潜流层，变外源面流入河为渗流入河，解决正常运行期间降雨径流沿河段两岸沿线外侧汇入的非点源污染负荷问题。

表流人工湿地按照人工湿地"面状"设计思想，河道上游河床或下游近岸地面设计串联型表流人工湿地单元，实现对 COD、BOD、TN、TSS 等的不同程度吸附去除。

人工湿地各区梯次布置，分别有利于水生、浅生、湿生等各类植物的种植与生长，同时，长满植物表面、开敞水面梯次布置，从而增强水体的自净作用，逐步改善河流水体水质。

7.2.3.2　潜流人工湿地

利用栓流＋扩散流模型，在两岸岸线及岸坡结构层以下构建粗碎石＋中碎石潜流层，岸坡采用生态型护坡驳岸结构（图 7.2-1），通过絮凝、过滤、吸附、沉淀等人工湿地机理，减少 TSS 和 BOD，形成河道污染物内源治理与湿地修复工程的一级处理区；同时，构造多样化、自然的植被固定型河流水体岸线（李文奇 等，2009）。

潜流人工湿地皆布置于河道两岸及护坡、护岸结构层下部，有效层厚40cm，进水区为粒径 40～80mm 粗碎石，出水区为 50cm 宽、35cm 厚的干砌块石，之间的潜流区布设粒径 20～30mm 中碎石。

7.2.3.3　表流人工湿地

在河道内构建串联型表流人工湿地单元，通过絮凝、吸附、沉淀、硝

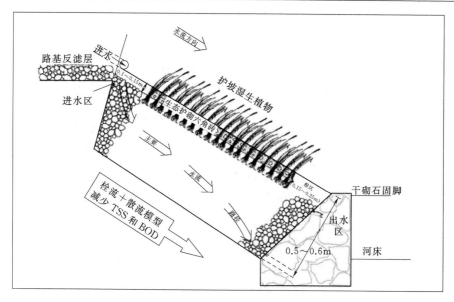

图 7.2-1 潜流人工湿地设计结构图

化作用、反硝化作用等人工湿地机理，减少氨氮、TSS 和 BOD 等，形成水处理区；同时，构造湿地型、多样性、生态的自然河流主体。具体设计方案为沿河流表面构建由长满植物区、敞水区交替组成的表流湿地，河道清淤至设计高程后，铺设 40cm 厚砂砾石，砂砾石表面铺设 40cm 厚种植土，种植土上栽植水生植物，水面覆盖率 60%～90%。整个梯级人工湿地设计结构如图 7.2-2 所示。

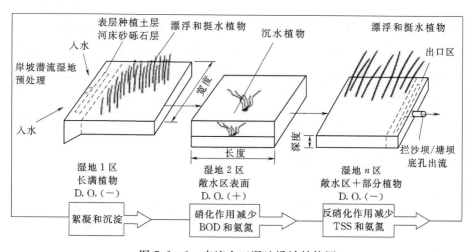

图 7.2-2 表流人工湿地设计结构图

（1）预处理区。位于河道两岸及护坡、护岸结构层下部的潜流人工湿地为表流人工湿地结构的预处理区，对两岸沿线外侧汇入的污染物进行一次处理。

（2）湿地1区。拟布置一个梯级表流人工湿地的上游或中游近岸区域，设计为长满植物区，在植物生长季节整个湿地深度范围都是厌氧环境，该湿地区主要处理机理是沉淀和絮凝。本区设计水力滞留时间（HRT）不应超过2d，主要是因为厌氧环境对可溶性污染物不会有很大的去除作用，而且絮凝和沉淀已经高效完成，而在此期间TSS、微粒BOD、有机氮和有机磷、金属及某些半挥发有机化合物等也已经到达了效果。

（3）湿地2区。拟布置于一个梯级表流人工湿地的中、下游的河中区域，设计为敞水区，白天大型沉水植物对自然复氧有一定的补充作用，增加溶解氧，把含碳化合物氧化到很低的水平，促进$NH_4^+ - N$进行硝化反应转化成$NO_3^- - N$，其设计原理及效果与兼性氧化塘基本类似。为了避免藻类暴发，本区设计HRT通常限制在2～3d，且设计为敞水区面积100%的无挺水植物湿地区域，以有效完成硝化反应。

（4）湿地n区。拟布置于下游区域，设计为长满植物区，其湿地功能也类似。如果水中含有$NO_3^- - N$，湿地n区可以发生反硝化反应，反硝化的产物是N_2和N_2O气体，它们很容易逸出湿地，从而达到去除氮的设计目的。反硝化的主要能量来源是腐朽植物碎屑的有机质的释放，但部分被消化并已被去除的有机物也是可用的。反硝化细菌只在厌氧环境下起作用，附着在如植物等表面上时效果最好。与硝化反应类似，反硝化反应对温度是很敏感的，人工湿地系统的典型设计工况为：在不补充碳源、温度15℃时，60h内将$NO_3^- - N$从20mg/L削减至4mg/L；但当水温降到10℃以下时，硝化反应和反硝化作用都将被削弱。本区设计HRT为2d，并且确保有明显的反硝化效果。

人工湿地水力停留时间（HRT）设计则综合各湿地分区的HRT确定。

7.2.3.4　湿地植物设计方案

人工湿地植物设计主线为：水生景观→春花景观→夏郁景观→秋实景观→水生景观；以乡土植物、树种为主，适当结合景观节点利用景观树种进行植物造景；充分利用植物的林相、季相、色相的沿线变化来丰富整体的景观效果（图7.2-3）。其中林相变化为行道树、乔、灌、草相结合的复合型绿化；季相变化为不同树种搭配，春有花、夏有荫、秋

图 7.2-3　人工湿地植物配置效果图

有果、冬有绿。色相变化以绿色树种为主，结合景观特点适当布置色叶植物。

李晨然等（2013）对北京市 30 个城市公园水生植物栽植养护状况进行了调查，结果表明，北京城市公园中应用频度最高的水生植物是荷花、睡莲、水葱；相对较高的是黄花鸢尾、菖蒲、香蒲、千屈菜；其次是梭鱼草、再力花。其中，应用比较多的都是北京地区的乡土水生植物。刘加维和张凯莉（2017）对北京市 20 个不同类型的园林水景实地调查，发现常见的水生植物有 43 种（表 7.2-1）。其中，运用频度最高的 7 种水生植物为莲、睡莲、香蒲、黄菖蒲、芦苇、千屈菜、菖蒲。

表 7.2-1　　　　　　　　　　北京市常见水生植物

科属	序号	中文名	学　名	生活型	习　性
睡莲科	1	莲	Nelumbo nucifera	挺水	喜光，不耐阴
	2	睡莲	Nymphaea tetragona	浮水	喜光，耐热或耐寒
	3	王莲	Victoria regia	浮水	喜高温高湿，不耐寒
	4	萍蓬草	Nuphar pumilum	浮水	喜光，喜温暖
	5	芡实	Euryale ferox	浮水	喜光，喜温暖，耐寒
千屈菜科	6	千屈菜	Lythrum salicaria	挺水	喜强光，喜温暖
香蒲科	7	香蒲	Typha orientalis	挺水	喜光，喜温暖
天南星科	8	菖蒲	Acorus calamus	挺水	喜光，喜温凉，耐寒
	9	大漂	Pistias tratiotes	漂浮	喜高温高湿，不耐寒
鸢尾科	10	黄菖蒲	Iris wilsonli	挺水	耐寒，适应性强

续表

科属	序号	中文名	学　　名	生活型	习　　性
禾本科	11	芦苇	Phragmi tesaustrails	挺水	抗旱耐寒，性强健
	12	花叶芦竹	Arundodonax var. versicolor	挺水	喜光，喜温暖
	13	稻	Oryza sativa	挺水	喜高温，多湿
	14	菰	Zizania latifolia	挺水	喜光，多温暖
	15	无芒稗	Echinochloa crusgalli var. mitis	挺水	喜温暖，喜湿
泽泻科	16	野慈姑	Sagittaria trifolia	挺水	喜光，喜温暖湿润
	17	泽泻	Alisma plantago - aquatica	挺水	喜光，喜温暖
雨久花科	18	梭鱼草	Pontederia cordata	挺水	喜光，喜温暖湿润，不耐寒
	19	雨久花	Monochoria korsakowii	挺水	喜光，少耐阴，不耐寒
	20	凤眼莲	Eichhornia crassipes	浮水	喜光，喜温暖湿润，较耐寒
蓼科	21	红蓼	Polygonum orientale	挺水	喜温暖，喜湿
龙胆科	22	荇菜	Nymphoides peltatum	浮水	耐寒又耐热，性强健
莎草科	23	水葱	Scirups validus	挺水	喜光，喜凉爽，耐寒
	24	花叶水葱	Scirups validus var. zebrinus	挺水	喜光，喜凉爽
	25	藨草	Scirpus triqueter	挺水	耐寒，耐阴，喜湿
	26	水莎草	Juncellus serotinus	挺水	喜光，喜温暖，性强健
	27	三棱草	Scirpuspl aniculmis	挺水	喜温暖，喜湿，耐荫
黑三棱科	28	黑三棱	Sparganiums toloniferum	挺水	喜温暖，喜光，喜湿
花蔺科	29	花蔺	Butomusum bellatus	挺水	喜温暖，喜湿
美人蕉科	30	水生美人蕉	Canna glauca	挺水	喜光，喜湿，性强健
竹芋科	31	再力花	Thalia dealbata	挺水	喜光，耐半阴，不耐寒
槐叶苹科	32	槐叶苹	Salvinia natans	漂浮	喜温暖，喜光
浮萍科	33	浮萍	Lemna minor	漂浮	喜温暖，喜湿
菱科	34	野菱	Trapa incisa var. sieb.	漂浮	喜光，耐寒，性强健
小二仙草科	35	狐尾藻	Myriophyllum verticillatum	沉水	喜温暖，耐寒

7.2 今后应采取或强化的治理措施

科属	序号	中文名	学　名	生活型	习　性
水鳖科	36	苦草	Vallisneria natans	沉水	喜温暖，耐寒，性强健
	37	黑藻	Hydrilla verticillata	沉水	喜温暖，耐热又耐寒
金鱼藻科	38	金鱼藻	Ceratophyllum demersum	沉水	耐寒，喜静水
眼子菜科	39	菹草	Potamogeton crispus	沉水	忌强光，耐阴
	40	眼子菜	Potamogeton aceae	浮水	喜光，喜静水，性强健
毛茛科	41	水毛茛	Batrachium bungei	沉水	喜温暖，耐寒
茨藻科	42	小茨藻	Najas minor	沉水	喜温暖，耐寒
	43	大茨藻	Najas marina	沉水	喜温暖，耐寒

参 考 文 献

北京市潮白河管理处，2004. 潮白河水旱灾害 [M]. 北京：中国水利水电出版社：1-2.

北京市第一次水务普查工作领导小组办公室，2013. 北京市第一次水务普查成果丛书：水利工程普查成果 [M]. 北京：中国水利水电出版社：10-18.

北京市第一次水务普查工作领导小组办公室，2013. 北京市第一次水务普查成果丛书：水土保持普查成果 [M]. 北京：中国水利水电出版社：1-2，5-6.

北京市水保总站，2004. 密云水库水质项目 [R]. 北京：北京市水保总站：77-78.

北京市水土保持工作总站，2016. 北京山区河流生态修复技术指南 [M]. 北京：中国水利水电出版社：6-7.

毕小刚，杨进怀，李永贵，等，2005. 北京市建设生态清洁型小流域的思路与实践 [J]. 中国水土保持，(1)：18-20.

蔡运龙，2010. 当代自然地理学态势 [J]. 地理研究，29 (1)：1-12.

柴小颖，2009. 光照和温度对三峡库区典型水华藻类生长的影响研究 [D]. 重庆：重庆大学.

车胜华，2017. 上游来水对官厅水库水质影响分析 [J]. 北京水务，(增1)：42-47.

陈雷，2002. 中国的水土保持 [J]. 中国水土保持，(7)：4-6.

陈正维，刘兴年，朱波，2014. 基于 SCS-CN 模型的紫色土坡地径流预测 [J]. 农业工程学报，30 (7)：72-81.

陈志昆，张书余，2010. 地形在降水天气系统中的作用研究回顾与展望 [J]. 干旱气象，28 (4)：460-466.

程红光，郝芳华，任希岩，等，2006. 不同降雨条件下非点源污染氮负荷入河系数研究 [J]. 环境科学学报，26 (3)：392-397.

杜桂森，刘晓端，刘霞，等，2004. 密云水库水体营养状态分析 [J]. 水生生物学报，28 (3)：192-196.

杜桂森，1989. 官厅水库水体富营养化状况研究 [J]. 北京师范学院学报，10 (3)：56-61.

段红祥，2015. 典型小流域水环境承载力与调控对策研究——以雁栖河为例 [D]. 北京：北京林业大学：15-18.

范晓梅，白宏盛，2009. 近 40 年渭河流域气候和径流变化及尺度效应研究 [EB/OL]. 中国科技论文在线.

方海燕，蔡强国，陈浩，等，2007. 黄土丘陵沟壑区岔巴沟下游泥沙传输时间尺度动态研究 [J]. 地理科学进展，26 (5)：77-86.

冯泽深，高甲荣，吕晶，等，2008. 雁栖河溶解氧和氨氮对不同河溪利用方式的响应 [J]. 水土保持研究，15 (4)：118-122.

符素华，刘宝元，路炳军，等，2009. 官厅水库上游水土保持措施的减水减沙效益 [J].

中国水土保持科学，7（2）：18-23.

符素华，王红叶，王向亮，等，2013. 北京地区径流曲线数模型 中的径流曲线数 [J]. 地理研究，32（5）：797-807.

符素华，王向亮，王红叶，等，2012. SCS-CN 径流模型中 CN 值确定方法研究 [J]. 干旱区地理，35（3）：415-421.

付婧，王云琦，马超，等，2019. 植被缓冲带对农业面源污染物的削减效益研究进展 [J]. 水土保持学报，33（2）：1-8.

傅伯杰，徐延达，吕一河，2010. 景观格局与水土流失的尺度特征与耦合方法 [J]. 地球科学进展，25（7）：673-681.

傅国斌，李丽娟，刘昌明，2001. 遥感水文应用中的尺度问题 [J]. 地球科学进展，16（6）：755 [J]. 760.

高尚玉，张春来，邹学勇，等，2008. 京津风沙源治理工程效益 [M]. 北京：科学出版社：1-2.

高训宇，易忠，贾东民，等，2013. 水务普查成果在密云水库应用分析 [J]. 北京水务，（5）：40-42.

高彦鑫，冯金国，唐磊，等，2012. 密云水库上游金属矿区土壤中重金属形态分布及风险评价 [J]. 环境科学，33（5）：1707-1717.

郭文献，张羽，王鸿翔，等，2010. 黑土洼潜流人工湿地净化水质效果总体分析 [J]. 灌溉排水学报，29（4）：80-84.

国家环境保护总局，2002. 水和废水监测分析方法（第四版）[M]. 北京：中国环境出版社：291-298.

郝改瑞，李家科，李怀恩，等，2018. 流域非点源污染模型及不确定分析方法研究进展 [J]. 水力发电学报，（12）：54-64.

何杨洋，王晓燕，段淑怀，2016. 密云水库上游流域径流曲线模型的参数修订 [J]. 水土保持学报，30（6）：134-138，146.

贺宝根，周乃晟，高效江，等，2001. 农田非点源污染研究中的 降雨径流关系：SCS 法的修正 [J]. 环境科学研究，14（3）：49-51.

贺缠生，1998. 非点源污染的管理及控制 [J]. 环境科学，19（5）：87-91，96.

黄国如，陈永勤，2005. 枯水径流若干问题研究进展 [J]. 水电能源科学，23（4）：61-64.

黄鹏飞，许可，张晓昕，2015. 北京村镇污水处理现状分析和规划对策研究 [J]. 北京规划建设，（5）：90-93.

黄生斌，叶芝菡，刘宝元，等，2008. 密云水库流域非点源污染研究概述 [J]. 中国生态农业学报，16（5）：1311-1316.

黄兴星，朱先芳，唐磊，等，2012. 北京市密云水库上游金铁矿区土壤重金属污染特征及对比研究 [J]. 环境科学学报，32（6）：1520-1528.

霍亚贞，杨作民，孟德政，1988. 北京自然地理 [M]. 北京：北京师范大学出版社.

姬红利，颜蓉，李运东，等，2011. 施用土壤改良剂对磷素流失的影响研究 [J]. 土壤，43（2）：203-209.

贾小红，2007. 基于 GIS 技术的县域养分资源综合管理体系的建立与应用——以北京平谷区为例 [D]. 北京：中国农业大学：7.

参 考 文 献

蒋艳，马巍，彭期冬，等，2013. 雁栖河流域点源氮磷污染负荷量的计算与分析 [J]. 中国水利水电科学研究院学报，11 (2)：117 - 124.

焦剑，朗从，杨扬，等，2014. 北京半城子水库水体营养物质表观沉降速率 [J]. 生态学报，34 (14)：4017 - 4115.

焦剑，朱少波，杨扬，等，2013. 密云水库上游流域水体营养物质现状及来源分析 [J]. 水土保持通报，33 (4)：12 - 17.

焦剑，2011. 密云水库上游流域水体营养物质来源及迁移特征研究 [D]. 北京：北京师范大学：64 - 68.

景可，师长兴，2007. 流域输沙模数与流域面积关系研究 [J]. 泥沙研究，1：17 - 23.

孔范龙，郗敏，徐丽华，等，2016. 富营养化水体的营养盐限制性研究综述 [J]. 地球环境学报，7 (2)：121 - 129.

李晨然，董丽，张超，等，2013. 北京市城市公园水生植物栽植养护调查研究 [C] // 中国观赏园艺研究进展 2013. 北京：中国林业出版社：369 - 375.

李海莹，2008. 北京市农村生活垃圾特点及开展垃圾分类的建议 [J]. 环境卫生工程，16 (2)：35 - 37.

李靖洁，2011. 官厅水库流域水污染控制对策研究 [D]. 石家庄：河北科技大学：23 - 24.

李鹏，韩洁，袁顺全，等，2009. 北京山区生态屏障功能分区研究 [J]. 现代农业科学，16 (11)：66 - 70.

李清光，王仕禄，2012. 滇池流域硝酸盐污染的氮氧同位素示踪 [J]. 地球与环境，40 (3)：321 - 327.

李双成，蔡运龙. 地理尺度转换若干问题的初步探讨 [J]. 地理研究，2005，24 (1)：11 - 18.

李文奇，曾平，孙东亚，2009. 人工湿地处理污水技术 [M]. 北京：中国水利水电出版社：71 - 73，97 - 99.

李文宇，余新晓，马钦彦，等，2004. 密云水库水源涵养林对水质的影响 [J]. 中国水土保持科学，2 (2)：80 - 83.

李宪法，许京骐，2015. 北京市农村污水处理设施普遍闲置的反思 (Ⅰ) [J]. 给水排水，41 (6)：48 - 50.

李新杰，胡铁松，郭旭宁，等，2013. 不同时间尺度的径流时间序列混沌特性分析 [J]. 水利学报，44 (5)：515 - 520.

李屹峰，罗跃初，刘纲，等，2013. 土地利用变化对生态系统服务功能的影响——以密云水库流域为例 [J]. 生态学报，33 (3)：726 - 736.

李子君，李秀彬，2008. 水利水保措施对潮河流域年径流量的影响——基于经验统计模型的评估 [J]. 地理学报，63 (9)：958 - 968.

梁涛，王浩，丁士明，等，2003. 官厅水库近三十年的水质演变时序特征 [J]. 地理科学进展，22 (1)：38 - 44.

梁涛，张秀梅，章申，2001. 官厅水库及永定河枯水期水体氮、磷和重金属含量分布规律 [J]. 地理科学进展，20 (4)：341 - 346.

廖海军，2007. 北京市密云水库上游土壤重金属污染调查评价 [J]. 城市地质，2 (3)：31 - 34.

林学钰，廖资生，钱云平，等，2009. 基流分割法在黄河流域地下水研究中的应用 [J].

吉林大学学报（地球科学版），39（6）：959-967.

刘宝元，毕小刚，符素华，等，2010. 北京土壤流失方程 [M]. 北京：科学出版社：1-2.

刘宝元，谢云，张科利，2001. 土壤侵蚀预报模型 [M]. 北京：中国科学技术出版社.

刘海涛，杨洁，叶彩华，2016. 全球变暖下 1951—2014 年北京地区的季节变化 [J]. 中国农学通报，32（27）：141-148.

刘海涛，杨洁，2018. 1951—2015 年北京极端降水变化研究 [J]. 中国农学通报，34（1）：109-117.

刘和平，袁爱萍，路炳军，等，2007. 北京侵蚀性降雨标准研究 [J]. 水土保持研究，14（1）：215-217.

刘加维，张凯莉，2017. 北京园林水景水生植物调查及其配置运用 [J]. 住区研究，（1）：136-140.

刘佳凯，张振明，鄢郭馨，等，2016. 潮白河流域径流对降雨的多尺度响应 [J]. 中国水土保持科学，14（4）：50-59.

刘培斌，李其军，2010. 官厅水库流域水生态环境综合治理总体规划研究 [M]. 北京：中国水利水电出版社：54-55.

刘霞，刘宝贵，陈宇炜，等，2016. 鄱阳湖浮游植物叶绿素 a 及营养盐浓度对水位波动的响应 [J]. 环境科学，37（6）：2142-2148.

刘玉明，张静，武鹏飞，等，2012. 北京市妫水河流域人类活动的水文响应 [J]. 生态学报，32（23）：7549-7558.

卢仲良，孔学梅，袁文龙，等，2012. 农药减量增产技术在水稻病 虫害防治上的应用研究 [J]. 现代农业科技，（15）：89-93.

鲁君悦，石媛，2013. 北京市乡村旅游发展现状及对策研究 [J]. 安徽农学通报，19（12）：125-126.

鲁根涛，刘芳，姚宏，等，2016. 北京密云水库小流域地下水硝酸盐污染来源示踪 [J]. 环境化学，35（1）：180-188.

罗利芳，张科利，符素华，2002. 径流曲线数法在黄土高原地表 径流量计算中的应用 [J]. 水土保持通报，22（3）：58-61，68.

吕允刚，杨永辉，樊静，等，2008. 从幼儿到成年的流域水文模型及典型模型比较 [J]. 中国生态农业学报，16（5）：1331-1337.

欧阳威，刘迎春，冷思文，等，2018. 近三十年非点源污染研究发展趋势分析 [J]. 农业环境科学学报，37（10）：2234-2241.

彭近新，陈慧君，1988. 水质富营养化与防治 [M]. 北京：科学出版社.

彭澍晗，董凌霄，张亚雷，等，2018. 农村生活污水处理技术专利研究进展 [J]. 环境工程，36（4）：1-5.

秦丽欢，周敬祥，李叙勇，等，2018. 密云水库上游径流变化趋势及影响因素 [J]. 生态学报，38（6）：1941-1951.

尚杰，尹晓宇，2016. 中国化肥面源污染现状及其减量化研究 [J]. 生态经济，32（5）：196-199.

宋秀杰，2007. 完善首都农村基础设施治理农村面源污染 [J]. 农业环境与发展，24（4）：65-67，77.

苏毅捷，代俊峰，莫磊鑫，等，2018. 漓江上游灌区小流域不同尺度氮磷污染排放负荷研

究 [J]. 灌溉排水学报, 37 (5): 92 - 98.

孙丽凤, 王玉番, 刘晓晖, 等, 2016. 流域水环境模型及应用 [J]. 科技导报, 34 (18): 170 - 175.

谭冰, 王铁宇, 朱朝云, 等, 2014. 洋河流域万全段重金属污染风险及控制对策 [J]. 环境科学, 35 (2): 719 - 726.

田琳琳, 庄舜尧, 杨浩, 2011. 不同施肥模式对芋芍产量及菜地土壤中氮素迁移累积的影响 [J]. 生态环境学报, 20 (12): 1853 - 1859.

王德宣, 赵普生, 张玉霞, 等, 2010. 北京市区大气氮沉降研究 [J]. 环境科学, 31 (9): 1987 - 1992.

王峰, 李玉环, 2002. 靛酚蓝光度法测定海水中的氨型氮 [J]. 光谱实验室, 19 (5): 631 - 633.

王浩, 贾仰文, 杨贵羽, 等, 2013. 海河流域二元水循环及其伴生过程综合模拟 [J]. 科学通报, 58: 1064 - 1077.

王开然, 郭芳, 姜光辉, 等, 2014. ^{15}N^{18}O 在桂林岩溶水氮污染源示踪中的应用 [J]. 中国环境科学, 34 (9): 2223 - 2230.

王蕾, 杨敏, 郭召海, 等, 2006. 密云水库水质变化规律初探 [J]. 中国给水排水, 22 (13): 45 - 48.

王巧平, 王成建, 2009. 海河流域人类活动对径流的影响分析 [J]. 海河水利, (1): 4 - 6.

王庆锁, 梅旭荣, 张燕卿, 等, 2009. 密云水库水质研究综述 [J]. 中国农业科技导报, 11 (1): 45 - 50.

王万忠, 焦菊英, 1996. 黄土高原侵蚀产沙与黄河输沙 [M]. 北京: 科学出版社.

王文均, 叶敏, 陈显维, 1994. 长江径流时间序列混沌特性的定量分析 [J]. 水科学进展, 5 (2): 87 - 93.

王晓燕, 2011. 非点源污染过程机理与控制管理——以北京密云水库流域为例 [M]. 北京: 科学出版社: 143 - 144.

王永玲, 1997. 官厅水库细菌监测及其分析 [J]. 北京水利, 1: 50 - 51, 56.

魏艳秀, 武佳, 2014. 妫水河两侧重要地表水源区生态建设工程设计 [J]. 水科学与工程技术, (3): 60 - 62.

吴健, 王敏, 吴建强, 等, 2008. 滨岸缓冲带植物群落优化配置试验研究 [J]. 生态与农村环境学报, 24 (4): 42 - 45, 52.

夏立忠, 李运东, 马力, 等, 2010. 基于 SCS 模型的浅层紫色土柑桔园坡面径流的计算参数确定 [J]. 土壤, 42 (6): 1003 - 1008.

谢云, 岳天雨, 2018. 土壤侵蚀模型在水土保持实践中的应用 [J]. 中国水土保持科学, 16 (1): 25 - 37.

谢云, 林燕, 张岩, 2003. 通用土壤流失方程的发展与应用 [J]. 地理科学进展, 22 (3): 279 - 287.

徐轶杰, 2005. 新中国环境保护区域协作初探——以官厅水库水源保护工作为例 [J]. 当代中国史研究, 22 (6): 69 - 81.

徐志伟, 张心昱, 于贵瑞, 等, 2014. 中国水体硝酸盐氮氧双稳定同位素溯源研究进展 [J]. 环境科学, 35 (8): 3230 - 3238.

许国华, 1984. 罗德民博士与中国的水土保持事业 [J]. 中国水土保持, 1: 39 - 42.

许炯心，1999. 黄河流域产沙模数与流域面积的关系及其地貌学意义 [C] //地貌. 环境. 发展. 北京：中国环境科学出版社.

薛新娟，王景仕，陈长贵，2012. 密云水库入库水质对库区水质的影响初探 [J]. 北京水务，(4)：11 - 14.

闫云霞，许炯心，2006. 黄土高原地区侵蚀产沙的尺度效应研究初探 [J]. 中国科学 (D 地球科学)，36：1 - 10.

阳立平，曾凡棠，黄海，等，2015. 环境介质中磷元素的迁移转化研究进展 [J]. 能源环境保护，29 (5)：1 - 7.

杨爱玲，朱颜明，1999. 地表水环境非点源污染研究 [J]. 环境科学进展，7 (5)：60 - 67.

杨桂山，于秀波，李恒鹏，等，2004. 流域综合管理导论 [M]. 北京：科学出版社：71.

杨浩，2013. 1951—2006 年北京气候变化特征分析 [J]. 北京水务，(3)：36 - 40.

杨进怀，吴敬东，祁生林，等，2007. 北京市生态清洁小流域建设技术措施研究 [J]. 中国水土保持科学，5 (4)：18 - 21.

杨进怀，叶芝菡，常国梁，2018. 改革开放 40 年北京市水土保持生态建设回顾与展望 [J]. 中国水土保持，(12)：13 - 16.

杨林章，冯彦房，施卫明，2013. 我国农业面源污染治理技术研究进展 [J]. 中国生态农业学报，21 (1)：96 - 101.

叶芝菡，刘宝元，符素华，等，2009. 土壤侵蚀过程中的养分富集率研究综述 [J]. 中国水土保持科学，7 (1)：124 - 130.

叶芝菡，2005. 北京山区养分流失机理与模拟 [M]. 北京：北京师范大学出版社：94 - 95.

尹洁，郑玉涛，王晓燕，2009. 密云水库水源保护区不同类型村庄生活污水排放特征 [J]. 农业环境科学学报，28 (6)：1200 - 1207.

原韦华，宇如聪，傅云飞. 2014. 中国东部夏季持续性降水日变化在淮河南北的差异分析 [J]. 地球物理学报，57 (3)：752 - 759.

岳瑾，杨建国，董杰，等，2016. 北京市农药面源污染治理的探索、实践与成效 [J]. 科学种养，(4)：5 - 8.

张伯镇，王丹，张洪，等，2016. 官厅水库沉积物重金属沉积通量及沉积物记录的生态风险变化规律 [J]. 环境科学学报，36 (2)：458 - 465.

张晓明，曹文洪，周利军，2014. 泥沙输移比及其尺度依存研究进展 [J]. 生态学报，34 (24)：7475 - 7485.

张兴昌，邵明安，2001. 侵蚀泥沙、有机质和全氮富集规律研究 [J]. 应用生态学报，12 (4)：541 - 544.

张颖，刘学军，张福锁，等，2006. 华北平原大气氮素沉降的时空变异 [J]. 生态学报，26 (6)：1633 - 1639.

郑娟娟，2013. 密云水库周边农田氮、磷养分流失特征研究 [D]. 北京：北京师范大学.

郑祚芳，高华，王在文，等，2014. 北京地区降水空间分布及城市效应分析 [J]. 高原气象，33 (2)：522 - 529.

中国土壤学会，2000. 土壤农业化学分析方法 [M]. 北京：中国农业科技出版社.

中国自然资源丛书编撰委员会，1995. 中国自然资源丛书-北京卷 [M]. 北京：中国环境科学出版社.

周思思，王冬梅，2014. 河岸缓冲带净污机制及其效果影响因子研究进展 [J]. 中国水土保持科学，12 (5)：114 - 120.

周晓霞，丁一汇，王盘兴，2008. 影响华北汛期降水的水汽输送过程 [J]. 大气科学，32 (2)：345 - 357.

Agarwal S K，1988. Water pollution [M]. New Delhi：A. P. H. Publishing Corporation：265 - 267.

Ajmal M，Moon G W，Ahn J H，et al. ，2015. Investigation of SCS - CN and its inspired modified models for runoff estimation in South Korean watersheds [J]. Journal of Hydro - environment Research，9 (4)：592 - 603.

Allen A W，2004. An Annotated Bibliography on Conservation Reserve Program (CRP) Effects on Wildlife Habitat，Habitat Management in Agricultural Ecosystems，and Agri - cultural Conservation Policy [M]. Washington，DC：U. S. Department of Interior，Geo - logical Survey Biological Science Report.

Arnold J G，Williams J R，Maidment D R，1995. Continuous - time water and sediment - routing model for large basins [J]. Journal of Hydraulic Engineering，121 (2)：171 - 183.

Balkema，1985. Soil erosion in the European Community：Impact of changing agriculture (edited by Chisci G，Morgan R P C) [C]. Rotterdam：Proceedings of a seminar on land degradation due to hydrological phenomena in hilly areas：impact of change of land use and management.

Beasley D B，Huggins L F，Monks E J，1980. ANSWERS：A Model for Watershed Plan - ning [J]. Transactions of the ASAE，23：938 - 944.

Behrend H，1996. Inventories of point and diffuse sources and estimated nutrient loads：a comparison for different river basin in central Europe [J]. Water Science and Technology，33：99 - 107.

Berretta C，Sansalone J，2011. Hydrologic transport and partitioning of phosphorus fractions [J]. Journal of Hydrology，403 (1 - 2)：25 - 36.

Bicknell B R，Imhoff J C，Kittle J L，et al. ，2001. Simulation program - fortran，Version 12，User's manual (computer program manual) [M]. Athens，Georgia：National ex - posure research laboratory office of research and development，U. S. Environmental Pro - tection Agency.

Bingner R L，Theurer F D，2001. AnnAGNPS Technical Processes：Documentation Version 2 [M]. Available at www. sedlab. olemiss. edu/AGNPS. html. Accessed October 3rd 2002.

BLÖSCH G，Ardoin - bardin S，Bonell M，et al. ，2007. At what scale do climate variability and land cover change impact on flooding and low flows？ [J]. Hydrological Processes，21 (9)：1241 - 1247.

Boers P C，1996. Nutrient Emissions from Agriculture in the Netherlands：Causes and rem - edies [J]. Water Science Technology，33：183.

Borah D K，Xia R，Bera M，2002. DWSM - A dynamic watershed simulation model [C] //Singh V P，Frevert D K. Mathematical Models of Small Watershed Hydrology and Applications. Highlands Ranch，CO：Water Resources Publications，113 - 166.

Boughton W C，1989. A review of the USDA SCS curve number method [J]. Australian

Journal of Soil Research, 27 (3): 511 - 523.

Bouraoui F, Dillaha T A, 1996. ANSWERS - 2000: Runoff and sediment transport model [J]. Journal of Environmental Engineering, 122 (6): 493 - 502.

Brown L C, Barnwell T O, 1987. The enhanced water quality models QUAL2E, QUAL2E - UNCAS documentation and user manual [R]. Athens: USEPA, EPA document EPA/ 600/3 - 87/007.

Brune G M, 1951. Sediment records in Midwestern United States [J]. International Association of Scientific Hydrology, Publication, 33: 29 - 38.

Burnash R J, 1995. The NWS river forecast system - catchment modeling [C] // Singh V P. Computer models of Watershed Hydrology. Littleton, Colorado: Water Resource Publication: 311 - 366.

Carpenter S R, Caraco N F, Correll D L, et al., 1998. Nonpoint pollution of surface waters with phosphorus and nitrogen [J]. Ecological Application, 8: 559 - 568.

Chahor Y, Casalí J, Giménez R, et al., 2014. Evaluation of the AnnAGNPS model for predicting runoff and sediment yield in a small Mediterranean agricultural watershed in Navarre (Spain) [J]. Agricultural water management, 134: 24 - 37.

Chow V T, Maidment D R, Mays L W, 1988. Applied hydrology [M]. New York: McGraw - Hill Book Company: 109.

Chung E G, Bombardelli F A, Schladow S G, 2009. Modeling linkages between sediment resuspension and water quality in a shallow, eutrophic, wind - exposed lake [J]. Ecological Modelling, 220 (9 - 10): 1251 - 1265.

Crawford N H, Linsley R K, 1966. Digital sinmlation in hydrology: Stamford Watershed Model IV. Technical Report 39 [R]. Stamford: Department of Civil Engineering, Stamford University.

de Vente J, Poesn J, 2005. Precditing soil erosion and sediment yield at the basin scale: scale issues and semi - quantitative models [J]. Earth - Science Reviews, 71: 95 - 125.

Dean D J, 1983. Potency factor and loading functions for predicting agricultural nonpoint pollution in agricultural management and water quality [M]. F W Schaller and G W Bailey (Eds.) Iowa State University Press.

Dillaha T A, 1989. Vegetative filter strips for agricultural non - point source pollution control [J]. Transactions of the American Society of Agricultural Engineers, 32: 513 - 519.

Ding X, Shen Z, Hong Q, et al., 2010. Development and test of the export coefficient model in the upper reach of the Yangtze River [J]. Journal of Hydrology, 383 (3/4): 233 - 244.

Ding Y, Liu Y X, Wu W X, et al., 2010. Evaluation of biochar effects on nitrogen retention and leaching in multi - layered soil columns [J]. Water, Air, & Soil Pollution, 213 (1): 47 - 55.

Dojlido J R, Best G A, 1993. Chemistry of water and water pollution [M]. Chichester, England: Ellis Horwood Limited: 332 - 335.

Domagalski J, Lin C, Luo Y, et al., 2007. Eutrophication study at the Panjiakou - Daheiting Reservoir system, northern Hebei Province, People's Republic of China:

Chlorophyll—a model and sources of phosphorus and nitrogen [J]. Agriculture Water Management, 94: 43 - 53.

Donigian A S, Beyerlein D C, Davis H H, et al. , 1977. Agriculture Runoff Management (ARM) Model [R]. USEPA Report 600/3 - 77 - 098. U. S. Athens, Georgia, Environment Protection Agency.

Durán - Barroso P, González J, Valdés J B, 2016. Improvement of the integration of soil moisture accounting into the NRCS - CN model [J]. Journal of Hydrology, 542: 809 - 819.

Duriancik L F, Bucks D, Dobrowolski J P, et al. , 2008. The first five years of the Conservation Effects Assessment Project [J]. Journal of Soil and Water Conservation, 63 (6): 185 - 197.

Ellison M E, Brett M T, 2006. Particulate phosphorus bio - availability as a function of stream flow and land cover [J]. Water Research, 40: 1258 - 1268.

Fan F, Xie D, Wei C, et al. , 2015. Reducing Soil Erosion and Nutrient Loss on Sloping Land under Crop - mulberry Management System. Environ. Sci. Pollut. Res. , 22 (18): 14067 - 14077.

Favis - Mortlock D T, Quinton J N, Dickinson W T, 1996. The GCTE validation of soil erosion models for global change studies [J]. Journal of soil and water conservation, 51 (5): 397 - 403.

Flanagan D C, Foster G R, 1989. Storm pattern effect on nitrogen and phosphorus losses in surface runoff [J]. Transactions of the ASAE, 32: 535 - 544.

Flanagan D C, M A Nearing, 1995. USDA - Water Erosion Prediction Project - hillslope profile and watershed model documentation [R]. NSERL. Rep. No. 10. USDA - ARS Soil Erosion Research Laboratory, West Lafayette, Indiana 47907.

Fu S H, Zhang G H, Wang N, et al. , 2011. Initial abstraction ratio in the SCS - CN method in the Loess Plateau of China [J]. Transactions of the ASABE, 54 (1): 163 - 169.

Gassman P W, Edward O, Saleh A, et al. , 2002. Application of an Environmental and Economic Modeling System for Watershed Assessments [J]. Journal of the American Water Resources Association, 38: 423 - 438.

Gassman P W, Reyes M R, Green C H, et al. , 2007. The Soil and water assessment tool: Historical development, applications, and future research directions [J]. Trans of the ASABE, 50 (4): 1211 - 1250.

Gunnel A, 1988. Phosphorus as growth - regulating factor relative to other environmental factors in cultured algae [J]. Hydrobiologia, 170: 191 - 210.

Hafzullah A, Kavvas M L, 2005. A review of hillslope and watershed scale erosion and sediment transport models [J]. Catena, 64: 247 - 271.

Hairsine P B, Rose C W, 1992a. Modeling water erosion due to overland flow using physical principles. 1. Sheetflow [J]. Water Resources Research, 28: 237 - 244.

Hairsine P B, Rose C W, 1992b. Modeling water erosion due to overland flow using physical principles. 2. Rill flow [J]. Water Resources Research, 28: 245 - 250.

He B, Kanae S, Oki T, et al. , 2011. Assessment of global nitrogen pollution in rivers using an integrated biogeochemical modeling framework. Water Research, 45 (8): 2573 – 2586.

He Z, Weng H, Wu T, et al. , 2015. Impact of Moving Rainfall Events on Hillslope Pollutant Transport. Environ. Earth Sci. : 74 (7): 531 – 536.

Heathwaite A L, Quinn P F, Hewett C, 2005. Modelling and managing critical source areas of diffuse pollution from agricultural land using flow connectivity simulation [J]. Journal of Hydrology, 304 (1/2/3/ 4): 446 – 461.

Heisler J, Glibert P M, Burkholder J M, et al. , 2008. Eutrophication and harmful algal blooms: A scientific consensus [J]. Harmful Algae, 8: 3 – 13.

Higgins J M, Kim B R, 1981. Phosphorus retention models for Tennessee Valley Authority reservoirs [J]. Water Resource Research, 17 (3): 571 – 576.

Hosub K, Soonjin H, Jaeki S, et al. , 2007. Effects of limiting nutrients and N: P ratios on the phytoplankton growth in a shallow hypertrophic reservoir [J]. Hydrobiologia, 58 (1): 255 – 267.

Huang M B, Gallichand J, Dong C Y, et al. , 2007. Use of soil moisture data and curve number method for estimating runoff in the Loess Plateau of China [J]. Hydrological Processes, 21 (11): 1471 – 1481.

Huang M, Jacgues G, Wang Z, Monique G, 2006. A modification to the soil conservation service curve number method for steep slopes in the Loess plateau of China. Hydrological Process, 20: 579 – 589.

Hudson N, 1995. Soil conservation [M]. Ames, USA: Iowa State University Press, (3rd).

Islam F, Lian Q Y, Ahmad Z U, et al. , 2018. Nonpoint Source Pollution [J]. Water Environment Research, 90 (10): 1872 – 1898.

Jiao J, Du P F, Lang C, 2015. Nutrients concentrations and fluxes in the upper catchment of the Miyun Reservoir, China, and potential nutrient reduction strategies [J]. Environmental Monitoring and Assessment, 187 (3): 110 – 124.

Johannsen A D, Dahnke K, Emeis K, 2008. Isotopic composition of nitrate in five German rivers discharging into the North Sea [J]. Organic Geochemistry, 39: 1678 – 1689.

Johnes P J, 1996. Evaluation and management of the impact of land use change on the nitrogen and phosphorus load delivered to surface waters: the export coefficient modeling approach [J]. Journal of Hydrology, 183: 323 – 349.

Johnson M – V V, Norfleet M L, Atwood J D, et al. , 2014. The Conservation Effects Assessment Project (CEAP): a national scale natural resources and conservation needs assessment and decision support tool [J]. IOP Conference Series: Earth and Environmental Science, doi: 10. 1088/1755 – 1315/25/1/012012.

Klausmeier C A, Litchman E, Daufresne T, et al. , 2004. Optimal nitrogen – to – phosphorus stoichiometry of phytoplankton [J]. Nature, 429: 171 – 174.

Kirby M J, Mcmahon M L, 1999. MEDRUSH and the Catsop basin the lessons learned [J]. Catena, 37: 495 – 506.

Knisel W G, 1980. CREAMS: A field scale model for chemicals, runoff, and erosions from agricultural management systems [R]. Washington D C: USDA Conservation Research Report, No. 26: 75 - 77.

Krishnaswamy J, Richter D D, Halpin P N, et al., 2001. Spatial patterns of suspended sediment yields in a humid tropical watershed in Costa Rica [J]. Hydrological Processes, 15: 2237 - 2257.

Lam N, Quattrochi D A, 1992. On the issues of scale, resolution, and fractral analysis in the mapping sciences [J]. Prof. Geogr. , 44 : 88 - 98.

Lane L J, Hernandez M, Nichols M, 1997. Processes controlling sediment yield from watersheds as functions of spatial scale [J]. Environmental Modelling and sofetware, 12 (4): 355 - 369.

Leonard R A, Knisel W G, Still D A, 1987. GLEAMS: Groundwater loading effects on agricultural management systems [J]. Transactions of the ASAE. , 30 (5): 1403 - 1428.

Li D P, Huang Y, Fan C X, et al., 2011. Contributions of phosphorus on sedimentary phosphorus bioavailability under sediment resuspension conditions [J]. Chemical Engineering Journal, 168 (3): 1049 - 1054.

Li J, Liu C M, Wang Z G, et al., 2015. Two universal runoff yield models: SCS vs. LCM [J]. Journal of Geographical Science, 25 (3): 311 - 318.

Li X S, Wu B F, Zhang L, 2013. Dynamic monitoring of soil erosion for upper streams of Miyun Reservoir in the last 30 years [J]. Journal of mountain science, 10 (5): 801 - 811.

Li Z, Luo C, Xi Q, et al., 2015. Assessment of the AnnAGNPS Model in Simulating Runoff and Nutrients in a Typical Small Watershed in the Taihu Lake Basin, China [J]. Catena, 133: 349 - 361.

Liu B Y, Nearing M A, Risse L M, 1994. Slope gradient effects on soil loss for steep slopes [J]. Transactions of the ASAE, 37 (6): 1835 - 1840.

Liu BY, Zhang K L, Xie Y, 2002. An empirical soil loss equation [C]. Beijing: Proceedings - Process of soil erosion and its environment effect (Vol. II), 12: 21.

Liu S M, Zhang G, Chen H T, et al., 2003. Nutrients in the Changjiang and its tributaries [J]. Biogeochemistry, 62: 1 - 18.

Liu R, Xu F, Zhang P, et al., 2016a. Identifying Non - Point Source Critical Source Areas Based on Multi - Factors at a Basin Scale with SWAT [J]. J. Hydrol. , 533, 379 - 388.

Lu F H, Ni H J, Liu F, et al., 2009. Occurrence of nutrients in riverine runoff of the Pearl River Delta, South China [J]. Journal of Hydrology, 376: 107 - 115.

Luo W, Lu Y L, Zhang Y, et al., 2010. Watershed - scale assessment of arsenic and metal contamination in the surface soils surrounding Miyun Reservoir, Beijing, China [J]. Journal of Environmental Management, 91: 2599 - 2607.

Mausbach M J, Dedrick A R, 2004. The length we go - measuring environmental benefits of conservation practices [J]. Journal of Soil and Water Conservation, 59 (5): 96 - 103.

Mayer B, Boyer E W, Goodale C, 2002. Sources of nitrate in rivers draining sixteen watersheds in the northeastern U S : Isotopic constraints [J]. Biogeochemistry, 57 (58): 171 - 197.

Mengis M, Schiff S L, Harris M, et al. , 1999. Multiple geochemical and isotope approaches for assessing groundwater NO_3 - elimination in a riparian zone [J]. Ground Water, 37: 448 - 457.

Meyer J L, Likens G E, 1979. Transport and transformation of phosphorus in a forested stream ecosystem [J]. Ecology, 60: 1255 - 1269.

Miao C Y, Ni J R, Borthwick A G L, et al. , 2011. A preliminary estimate of human and natural contributions to the changes in water discharge and sediment load in the Yellow River. Global and Planetary Change, 76 (3 - 4): 196 - 205.

Migliaccio K W, Chaubey I, Haggard B E, 2007. Evaluation of landscape and instream modeling to predict watershed nutrient yields [J]. Environ. Modelling. Software, 22 (7): 987 - 999.

Mohamoud Y, Parmar R, Wolfe K, 2010. Modeling Best Management Practices (BMPs) with HSPF . in Innovations in Watershed Management under Land Use and Climate Change [C] //Proceedings of the 2010 Watershed Management Conference, Madison, Wisconsin, USA, 23 - 27 August 2010. American Society of Civil Engineers (ASCE).

Morgan R P C, Quinton J N, Rickson R J, 1994. Modelling methodology for soil erosion assessment and soil conservation design: the EUROSEM approach [J]. Outlook on Agriculture, 23: 5 - 9.

Morgan R P C, Quinton J N, Smith RE, et al. , 1998b. The European soil erosion model (EUROSEM): Documentation and user guide [M]. Bedfordshire: Silsoe College, Cranfield University.

Morgan R P C, Quinton J N, Smith RE, et al. , 1998a. The European soil erosion model (EUROSEM): A dynamic approach for predicting sediment transport from fields and small catchments [J]. Earth Surface Processes Landforms, 23: 527 - 544.

Nash J E, Sutcliffe J V, 1970. River flow forecasting through conceptual models Part I : A discussion of principles [J]. Journal of Hydrology, 10 (3): 282 - 290.

Neitsch S L, Arnold J G, Kiniry J R, et al. , 2005. Soil and water assessment tool: Theoretical documentation, version 2005 [M]. Temple, Texas: Grassland, Soil and Water Research Laboratory, Agriculture Research Service & Blackland Research Centre, Texas Agriculture Experiment Station: 252 - 255.

Neitsch S L, Arnold J J, Kiniry J R, et al. , 2002. Soil and water assessment tool: The theoretical documentation, version2000 [M]. Texas: Texas Water Resources Institute.

NRCS, 2009. National Engineering Handbook, Section 4, Hydrology, Version (1956, 1964, 1971, 1985, 1993, 2004, 2009) [M]. Engineering Division, US Department of Agriculture, Washington, D C.

Nusser S M, Goebel J J, 1997. The National Resources Inventory: a long - term multi - resource monitoring programme [J]. Environmental and Ecological Statistics, 4: 181 - 204.

Osterkamp W R, Toy T J, 1995. Geomorphic considerations for erosion prediction [J]. Envimnmental Geology, 29: 152 - 157.

Owens P N, Slaymaker O, 1992. Late Holocene sediment yields in small alpine and sub - alpine drainage basins [C]. International Association of Hydrological Sciences, Publication, 209: 147 – 154.

Pablo Durán – Barroso, Javier González, Juan B Valdés, 2016. Improvement of the integration of Soil Moisture Accounting into the NRCS – CN model [J]. Journal of Hydrology, 542: 809 – 819.

Panno S V, Kelly W R, Hackley K C, et al. , 2008. Sources and fate of nitrate in the Illinois River Basin, Illinois [J]. Journal of Hydrology, 359: 174 – 188.

Panuska J C, Robertson D M, 1999. Estimating phosphorus concentrations following alum treatment using apparent settling velocity [J]. Lake and Reservoir Management, 15 (1): 28 – 38.

Philip J R, 1957. The theory of infiltration: 1. the infiltration equation and its solution [J]. Soil Science, 8 (3): 345 – 357.

Qi Z, Kang G, Chu C, et al. , 2017. Comparison of SWAT and GWLF model simulation performance in humid South and Semi – Arid North of China [J]. Water, 9 (8): 567.

Qin F, Ji H B, Li Q, et al. , 2014. Evaluation of trace elements and identification of pollution sources in particle size fractions of soil from iron ore areas along the Chao River [J]. Journal of Geochemical Exploration, 138: 33 – 49.

Renard K G, Forster G R, Weesies G A, et al. , 1997. Predicting soil erosion by water: a guide to conservation planning with the revised universal soil loss equation (RUSLE) [M]. USDA. Agric. Handb. No. 703. U. S. Gov. Print. Office Washington, DC.

Robinson L S, Sivapalan M, Snell J D, 1995. On the relative roles of hillslop processes, channel routing and network geomorphology in the hydrologic response of natural catchments [J]. Water Resource Research, 31 (12) 3089 – 3101.

Rondeau B, Cossa D, Gagnon P, et al. , 2000. Budget and sources of suspended sediment transported in the St. Lawrence River [J]. Canada. Hydrological Processes, 14: 21 – 36.

Rong Q, Cai Y, Chen B, et al. , 2018. Field Management of a Drinking Water Reservoir Basin Based on the Investigation of Multiple Agricultural Nonpoint Source Pollution Indicators in North China [J]. Ecological Indicators, 92: 113 – 123.

Rossman L A, 1988. Storm Water Management Model User' s Manual Vertion 5. 0 [M]. Cincinnati: National Risk Management Research Laboratory Office Of Research And Development, US. Environmental Protection Agency.

Sabater S, Butturini A, Clement J C, et al. , 2003. Nitrogen removal by riparian buffers along a European climatic gradient: Patterns and factors of variation [J]. Ecosystems, 6 (1): 20 – 30.

Schneider D C, 2002. Scaling theory: Application to marine ornithology [J]. Ecosystems, 5 (8): 736 – 748.

Schulze R, 2001. Transcending scales of space and time in impact studies of climate and climate change on agrohydrological responses [J]. Agriculture, Ecosystems and Environment, 82 : 185 – 212.

Sharpley A N, Williams J R, 1990. EPIC – Erosion/Productivity Impact Calculator: 1. Model Documentation [R]. US Department of Agriculture Technical Bulletin

No. 1768. US Government Printing Office: Washington, DC.

Shi Z H, Chen L D, Fang N F, et al. , 2009. Research on the SCS – CN initial abstraction ratio using rainfall – runoff event analysis in the Three Gorges Area, China [J]. Catena, 77 (1): 1 – 7.

Shi Y, Xu G, Wang Y, et al. , 2017. Modelling Hydrology and Water Quality Processes in the Pengxi River Basin of the Three Gorges Reservoir Using the Soil and Water Assessment Tool [J]. Agr. Water Manage. , 182: 24 – 38.

Shoemaker L, Dai T, Koenig J, 2005. TMDL Model Evaluation and Research Needs [R]. Cincinnati: Remediation and Pollution Control Division, National Risk Management Research Laboratory.

Smol J P, 2008. Pollution of lakes and rivers – a paleoenvironmental perspective [M]. Hong Kong: Blackwell Publishing Ltd: 180 – 181.

Sorooshian S, Hsu K L, Coppola E, et al. , 2008. Hydrological modeling and the water cycle: Coupling the atmospheric and hydrological models [M]. Berlin: Springer Berlin Heidelberg.

Spoelstra J, Schiff S L, Elgood R J, et al. , 2001. Tracing the sources of exported nitrate in the turkey lakes watershed using 15N/14N and 18O/16O isotopic ratios [J]. Ecosystems, 4: 536 – 544.

Su M, Yu J W, Pan S L, et al. , 2014. Spatial and temporal variations of two cyanobacteria in the mesotrophic Miyun reservoir, China [J]. Journal of Environmental Sciences, 26 (2): 289 – 298.

Tessier A, Campbell P G C, Blsson M, 1979. Sequential extraction procedure for the speciation of particulate trace metals [J]. Analytical Chemistry, 51 (7): 844 – 851.

Tilman D, 1997. Resource competition between planktonic algae: An experimental and theoretical approach [J]. Ecology, 58: 338 – 348.

Torrecilla N J, Galve J P, Zaera L G, et al. , 2005. Nutrient sources and dynamics in a Mediterranean fluvial regime (Ebro river, NE Spain) and their implications for water management [J]. Journal of Hydrology, 304: 166 – 182.

U S Department of Agriculture – Soil Conservation Service, 1972. SCS National Engineering Handbook, Section 4: Hydrology [M]. Washington D C: U S Department of Agriculture.

USDA, Natural Resources Conservation Service, 2009. Work plan for the wild life component, Conservation Effects Assessment Project (CEAP), National Assessment [M]. Beltsville, Maryland: USDA, Natural Resources Conservation Service, Resource Inventory and Assessment Division.

USEPA, 1997. Compendium of Tools for Watershed Assessment and TMDL Development [M]. Washington, DC: U S Environmental Protection Agency, Office of Water.

USEPA, 1991. Guidance for Water Quality – Based Decisions: The TMDL Process [M]. Washington, DC: U S Environmental Protection Agency, Office of Water.

Valeriano – Riveros M E, Vilaclara G, Castillo – Sandoval F S, et al. , 2014. Phytoplankton composition changes during water level fluctuations in a high – altitude, tropical reservoir

[J]. Inland Waters, 4 (3): 337 – 348.

Viji R, Prasanna P R, Ilangovan R, 2015. Modified SCS – CN and green – ampt methods in surface runoff modelling for the Kundahpallam Watershed, Nilgiris, Western Ghats, India [J]. Aquatic Procedia, 4: 677 – 684.

Virginia Water Resources Research Center, 1975. Virginia Water Research Center. Non – point sources of water pollution: proceedings of a southeastern regional conference [C]. Blacksburg, Virginia: Virginia Polytechnic Institute and State Unversity.

Wahl L, Wahl T, 1995. Determining the Flow of Comal Springs at New Braunfels, Texas [C] //American Society of Civil Engineers. Proceedings of Texas Water, A Component Conference of the First International Conference on Water Resources Engineering. San Antonio, Texas: 77 – 86.

Walker W W, Kiihner J, 1978. An empirical analysis of factors controlling eutrophication in midwestern impoundments [C] //Paper presented at the International Symposium on the Environmental Effects of Hydraulic Engineering Works. Knoxville: University of Tennessee.

Walling D E, 1983. The sediment delivery problem [J]. Journal of Hydrology, 65: 209 – 237.

Wang C T, Gupta V K, Waymire E, 1981. Ageomorphologic synthesis of nonlinearity in surface runoff [J]. Water Resource Research, 19 (3): 545 – 554.

Wang J P, Chen S T, Jia H F, 2005. Water quality changing trends of the Miyun Reservoir [J]. Journal of Southeast University: English Edition, 21 (2): 215 – 219.

Wang W, Vrijling J K, Gelder V, et al. , 2006. Testing for nonlinearity of stream flow processes at different timescales [J]. Journal of Hydrology, 322: 247 – 268.

Wang X, Zang N, Liang P Y, et al. , 2017. Identifying priority management intervals of discharge and TN/TP concentration with copula analysis for Miyun Reservoir inflows, North China [J]. Science of the Total Environment, 609: 1258 – 1269.

Wang Y H, Jiang Y Z, Liao W H, et al. , 2014. 3 – D hydro – environmental simulation of Miyun reservoir, Beijing [J]. Journal of Hydro – environment Research, 8 (4): 383 – 395.

Wang Y H, Yu P T, Feger K H, et al. , 2011. Annual Runoff and Evapotranspiration of Forestlands and Non – forestlands in Selected Basins of the Loess Plateau of China [J]. Ecohydrology, 4 (2): 277 – 287.

Wang Z J, Hong J M, Du G S, 2008. Use of satellite imagery to assess the trophic state of Miyun Reservoir, Beijing, China [J]. Environmental Pollution, 155: 13 – 19.

Wang H, Wu Z, Hu C, et al. , 2015. Water and Nonpoint Source Pollution Estimation in the Watershed with Limited Data Availability Based on Hydrological Simulation and Regression Model [J]. Environ. Sci. Pollut. Res. , 22 (18), 14095 – 14103.

Weltz M A, Jolley L, Nearing M, et al. , 2008. Assessing the benefits of grazing land conservation practices [J]. Journal of Soil and Water Conservation, 63 (6): 214 – 576.

Whipple W, Hunter J V, 1977. Nonpoint sources and planning for water pollution control [J]. Water Pollution Control Federation, 49: 15 – 23.

Wilken F, Baura M, Sommer M, et al. , 2018. Uncertainties in rainfall kinetic energy – intensity relations for soil erosion modelling [J]. Catena, 171: 234 – 244.

Williams J R, Arnold J G, Srinivasan R, 2000. The APEX Model. Black land Research and Extension Center BRC Report No. 00 – 06 [R], Temple, Texas: Agricultural Experiment Station.

Williams J R, Dyke P T, Jones C A, 1983. A new method for assessing the effect of erosion on productivity—The EPIC model [J]. Journal of Soil and Water Conserv. , 38: 381 – 383.

Williams J R, 1975. Sediment – yield prediction with universal equation using runoff energy factor [C] //Proceedings of the sediment – yield workshop, Present and prospective technology for predicting sediment yield and sources. USDA Sedimentation Lab: 244 – 252.

Williams J R, 1995. The EPIC Model [M]. Water Resources Publications. Highlands Ranch, CO.

Wischmeier W H, D D Smith, 1978. Predicting rainfall erosion losses: A guide to conservation planning [C] //Agriculture Handbook. No. 537. Washington D C: U S Department of Agriculture.

Wischmeier W H, D D Smith, 1965. Predicting rainfall – erosion losses from cropland east of the Rocky Mountains: Guide for selection of practices for soil and water conservation [C]. U. S. Dep. Agric. , Agric. Handbook, No. 282.

Woolhiser D A, Smith R E, Goodrich D C, 1990. KINEROS, A kinematic runoff and erosion model: documentation and user manual [M]. Washington D C: USDA – Agricultural Research Service, ARS – 77.

Xiao B, Wang Q H, Fan J, et al. , 2011. Application of the SCS – CN model to runoff estimation in a small watershed with high spatial heterogeneity [J]. Pedosphere, 21 (6): 738 – 749.

Xu G, Lv Y C, Sun J N, et al. , 2012. Recent advances in biochar applications in agricultural soils: Benefits and environmental implications [J]. Clean – Soil, Air, Water, 40 (10): 1093 – 1098.

Xu J X, Yan Y X, 2005. Scale effects on specific sediment yield in the Yellow River basin and geomorphology [J]. Journal of Hydrology, 307: 219 – 232.

Yang J, Strokal M, Kroeze C, et al. , 2019. Nutrient losses to surface waters in HaiHe basin: A case study of Guanting reservoir and Baiyangdian lake [J]. Agricultural Water Management, 213: 1258 – 1269.

Yang Y, Ye Z Y, Liu B Y, et al. , 2014. Nitrogen enrichment in runoff sediments as affected by soil texture in Beijing mountain area [J]. Environmental Monitoring and Assessment, 186: 971 – 978.

Young R A, Onstad C A, Bosch D D, et al. , 1987. AGNPS, Agricultural – Non – Point – Source Pollution model, A large watershed analysis tool [R]. Washington, DC: Conservation Research Report 35. USDA – ARS.

Zhang C L, Chen F, Miao S G, et al. , 2009. Impacts of urban expansion and future green planting on summer precipitation in the Beijing metropolitan area [J]. Journal of Geophysical Research: Atmospheres, Volume 114 (D2): D02116, doi: 10.1029/ 2008JD010328.

Zhang C, Li S, Jamieson R C, et al., 2017. Segment – based Assessment of Riparian Buffers on Stream Water Quality Improvement by Applying an Integrated Model [J]. Ecological. Modelling, 345: 1 – 9.

Zhang J, 1996. Nutrient elements in large Chinese estuaries [J]. Continental Shelf Research, 16: 1023 – 1045.

Zhao B, Wang S X, Xu J Y, et al., 2013. NO_x emissions in China: historical trends and future perspectives. Atmos. Chem. Phys. Discuss., 13: 16047 – 16112.

Zhao L, Li Y Z, Zou R, et al., 2013. A three – dimensional water quality modeling approach for exploring the eutrophication responses to load reduction scenarios in Lake Yilong (China) [J]. Environmental Pollution, 177: 13 – 21.

Zhuang Y, Zhang L, Du Y, et al., 2016. Identification of Critical Source Areas for Nonpoint Source Pollution in the Danjiangkou Reservoir Basin, China [J]. Lake Reservoir Management, 32 (4): 341 – 352.